Final Cut Pro
实用手册

［美］拉里·乔丹（Larry Jordan）◎著
林华 胡睿 唐南林 温进 许瑶◎译

清华大学出版社
北京

北京市版权局著作权合同登记号　图字：01-2023-0118

Authorized translation from the English language edition, entitled Final Cut Pro Power Tips:Faster•Better•Easier, 1st, 9780137928798 by Larry Jordan, published by Pearson Education, Inc, publishing as Larry Jordan, copyright ©2023 Larry Jordan.

All Rights Reserved. No part of this book may be reproduced or transmitted in any form or by any means, electronic or mechanical, including photocopying, recording or by any information storage retrieval system, without permission from Pearson Education, Inc. CHINESE SIMPLIFIED language edition published by TSINGHUA UNIVERSITY PRESS LIMITED, Copyright © 2025.

本书中文简体翻译版由培生教育出版集团授权给清华大学出版社出版发行。未经许可，不得以任何方式复制或传播本书的任何部分。

This edition is authorized for sale in the People's Republic of China only, excluding Hong Kong, Macao SAR and Taiwan.

此版本仅限在中华人民共和国境内（不包括中国香港、澳门特别行政区和台湾地区）销售。

本书封面贴有 Pearson Education(培生教育出版集团) 激光防伪标签，无标签者不得销售。

内 容 简 介

Final Cut Pro 软件具有强大且易用的视频编辑、媒体整理和高质量视频的制作功能等特点，使得 Final Cut Pro 成为专业视频编辑的强大工具，无论是独立的制作人还是大型的制作团队，都能在 Final Cut Pro 软件中找到满足其需求的解决方案。

本书包含了 500 多个实用的视频剪辑技术、技巧、快捷方式和实际操作的示例，这些对于软件学习者和视频剪辑者来说是宝贵的资源，可以帮助读者更好地理解、掌握和使用软件。该教程如此的结构设计，使读者在遇到具体的技术难题时，能够迅速地在本书中找到相应的解决办法。

本书适合视频编辑相关专业的本科生，或者对视频编辑感兴趣的读者使用。

版权所有，侵权必究。举报：010-62782989，beiqinquan@tup.tsinghua.edu.cn。

图书在版编目 (CIP) 数据

Final Cut Pro 实用手册 /（美）拉里・乔丹 (Larry Jordan) 著；林华等译 .
北京：清华大学出版社 , 2025. 5. -- ISBN 978-7-302-68617-0
Ⅰ . TP317.53
中国国家版本馆 CIP 数据核字第 2025LU0058 号

责任编辑：申美莹
封面设计：杨玉兰
版式设计：方加青
责任校对：胡伟民
责任印制：沈　露

出版发行：清华大学出版社
　　　　　网　　址：https://www.tup.com.cn，https://www.wqxuetang.com
　　　　　地　　址：北京清华大学学研大厦 A 座　　邮　编：100084
　　　　　社 总 机：010-83470000　　邮　购：010-62786544
　　　　　投稿与读者服务：010-62776969，c-service@tup.tsinghua.edu.cn
　　　　　质 量 反 馈：010-62772015，zhiliang@tup.tsinghua.edu.cn
　　　　　课 件 下 载：https://www.tup.com.cn，010-83470236
印 装 者：三河市铭诚印务有限公司
经　　销：全国新华书店
开　　本：185mm×260mm　　　印　张：21.5　　　字　数：610 千字
版　　次：2025 年 5 月第 1 版　　　印　次：2025 年 5 月第 1 次印刷
定　　价：129.00 元

产品编号：100412-01

关于作者

拉里·乔丹（Larry Jordan）是一名制片人、导演、编辑、作家、教师和苹果公司数字媒体认证培训师，拥有 50 多年的国际广播媒体从业经验。他常住波士顿，是美国导演协会和美国制片人协会成员。他被公认为"行业创新者"和"美国顶级企业（媒体）制片人"。2011—2020 年间，他在南加利福尼亚大学担任副教授，撰写了 11 本关于媒体和软件的书籍，编写了数千个技术教程，并创作了数百小时的培训视频。他的网站：LarryJordan.com。

拉里·乔丹的其他书籍

- 电视之舞：视频制作手册
- 适用于 Final Cut Studio 编辑器的 Adobe CS Production Premium
- Adobe Premiere Pro 实用手册
- Final Cut Pro HD：实践指南
- Final Cut Pro 5：实践指南
- Final Cut Pro 功能技巧
- Final Cut Pro X：制作转场
- 编辑更生动的事实
- 精心剪辑：来自专业人士的 Final Cut Studio 技巧
- 视觉说服力

特别感谢

感谢培生公司的执行编辑劳拉·诺曼（Laura Norman）对本书的支持和鼓励。罗宾·G. 托马斯（Robyn G. Thomas）提供了出色的编辑建议，金·斯科特（Kim Scott）进行了令人愉悦的书籍设计，亚当·威尔特（Adam Wilt）是一位出色的技术编辑，我很荣幸能邀请他对本书进行点评。（是的，我实现了你所有的改动建议。）

本书中几乎所有的图片都是我在世界各地漫步时所拍摄的。不过，我要感谢艾米莉·休伊特（EmilyHewittPhotography.com）为科尔曼·休伊特（Coleman Hewitt）设计的珠宝所拍摄的照片。还有诺曼·霍林（Norman Hollyn），他在 15 年前建议我们制作一部 32 集的网络系列片，教授学生如何制作电影。2ReelGuys.com 由此诞生。

我还要感谢我无畏的编辑测试版读者团队，团队的每个人都是全职的 Final Cut Pro 编辑，在阅读本书初稿时提供了非常有益的反馈，他们是 Cindy Burgess、Tom Cherry、Scott Favorite、Scott Newell、Michael Powles 和 Jerry Thompson。我非常感谢他们的意见和建议。本书中采纳了他们的意见和建议。

培生集团对多样性、公平和包容的承诺

培生集团致力于创建无偏见的内容，反映所有学习者的多样性。我们接受各个方面的多样性，包括但不限于种族、民族、性别、社会经济地位、能力、年龄、性取向以及宗教或政治信仰。

教育是促进世界公平和变革的强大力量。它有改善生活和实现经济流动机会的潜力。当我们与作者合作，为每一项产品和服务创建内容时，我们认识到我们有责任展示包容性，并纳入多样化的学术成果，使每个人都能通过学习发挥自己的潜能。作为世界领先的学习型公司，我们有责任帮助推动变革，实现我们的目标，帮助更多的人为自己创造更好的生活，创造一个更美好的世界。

我们的目标是有目的地为这样一个世界做出贡献：

- 每个人都有平等和终身的机会，通过学习取得成功。
- 我们的教育产品和服务涵盖了学习者丰富的多样性。
- 我们的教育内容准确地反映了我们所服务的学习者的过往和经历。

我们的教育内容促使学习者进行更深入的讨论，并激励他们扩展自己的学习（和世界观）。虽然我们努力提供公正的内容，但我们仍旧希望听到你对培生产品的任何疑虑或需求，以便我们进行调查和解决。

如有任何潜在的疑虑或需求，请通过 https://www.pearson.com/ report-bias.html 与我们联系。

鸣谢

Chapter Opener-01: Gajus/Shutterstock

FIG01-01, FIG01-07, FIG01-06, FIG01-11, FIG01-21–FIG01-25, FIG02-01–FIG02-53, FIG02-55–FIG02-72,

FIG03-01–FIG03-77, FIG04-01–FIG04-03, FIG04-05–FIG04-41, FIG05-01–FIG05-13–FIG05-30,

FIG05-32–FIG05-38, FIG06-01–FIG06-61, FIG07-01–FIG07-61, FIG08-01–FIG08-51, FIG08-53–FIG08-62,

FIG08-64, FIG08-65, FIG08-67–FIG08-80, FIG08-83, FIG08-84, FIG08-86–FIG08-102, FIG08-104,

FIG08-106–FIG08-111, FIG09-01–FIG09-28, FIG10-01–FIG10-32: Apple, Inc

FIG01-12: Jaromir Chalabala/Shutterstock

Chapter 01, Chapter wrap–Chapter 10, Chapter wrap: tanatat/Shutterstock

Chapter Opener-02: agsandrew/Shutterstock

Chapter Opener-03: Sergey Nivens/Shutterstock

Chapter Opener-04: ESB Professional/Shutterstock

Chapter Opener-05: SimonHS/Shutterstock

FIG05-31: Pradeep Rawat/Pearson India Education Services

Chapter Opener-06: agsandrew/Shutterstock

Chapter Opener-07: Busakorn Pongparnit/123RF

Chapter Opener-08: cobalt88/Shutterstock

Chapter Opener-09: Gunnar Pippel/Shutterstock

Chapter 9, Summary: 495346/Shutterstock

Chapter Opener-10: blackspring/123RF

译者前言

Final Cut Pro 是苹果公司 1999 年在 NAB（国家广播商协会）展会上推出的一套非线性编辑软件，在此后短短的几年之间，Final Cut Pro 以其优异的影像处理能力和便宜的价格，成功地打入广告、电影和电视界。2002 年苹果公司因 Final Cut Pro 软件获得了美国电视学会艾美奖的杰出技术奖。

2023 年 5 月 9 日，苹果公司宣布旗下的专业视频编辑软件 Final Cut Pro 将于当月底登陆 iPad。2024 年 5 月 7 日，在苹果公司特别活动上，苹果公司宣布新款的 Final Cut Pro 软件在 iPad Pro 上全面升级。2024 年 11 月，苹果公司发布 Final Cut Pro 11，并称 Final Cut Pro 新版本软件可以同时适用于苹果计算机和 iPad。

笔者是在 21 年前的 2003 年接触到 Final Cut Pro 软件的，但是当时这个软件对于我们这些使用者来说是比较奢侈的，主要是因为 Final Cut Pro 只能在苹果计算机上使用，而苹果计算机的价格当时对于一般个人来说太贵了，很多人用不起。2005 年我在清华大学出版社出版的《计算机图像艺术设计》一书中就用了很长的篇幅介绍了 Final Cut Pro 这个软件。时隔 21 年，这次我和我的研究生们一起翻译了 Larry Jordan 先生的这本关于 Final Cut Pro 的教程。

1. 该教程的编写特点

Final Cut Pro 是一款强大的视频编辑软件，它提供了丰富的功能和工具，使得视频编辑工作变得更加高效和富有创造性。这本教程的编写特点在于其结构清晰，每个章节都有明确的主题，便于读者查找和学习。书中包含了大量实际操作的示例，帮助读者更好地理解和掌握软件的使用，并且通过一系列精心设计的小技巧（tips）来拆解学习过程中可能遇到的问题，并提供具体的解决方案和进阶操作提示。这种分段式教学不仅避免了冗长的教程带来的枯燥感，而且使得学习过程更加轻松愉快，易于消化和吸收。每个小技巧都是一个独立的模块，针对特定的问题或功能进行讲解，这样的结构设计使读者在遇到具体的技术难题时，能够迅速地在书中找到相应的解决办法。

在翻译这本关于 Final Cut Pro 的教程时，我们深刻体会到了技术文档的复杂性和精确性，我们需要确保术语的准确性以及原文的技术性和指导性，同时使内容易于中文读者理解。因此，我们对于技术术语的准确性、语言风格的转换和文化适应性这几方面比较关注。

本教程的作者 Larry Jordan 的写作风格兼具实用性和幽默感，教程中不仅提供了大量的实用技巧，还以轻松的语言风格来讲解复杂的技术问题，使得读者在学习过程中不会感到枯燥。正是由于作者 Larry Jordan 在书中使用了幽默和口语化的语言风格，我们在翻译时需要特别留意，在尽量保持原文幽默感的同时，我们还要考虑文化的适应性，确保书中的语言能够被中文读者所理解和接受。

2. 阅读和使用本教程的注意事项

（1）由于这个软件是全英文的音、视频编辑软件，涵盖了相关视频、图像、音频、计算机等领域的专业词汇，因此在使用软件前，建议中文读者或非专业人士仔细阅读第 1 章，这对选择视频的帧速率、存储格式、位深等方面都有极大的帮助。在了解这些词汇的含义和应用后，才能更加深入地掌握这款软件，创造出风格多样的作品。

（2）效果应用的顺序：在应用多个效果时，效果的顺序会改变最终的视觉效果。例如，先应用黑白效果再应用深褐色效果，与直接应用深褐色效果会有不同的视觉效果。

（3）关键帧的使用：关键帧在动画和动态效果中扮演着重要角色。读者在使用 Final Cut Pro 时应该注意关键帧的设置和调整，以实现更满意的动画效果。

（4）效果预览的重要性：在应用效果前，预览效果可以帮助用户更好地理解效果的实际表现，这对于最终作品的质量十分重要。

（5）读者在实践书中的技巧时，应该注意保存工作进度。视频编辑是一个复杂的过程，涉及大量的文件和操作，因此定期保存项目、创建备份及合理组织文件和文件夹，都是确保工作流程顺畅的良好习惯。

（6）Final Cut Pro 的第三方生态系统庞大，提供了众多的扩展选项，使用户能够进一步增强软件的功能。Final Cut Pro 灵活的许可协议允许用户在多台苹果计算机上安装和使用该软件，满足在不同设备上工作的需求。此外，Final Cut Pro 软件还提供了 90 天的免费试用版，让用户可以在购买前，充分体验软件的所有功能。

（7）相较于市面上的其他编辑软件，Final Cut Pro 的学习资源相对较少。本书有详细的基础知识，汇集了 500 多个实用的技术、技巧、快捷方式和隐藏功能等，对于软件学习和视频剪辑者来说，都是其宝贵的资源。在阅读这本教程时，您会发现它不仅仅是一本技术手册，更是一本充满经验的指南，它能教会您如何规划项目以节省时间，如何调整系统和软件以优化性能，如何组织媒体以便于查找和充分利用 Final Cut Pro 的高级音频工具。

（8）Final Cut Pro 软件的版本还在不断地迭代更新，此手册的教程和截图是依据软件 Apple Final Cut Pro 10.6.3 版本进行编辑的。读者在学习之前，可以检查一下您所下载的版本与本手册依据的版本是否一致，因为 Final Cut Pro 软件的更新，可能会带来界面和功能的变化。因此，当书中的描述与读者的软件实际操作不一致时，建议读者参考最新的官方文档以获取最新信息。Final Cut Pro 软件会不断地进步，读者可以定期查看官方文档、在线论坛和社区，以获取最新版本的信息和使用技巧。

Final Cut Pro 具有强大且易用的视频编辑、媒体整理和高质量视频的制作功能等特点，使得 Final Cut Pro 成为专业视频编辑的强大工具，无论是独立的制作人还是大型的制作团队，都能在 Final Cut Pro 软件中找到满足其需求的解决方案。

由于我们也是首次完整地翻译一本软件教程，存在不足在所难免，如果读者在学习过程中，发现教程翻译有遗漏或者有误，欢迎斧正并与我们联系。

清华大学　林华

2024 年 10 月

目录

引言 ·· XIV

第 1 章　视频基础知识 ···························· 1
引言 ·· 1
1　关于媒体的一条压倒性原则 ····················· 2

Final Cut Pro 的基础知识 ······················· 2
2　是 Final Cut Pro 还是 Final Cut Pro X？ ······ 2
3　Final Cut Pro 的基本概念 ························· 2
4　为什么它被称为"资源库"而不是项目？ ···· 3

视频基础知识 ·· 3
5　Final Cut 使用三种类型的视频 ··················· 3
6　为什么我们需要压缩视频？ ······················· 3
7　格式、编解码器……这些都是什么？ ········ 4
8　静态图像的最佳格式是什么？ ··················· 5
9　并非所有编解码器都需要优化 ··················· 6
10　I-帧与 Long-GOP：两种压缩媒体的方法 ··· 6
11　HEVC 与 H.264 应该选择哪一个？ ············ 8
12　ProRes 是苹果公司为视频所创建的 ·········· 8
13　认识 ProRes 的版本 ································· 9
14　应该使用哪个版本的 ProRes？ ·············· 10
15　什么是 RAW 视频？ ······························· 10
16　什么是 ProRes RAW？ ··························· 11
17　什么是日志视频？ ································· 12
18　什么是 LUT？ ·· 13
19　苹果的 ProRes 白皮书是一个很好的资源 ·· 13
20　媒体存储在包装器中 ····························· 14
21　标准视频帧大小 ···································· 14
22　标准视频帧率 ·· 15
23　关于"电影质量"的说明 ······················ 15
24　什么是纵横比？ ···································· 16
25　什么是色彩空间？ ································· 16
26　什么是 HDR？ ······································· 17
27　选择哪一个：SDR 还是 HDR？ ············ 18
28　监控 HDR ·· 18
29　视频位深决定什么？ ····························· 19
30　什么是 4∶2∶0、4∶2∶2 和 4∶4∶4 颜色？ ····· 20

计算机基础知识 ·· 21
31　最适合视频编辑的计算机是什么？ ········ 21
32　在编辑过程中，什么会给计算机带来压力？ ··· 21
33　优化你的计算机以进行视频编辑 ············ 22
34　选择哪一个：鼠标、轨迹球，还是触控板？ ·· 23

存储基础知识 ·· 24
35　你需要哪种类型的存储硬件？ ·············· 24
36　内部存储、直连式存储和网络附属存储 ·· 25
37　什么是云存储媒体？ ····························· 25
38　需要考虑的储存规格 ····························· 26
39　你需要多大的存储容量？ ······················· 26
40　你需要多快的速度？ ····························· 27
41　为什么使用代理文件？ ·························· 28
42　多机位编辑是一种特殊情况。 ················ 29
43　从哪里储存素材？ ································· 29
44　Final Cut 会创建大量文件 ······················· 30
45　隔行扫描与逐行扫描视频是什么？ ········ 30
46　去隔行扫描会降低视频图像质量 ············ 32
47　去隔行扫描的快速方法 ·························· 32
48　何时对隔行扫描视频进行去隔行？ ········ 32

命令集基础知识 ·· 33
49　了解键盘快捷键 ···································· 33
50　创建自定义命令集 ································· 33
51　创建自定义键盘快捷键 ·························· 34
52　快速切换快捷键的方法 ·························· 35
53　查找新收藏的快捷键 ····························· 35

视频基础的快捷键 ·· 36
章节概括 ·· 36

第 2 章　Final Cut Pro 界面 ·························· 37
引言 ·· 37
54　下载《Final Cut Pro 使用手册》 ············ 38

Final Cut Pro 界面 ·· 38
55　修改 Final Cut 界面 ································ 39

56	工作区——提高生产力的隐性因素	40
57	可以在工作区中放置什么？	41
58	创建自定义工作区	41
59	创建自定义工作区快捷键	41
60	使用两台计算机显示器扩展界面	42
61	在校准的视频监视器上播放视频	42
62	"背景面板"窗口	43
63	界面图标颜色是有含义的	43
64	检查器具有多重表现	44
65	更改检查器的高度	44
66	共享快捷键	44
67	隐藏的扩展图标	45

优化偏好设置 ········· 45

68	优化通用偏好设置	45
69	关于度量方式的简要说明	46
70	优化编辑偏好设置	46
71	优化播放偏好设置	47
72	丢帧警告意味着什么？	48
73	使用高质量的音频监视器	48
74	优化导入偏好设置	49
75	优化目的位置偏好设置	50

浏览器 ········· 51

76	浏览器设置菜单	51
77	对浏览器片段进行排序的八种方法	51
78	在浏览器中对片段进行分组	52
79	在浏览器中显示音频波形	52
80	片段中彩色线条的隐藏含义	52
81	在浏览器中关闭这些颜色线条	53
82	在浏览器中删除的片段并未完全删除	53
83	浏览器上图标的释义	53
84	浏览器片段边缘蕴含的秘密	54
85	浏览条：我爱恨交加的工具	54
86	隐藏浏览器片段菜单	54
87	一个隐藏的项目菜单	55
88	在浏览器中查看片段标签（元数据）	56
89	隐藏的浏览器元数据字段	56
90	查看浏览器的不同方式	57
91	照片、音乐、Apple TV 和音频侧边栏	57
92	音效侧边栏	58

时间线 ········· 58

93	为什么时间线不滚动？	58
94	使用此隐藏菜单管理项目	59
95	使用时间线历史中的">"更快地切换项目	59
96	时间线控制图标	60
97	时间码显示位置	60
98	时间码显示隐藏的秘密	60
99	两个浮动的时间码窗口	61
100	在时间线上移动	61

查看器 ········· 62

101	查看器也有显示菜单	62
102	全屏放大查看器	62
103	操作安全区和字幕安全区	63
104	更好的质量与更好的性能	63
105	自定义叠层	64
106	如何启用代理文件	65
107	如何查看透明度	66
108	使查看器背景透明	67
109	查看器中亮起的小红框	67

隐藏的查看器 ········· 68

110	事件检视器	68
111	比较检视器	68

故障排除 ········· 69

112	四种故障排除技术	69
113	当 Final Cut Pro 意外退出时	71
114	如何清除第三方插件	71
115	修复黄色警报	72
116	Zapping PRAM 是否仍然有效？	72
117	保存是自动的，备份也是	72
118	从备份中恢复	73
119	如何更改 Final Cut 存储备份的位置	73
120	使用"活动监视器"监控 Mac	74
121	存档 Final Cut 的活动版本	75
122	程序坞的秘密	75
123	但等等，还有更多！	76

Final Cut Pro 界面的快捷键 ········· 77
章节概况 ········· 77

第 3 章 资源库和媒体 ········· 79

引言 ········· 79

124	资源库策略	80

资源库、事件和项目 ········· 80

| 125 | 创建、重命名和关闭资源库 | 80 |

126	资源库列表菜单	82
127	从事件创建新资源库	82
128	更改资源库存储位置	83
129	Final Cut Pro 统计数据	83
130	你的资源库有多大？	84
131	合并资源库媒体	84
132	Final Cut 资源库管理器	85
133	创建、重命名和修改事件	85
134	根据需要创建任意数量的事件	86
135	在资源库之间复制事件	87
136	在资源库之间移动事件	87
137	在多个事件中存储相同的媒体	88
138	"空"资源库简化协作	88
139	另一种协作选项：代理资源库	90
140	合并 Motion 模板	90
141	创建一个新的 SDR 媒体项目	91
142	不要重复项目——创建快照（Snapshot）	92
143	格式化新项目的最快方法	92
144	修改现有项目	93
145	创建 HDR 项目	94
146	请注意更改文件	95

导入媒体 95

147	导入媒体之前	95
148	将片段拖入 Final Cut Pro	96
149	使用"媒体导入"窗口导入媒体	96
150	播放片段的多种方式	97
151	导入带有图层的 Photoshop 文件	98
152	导入 PDF 文件	98
153	导入媒体显示选项	99
154	如何在导入过程中查看时间码	99
155	创建收藏的导入位置	100

管理媒体 100

156	选择正确的媒体导入设置——第 1 部分	100
157	选择正确的媒体导入设置——第 2 部分	101
158	选择正确的媒体导入设置——第 3 部分	102
159	选择正确的媒体导入设置——第 4 部分	102
160	在导入过程中分配自定义音频角色（Audio Roles）	103
161	录制 FaceTime 摄像头	103
162	导入媒体后创建代理文件	104
163	快速媒体格式检查	105

164	如何识别损坏的链接文件	105
165	重新链接丢失的媒体	106
166	创建渲染文件	106
167	删除生成的媒体	107

组织媒体 108

168	快速规格检查	108
169	使用收藏来标记你喜欢的镜头	109
170	查找未使用的媒体	109
171	为一个或多个片段添加备注	110
172	高效搜索框	110
173	元数据宝库	111
174	编辑元数据字段	111
175	关键词提供更灵活的组织方式	112
176	更快地添加关键词	113
177	创建关键词集合	113
178	两个关键字速度提示	114
179	关键词实现非常强大的搜索功能	114
180	更多搜索选项	115
181	查找缺失的媒体文件	116
182	秘密搜索图标	117
183	智能收藏夹	117
184	可以在 Final Cut 中重命名片段	118
185	批量重命名片段	118

自定义时间线 118

186	自定义时间线	118
187	放大时间线的超快方法	119
188	隐藏侧边栏	120
189	如果帧率不匹配怎么办	120
190	如何更改项目的帧率	120
191	修正编辑片段的宽高比	121

资源库和媒体的快捷键 122

章结总结 122

第 4 章　基础编辑 123

引言 123

本章定义 124

标记片段 125

192	播放快捷键	125
193	吸附（Snapping）——精确的秘密	125
194	标记片段设置入点和出点	126
195	在同一个片段中选择多个范围	126

| 196 | 浏览器片段图标 | 127 |

编辑片段 ··· 127
197	磁性时间线并不难用！	127
198	Final Cut Pro 支持四种编辑选项	128
199	编辑图标、工具和快捷方式	128
200	什么是连接片段？	129
201	什么是片段连接？	129
202	什么是故事情节？	130
203	移动主要故事情节片段	130
204	限制片段移动	131
205	更改片段持续时间	131
206	使用三点编辑实现更高精确度	132
207	创建逆序时间编辑	132
208	使用替换编辑替换时间线片段	133
209	使用替换编辑来替换音频	133
210	何时使用适应性重时替换	134
211	标记	134
212	创建章节标记	135
213	间隔（Gaps）和时间线占位符（Timeline Placeholders）	135
214	查找重复媒体	136

编辑工具 ··· 137
215	工具面板	137
216	定位工具的力量	137
217	范围选择工具无法选择任何内容	138
218	使用"刀片"工具编辑片段	138
219	缩放工具	139
220	抓手工具	139
221	隐藏的删除键	140
222	时间线片段菜单	140

修剪片段 ··· 140
223	修剪的基础知识	140
224	手柄对修剪至关重要	141
225	修剪片段的首尾	142
226	隐藏的"精准编辑器"	142
227	"修剪编辑"窗口	143
228	超快修剪捷径	143
229	分割编辑：编辑工作的主力军	143
230	启用片段预览功能	144
231	如何使用音频片段预览	144
232	滑动修剪优化 B-Roll	144

时间线索引 ··· 145
233	时间线索引	145
234	时间线索引：自定义	146
235	时间线索引：导航	146
236	时间线索引：片段	146
237	时间线索引：标签（Tags）	147
238	时间线索引：角色（Roles）	147
239	时间线索引：字幕	147
240	时间线索引：标记（Markers）	148

基础编辑的快捷键 ··· 149

篇章总结 ··· 149

第 5 章　高级编辑 ··· 151
引言 ··· 151
本章定义 ··· 152

巧妙的技术 ··· 152
241	修改源片段	152
242	使用智能适应（Smart Conform）重构片段	153
243	试演预览的可能性	153
244	在时间线中创建试演	154

复合片段 ··· 155
245	什么是复合片段？	155
246	使用复合片段来组织片段	156
247	复合片段是动态的	156
248	制作独立的复合片段	157
249	注意：复合片段音频	157
250	注意：复合片段隐藏标记	157
251	在复合片段之间创建过渡	158
252	创建超大复合片段	159
253	为复合片段应用特效	159

多机位编辑 ··· 160
254	多机位片段用于编辑	160
255	多机位片段需要大量的带宽	161
256	在开始之前准备多机位片段	161
257	轻松同步多机位片段	162
258	高级多机位同步	163
259	多机位角度编辑器	164
260	更改多机位片段的显示顺序	165
261	设置多机位片段以进行编辑	165
262	更改多机位查看器显示	166
263	编辑多机位片段	166

264	多机位编辑点	167
265	不要"压平"多机位片段	167
266	将多个片段放入一个多机位角度	167
267	在构建后修改多机位片段	168
268	为多机位片段添加效果	168
269	访问多机位片段内的音频通道	169

隐藏式字幕 170

270	并非所有字幕都如出一辙	170
271	导入字幕的两种方法	171
272	使用时间线索引启用字幕	171
273	从正确的角色开始	172
274	修改字幕	172
275	轻松编辑 SRT 字幕	173
276	字幕翻译提示	173

色彩基础知识和视频范围 174

277	灰度比色彩更能激发情感	174
278	颜色像柚子	175
279	与灰度一样,颜色也是通过区域来定义的	175
280	视频示波器介绍	176
281	波形监视器	176
282	矢量示波器	177
283	在第二个监视器上显示视频示波器	178
284	视频示波器视图菜单	178
285	视频示波器图标	179

高级编辑的快捷键 180

章节概括 180

第 6 章 音频 181

引言 181

本章术语定义 182

音频准备 183

286	人类听力与采样率	183
287	音频比特深度决定什么?	184
288	选择哪个:扬声器还是耳机	184
289	什么是波形?	184
290	支持的音频格式	185
291	音频导入设置	185
292	时间线设置会影响音频显示	186
293	iXML 文件的外观	187
294	自动同步双系统音频	187
295	手动同步双系统声音	188

| 296 | 手动调整音频片段同步 | 189 |
| 297 | 录制画外音 | 189 |

编辑音频 190

298	音频编辑基础知识	190
299	将音频编辑到时间线	191
300	从视频中单独修剪音频	191
301	扩展音频还是分离音频?	192
302	什么时候应该拆分片段项目?	192
303	如何同步不同步的音频	193
304	修剪主要故事情节中的音频片段	194
305	使用分割修剪单独编辑音频	194
306	修剪连接的音频片段	195
307	与视频不同,将音频修剪至子帧	195
308	影响编辑的音频配置设置	196
309	显示音频组件	197
310	自动应用交叉渐变	198
311	手动应用音频转换	198
312	更快创建音频淡入淡出的方法	199
313	改变音频淡入淡出的形状	199
314	启用音频浏览	200
315	打开片段浏览	200
316	重新设置音频时间以匹配对话	201
317	重新定时音频,以延长尾音和弦	201

音量级别与声像 202

318	显示和读取音频表	202
319	设置音频音量级别	203
320	绝对音频音量级别与相对音频音量级别	204
321	使用"范围"工具调整音频音量级别	204
322	更改音频音量级别的快捷方式	205
323	添加和修改关键帧	205

音频检查器 206

324	音频检查器介绍	206
325	更快地设置音频音量级别	206
326	声像定位声音在空间中的位置	207
327	如何进行音频声像定位	207
328	将多声道音频转换为双声道单声道	208
329	音频配置功能更多	208
330	自动音频增强	209
331	调整自动音频增强功能	210
332	提高语音清晰度	210
333	Final Cut Pro 支持 5.1 环绕声	211

角色 ··· 211
- 334 了解角色 ······························· 211
- 335 你可以使用角色做什么？ ········· 212
- 336 为片段分配角色 ······················ 212
- 337 使用时间线索引切换语言 ········· 213
- 338 使用角色组织时间线 ··············· 214
- 339 使用时间线索引显示子角色 ····· 214
- 340 使用角色关注特定片段 ············ 215
- 341 创建音频干线和子混音 ············ 215

音频混合与效果 ······························· 216
- 342 Final Cut Pro 中的音频混合 ····· 216
- 343 为最终混音中设置音频音量级别的位置 ··· 217
- 344 应用、修改和删除音频效果 ····· 217
- 345 创建默认音频效果 ·················· 217
- 346 音频效果的堆叠顺序很重要 ····· 218
- 347 音频动画条 ···························· 218
- 348 调整音频音高 ························ 219
- 349 创建"电话中听到的声音"效果 ··· 219
- 350 使用均衡器提高语音清晰度 ····· 219
- 351 图形均衡器塑造声音 ··············· 220
- 352 空间设计师创造空间的声音 ····· 221
- 353 限制器效果 ···························· 222

音频的快捷键 ································· 223
章节概括 ······································· 223

第 7 章 转场和文本 ······················· 225
引言 ··· 225
本章定义 ······································· 226
转场 ··· 226
- 354 视觉转场的三种类型 ··············· 226
- 355 添加溶解 ······························· 227
- 356 手柄是过渡的关键 ·················· 227
- 357 转场浏览器 ···························· 227
- 358 使用搜索查找特定转场 ············ 228
- 359 从"转场浏览器"中应用转场效果 ··· 229
- 360 浏览转场效果 ························ 229
- 361 更改转场时长 ························ 229
- 362 在转场下修剪片段 ·················· 229
- 363 修改转场 ······························· 230
- 364 隐藏的溶解选项 ····················· 230
- 365 创建一个新的默认转场 ············ 231
- 366 流量最小化跳切 ····················· 231
- 367 这就是那些黄点的含义 ············ 231
- 368 使用 Motion 修改转场 ············· 232
- 369 创建或删除自定义转场 ············ 232

字幕和文本 ···································· 232
- 370 拉里的"标题 10 条规则" ········· 233
- 371 字体让文字充满情感 ··············· 233
- 372 预览标题 ······························· 234
- 373 为时间线添加标题 ·················· 234
- 374 修改标题 ······························· 235
- 375 更精确地修改文本位置 ············ 236
- 376 增加文字深度的简单方法 ········ 236
- 377 为文本添加阴影 ····················· 237
- 378 设置字幕的格式 ····················· 237
- 379 字体不必是白色 ····················· 238
- 380 选择你的"颜色选择器" ·········· 239
- 381 字距调整可改善大文本标题 ····· 239
- 382 更改默认标题 ························ 240
- 383 快速查看时间线标题 ··············· 240
- 384 有一个标题隐藏的快捷键 ········ 240
- 385 为标题添加表情符号 ··············· 241
- 386 许多标题包含动画 ·················· 241
- 387 访问更复杂的动画 ·················· 242
- 388 3D 文本与 2D 几乎相同 ·········· 243
- 389 3D 纹理提供令人惊叹的多样性 ··· 244
- 390 照亮 3D 文本 ························· 244
- 391 在 Motion 中修改任何标题 ······ 245
- 392 删除自定义标题（或转场） ····· 245

发生器 ·· 246
- 393 什么是发生器？ ····················· 246
- 394 发生器背景 ···························· 247
- 395 发生器元素 ···························· 247
- 396 如何将时间码刻录到项目中 ····· 248
- 397 发生器单色 ···························· 249
- 398 发生器纹理 ···························· 249
- 399 修改默认的发生器 ·················· 249
- 400 为文本添加纹理 ····················· 250
- 401 将视频放入文本中 ·················· 251
- 402 将视频放入文字视频中 ············ 251

转场和文本的快捷键 ························ 253
本章小结 ······································· 253

第 8 章　视觉效果 ... 255

引言 ... 255

本章术语定义 ... 256

视频检查器效果 ... 256
- 403　视频检查器 ... 256
- 404　重置任何效果 ... 257
- 405　时间线堆叠的重要性 ... 257
- 406　调节混合模式与不透明度创建合成图像 ... 258
- 407　使用"裁剪"或"修剪"删除像素 ... 259
- 408　裁剪和羽化效果 ... 259
- 409　肯·伯恩斯效果 ... 260
- 410　扭曲效果 ... 262
- 411　适合特殊尺寸片段的智能符合 ... 262
- 412　在不降低图像质量的情况下调整视频大小 ... 263
- 413　图像稳定器 ... 263
- 414　滚动快门校正 ... 264
- 415　"速率符合"功能如何转换帧率 ... 264

变换效果 ... 264
- 416　变换设置 ... 265
- 417　制作画中画效果 ... 265
- 418　启用"屏幕查看器"控件 ... 266
- 419　启用"屏幕查看器"控件的两种方法 ... 266
- 420　在查看器中旋转片段 ... 267
- 421　翻转片段的两种快速方法 ... 267
- 422　计算片段位置 ... 268
- 423　修改锚点 ... 268
- 424　将效果复制到多个片段中 ... 269
- 425　从一个或多个片段中移除效果 ... 270
- 426　应用视频关键帧 ... 271
- 427　什么是运动路径 ... 272
- 428　添加或修改运动路径 ... 272
- 429　关键帧变化 ... 273
- 430　修改下拉区中的片段 ... 273
- 431　在下拉区中重新构图片段 ... 274
- 432　移动生成器时要仔细 ... 274
- 433　"分析"意味着什么？ ... 275
- 434　视频动画栏 ... 275
- 435　使用视频动画栏调整不透明度 ... 276

查看器效果 ... 277
- 436　更改默认关键帧加速度 ... 277
- 437　在查看器中创建或导航关键帧 ... 277

效果浏览器 ... 278
- 438　效果浏览器 ... 278
- 439　在"视频检查器"中调整效果 ... 278
- 440　效果预览 ... 279
- 441　更快地应用效果 ... 279
- 442　时间线索引查找片段 ... 280
- 443　移除效果与移除属性 ... 281
- 444　效果叠加改变结果 ... 281
- 445　创建默认视频效果 ... 281
- 446　某些效果需要复合片段 ... 282
- 447　如何从 Final Cut 中移除自定义插件 ... 282

效果创建手册 ... 283
- 448　高斯模糊效果 ... 283
- 449　使用像素化技术隐藏身份 ... 283
- 450　颜色外观效果 ... 284
- 451　选择合适的黑白外观 ... 284
- 452　创建更佳的深褐色效果 ... 285
- 453　降低视频噪点 ... 285
- 454　减少灯光闪烁 ... 286
- 455　添加投影 ... 286
- 456　创建调整图层 ... 286

蒙版和键控 ... 287
- 457　使用形状蒙版 ... 288
- 458　绘制蒙版 ... 289
- 459　颜色蒙版 ... 289
- 460　快速跟踪目标 ... 290
- 461　使用对象跟踪功能跟踪效果 ... 292
- 462　调整对象轨迹 ... 293
- 463　使用一条轨道跟踪两个物体 ... 293
- 464　亮度键 ... 295
- 465　色度键效果（又名绿屏键）... 296
- 466　高级色度键设置 ... 297

颜色检查器 ... 298
- 467　颜色介绍 ... 298
- 468　一键实现颜色校正 ... 299
- 469　可匹配片段之间的颜色 ... 299
- 470　为片段添加 LUT ... 300
- 471　颜色检查器 ... 300
- 472　颜色板 ... 301
- 473　色轮 ... 302
- 474　高级色轮技巧 ... 303

475 如何快速调整肤色 ········· 303	487 更改信息（元数据）标签 ········· 315
476 颜色曲线 ········· 304	488 为社交媒体导出项目 ········· 316
477 色调/饱和度曲线 ········· 305	489 "更快"还是"更好"？ ········· 316
478 "欢乐谷"效果 ········· 306	490 选择 H.264 还是 HEVC？ ········· 317
479 颜色曲线 ········· 306	491 导出代理文件 ········· 317
480 应用"广播安全"效果 ········· 307	492 为什么代理服务器的图像质量较低 ········· 317
481 数码测色计 ········· 308	493 导出 XML 文件 ········· 318
视觉效果的快捷键 ········· 309	494 使用 XML 将项目发送到 Adobe 应用程序 ········· 319
章节概括 ········· 309	495 使用 XML 将 Premiere 项目发送到软件中 ········· 319
	496 使用 XML 归档项目 ········· 320
	编辑完成后 ········· 320

第 9 章　共享与输出 ········· 311

引言 ········· 311	497 项目完成后该做些什么 ········· 320
本章定义 ········· 312	共享与输出的快捷键 ········· 323
共享和导出基础知识 ········· 312	章节概括 ········· 323

| 482 导出选项 ········· 312 |
| 483 "共享"图标 ········· 313 |

总结 ········· 325

| 484 "文件">"共享菜单" ········· 313 | 这是一个礼物 ········· 325 |
| 485 导出高质量的成品文件 ········· 314 | 拉里·乔丹最有用的快捷键 ········· 326 |
| 486 导出静止画面 ········· 314 |

引言

Apple Final Cut Pro 是通过动态影像讲述故事的工具。但拥有工具并不等于懂得如何使用该工具。视频编辑是故事创作漫长过程中的最后一步，也是与观众分享故事的最后一步。在最后期限很短、预算很紧、每个人的压力都很大的情况下，任何可以节省时间、简化流程和优化结果的事情都是一件好事。

书中 500 多条提示、技巧、快捷键和隐藏的功能，将助你成为编辑能手。本书不能教你如何编辑，但可以教你如何更有效地编辑。

我在媒体领域担任过镜头主持、制片人、导演和编辑，拥有超过 50 年的工作经历。在这段时间里，我意识到编辑最容易犯的错误之一就是"因为你能"而去做某件事。技术能力从来不是做任何事情的好理由。相反，要把编辑工作的重点放在所讲述的故事上。然后，你会发现自己需要做一些"因为你应该"而做的事情。因为这对故事创作有利，因为它有助于理解；因为它能增进交流。

自 2003 年以来，我一直在使用、研究、教授 Final Cut Pro 并撰写相关文章，至今已有 20 多年的时间。本书汇集了我所学到的精华。在这段时间里，我们这个行业发生了很多变化，但也有很多地方保持不变。与所有创意艺术一样，编辑也有自己的风格。不仅仅是流派风格，还有编辑时长、转场、字幕、效果、调色等，不胜枚举。有些风格值得保留，有些则不然。

本书不是教科书。我没有涵盖 Final Cut 的所有功能。这是一本为那些有特定问题、需要立即得到准确答案的人而写的书。我将带你深入应用程序，挖掘程序隐藏的强大功能。

本书印刷版分为 9 章，外加一个在线章节，每章按主题分组（电子版包含全部 10 章）。在每章中，相关技巧被分成若干部分，方便快速浏览，找到所需的信息。可以查阅单个技巧，快速找到答案，也可以阅读整个章节，进一步加深理解。

还有一件事我需要提一下。在当今这个高度货币化、广告驱动的世界，没有人付钱让我在本书中提及任何产品。我推荐的所有工具都是我自己购买并每天在自己的项目中所使用的。

所有的截图和技巧来自我所使用的 Apple Final Cut Pro 10.6.3 版本。如果我忘记了你关注的内容，或哪里有错误，请发邮件告诉我。我们会在下一版中修正。在此期间，请好好编辑。

拉里·乔丹
马萨诸塞州安多弗
2022 年 7 月
Larry@LarryJordan.com

第 1 章

视频基础知识

引言

当视频编辑软件被认为是一个"黑匣子"时，片段进入，项目出来，问题就出现了。很多时候，在项目开始时做出的错误判断，会导致问题产生。

编辑视频是我们在计算机上能做的最难的事情。它需要高性能的硬件和高质量的软件支持。但更重要的是，需要了解视频和计算机的工作原理，以及用图片讲故事的能力。

我再怎么强调也不为过，你在开始编辑之前所花在计划上的时间，可以使你在最后期限迫近时，省去几个小时的痛苦。本章中的概念解释了"是什么"和"为什么"，本书的其余部分解释了"如何做"。这些基本概念是构建 Apple Final Cut Pro 的基础。

- Final Cut Pro 的基础知识
- 视频基础知识
- 计算机基础知识
- 存储基础知识
- 命令集基础知识
- 快捷键

墨菲是个乐观主义者。

① 关于媒体的一条压倒性原则
如果只需要记住一件事，请记住这一点。
墨菲定律！
任何有可能出错的事情都会在最糟糕的时候出现错误。
请为此提前做好计划。

Final Cut Pro 的基础知识

这些关键术语和概念将帮助你开始使用 Final Cut Pro。

② 是 Final Cut Pro 还是 Final Cut Pro X？
苹果公司改了名字。

Final Cut Pro（FCP）于 1999 年春季首次发布。多年来，随着主要更新版本的发布，通过在名称中添加版本号的方式来反映这些更改。由此创建了 FCP1、FCP2、FCP3、FCP4、FCP4.5、FCP5、FCP6，并最终创建了 FCP 7。

Final Cut Pro X 于 2011 年 6 月 21 日发布，为了与之前的方式保持一致，添加版本号，为 "X"，如 FCP X。

2020 年 11 月，随着苹果系统 Big Sur 的发布，苹果公司放弃了 "X"，并改变了标志的外观（见图 1.1）。Big Sur 是 macOS 11 版本，因此使用 X 作为 Final Cut 的名称不再有意义。本书使用通用的名称——Final Cut Pro，或两个简称：Final Cut 和 FCP。

图 1.1　最新版的苹果 Final Cut Pro 标志。

③ Final Cut Pro 的基本概念
以下术语定义了 final cut 的基本结构。

如果你是 Final Cut Pro 的新用户，需要了解以下术语才能开始使用：
- **资源库**。这是显示在"访达"中的 Final Cut 数据文件。然而，它并不"只是一个文件"；它是一个容器，包含该资源库使用的所有元素，或指向这些元素的链接。资源库可以从 Final Cut 中重新命名。但是，在 Final Cut 中重命名资源库，在"访达"中也会重命名资源库。
在"访达"中创建和存储的资源库数量没有限制。此外，虽然可以在 Final Cut 中打开的资源库数量没有设定限制，但系统中的 RAM 容量可能会限制打开的资源库数量，或资源库可以包含的片段数量（不过不必担心，即使在 16GB 的系统中，资源库也可以包含数千个片段）。
- **事件**。这是一个存储在 Final Cut 资源库中的文件夹。在 Final Cut 中创建的事件数量没有限制。但是，不能将事件存储在另一个事件中，事件只会出现在资源库中，而不会出现在"访达"中。
- **工程项目**。这是一个可以在时间线中编辑的媒体。一个资源库可以容纳多个项目，并且可以同时打开多个项目。然而，在时间线中，一次只能查看一个项目。项目的最长保留时间为 24 小时。项目可以包含数千个片段，具体取决于计算机中 RAM 的大小。
- **媒体**。这些是媒体片段（音频、视频、静态图像、字幕、生成器、渲染文件等），可以在项目中编辑它们。
- **被管理的文件**。被管理的媒体文件存储在资源库中。
- **外部文件**。外部媒体文件存储在资源库之外。
- **生成文件**。生成的媒体文件从 Final Cut 中的源文件创建，包括优化、代理和渲染文件。在默认情况下，生成的媒体文件存储在资源库中。

④ 为什么它被称为"资源库"而不是项目？
嗯，这可以追溯到古希腊。

项目是一件事；资源库是事物的集合。

从古希腊时代开始，我们就在图书馆里收集资料。这就是 Final Cut 资源库（Final Cut Library）的定义：所有不同元素的集合，这些元素通过动态影像来讲述故事。故事本身是在项目中创建的。但是，这些相同的元素可以而且经常被用来讲述不同的故事。这些元素存储在资源库中。

> 项目是一件事；资源库是事物的集合。

视频基础知识

这些关键术语和技术解释了数字视频的工作原理。

⑤ Final Cut 使用三种类型的视频
它们是源媒体文件、优化文件和代理文件。

无论媒体是存储在资源库内还是资源库外，Final Cut 都支持三种类型的视频媒体：源媒体文件、优化文件和代理文件。

- **源媒体文件**。（也称为相机本机或相机母版）。指的是相机拍摄的视频格式。对于许多相机，包括 iPhone 和其他移动设备来说，此视频格式经过高度压缩，因此可以轻松安装在带有相机功能的任何存储设备上。但在编辑时，这种压缩可能会出现问题。（在大多数情况下，音频文件是以未压缩的格式储存的，因为音频文件比视频小得多）。
- **优化文件**。这些文件通常是通过 Final Cut 转换为 Apple ProRes 422codec 格式的源媒体文件。与源媒体文件不同，ProRes 422 文件专为高质量图像和高效编辑而设计。然而，ProRes 422 文件的 j 格式相当大（并非所有源媒体文件都需要优化）。
- **代理文件**。它们在帧大小和文件大小上都比源媒体文件或优化文件更小。当在粗略编辑大帧率视频时，或在较旧的系统上编辑时，或进行多机位编辑时，代理文件非常有用。与源媒体文件或优化文件相比，代理文件的唯一缺点是图像质量较低。代理文件用于编辑时很少作为最终的导出文件。

> 优化文件是转换为 ProRes 422codec 格式的源媒体文件。

⑥ 为什么我们需要压缩视频？
因为未压缩的文件是巨大的！

在理想的情况下，我们会编辑和观看未压缩的视频，因为未压缩视频的图像质量非常高。

但问题是未压缩的视频文件是巨大的。真的很大。非常巨大！

Amazon Web Services（AWS）最近的一篇博客文章强调了未压缩视频的典型带宽要求，如表 1.1 所示。

表 1.1　未压缩视频的带宽和存储数据

画面大小	数据率	存储 1 小时
1280 × 720 pixels	~190 MB/second	~684 GB
1920 × 1080 pixels	~375 MB/second	~1.35 TB
3840 × 2160 pixels	~1,500 MB/second	~5.4 TB

显然，使用专业设备，我们可以在计算机上以 1.5Gb/s 的速度传输视频文件。但是，即使是小型制作，也要考虑视频拍摄的数量，这意味着每次播放都有几十太字节（Terabyte，TB）的数据。这太多了！在网飞（Netflix）上看电影时，我也讨厌等待很长时间去加载那么多媒体文件。

这就是压缩视频的原因——使媒体文件在抓取、编辑和最终传输的过程中便于管理。这就把我们带到了编解码器上（Codecs）。

> 压缩视频仅仅是因为未压缩的视频文件太大而难以编辑。

7　格式、编解码器……这些都是什么？

这些决定了一切！

正如你将在其他技巧中看到的一样，"格式"这个词会在许多不同的上下文中使用。当我们想不出另一个词来使用时，它就成了一个包罗万象的容器。一个文件的"格式"决定了这个文件如何存储：它的包装器（见技巧 20：媒体存储在包装器中）包括其压缩或未压缩的视频或音频流的结构，视频的分辨率和纵横比，以及它是隔行扫描还是逐行扫描。如果基础流（即视频或音频）被压缩，那用于压缩文件的编解码器（"编码器/解码器"的缩写）也是其格式的一部分。文件格式是每个数字文件的关键方面。为什么？因为格式决定了质量、文件大小、编辑效率等数字文件的关键方面。

某些格式和编解码器针对相机中的录制信号进行了优化，其他格式和编解码器针对媒体编辑进行了优化，还有一些格式和编解码器针对传输进行了优化。正如你猜测的那样，并没有完美的编解码器或格式的存在。

常见的视频格式和编解码器包括：

- MOV（格式）
- AVI（格式）
- MP4（格式）
- ProRes（编解码器）
- H.264（编解码器）

- HEVC，也称为 H.265（编解码器）
- AVC-Intra（编解码器）
- XAVC（编解码器）
- HDCAM（编解码器）
- DNX（编解码器）

常见的音频格式和编解码器包括：

- WAV（格式）
- AIFF（格式）
- FLAC（编解码器）

- ALAC（编解码器）
- MP3（编解码器）
- AAC（编解码器）

常见的静态图像格式和编解码器包括：

1　https://aws.amazon.com/blogs/media/part-1-back-to-basics-gops-explained/。

- TIFF（格式）
- PNG（格式）
- PDF（编解码器）
- PSD（格式）
- JPG/ JPEG（编解码器）

使用编解码器的结果可以用三个基本参数来描述：质量、文件大小和编辑效率。然而，如图 1.2 所示，当你选择一个编解码器时，只能优化其中两个参数。

例如，编辑效率最高的编解码器会创建最大的文件。其中包括 ProRes、DNx 和 GoPro Cineform。Final Cut（事实上，是所有的 Apple Silicon Mac）针对 ProRes 进行了优化，这就是我在本书中强调它的原因。

在许多情况下，相机录制的编解码器是由相机制造商为你选择的。如果他们为你提供了选项，请选择具有最高数据（位）率的编解码器版本。通常，数据速率越高，图像质量越好。

图 1.2 使用编码解码器时的三个关键参数。通常，只能优化其中两个参数

> 编解码器决定了媒体被压缩和存储的数字格式。

以下是作者的建议：
- 如果相机提供选项，请选择具有最高数据速率的编解码器。
- 如果相机提供选项，请拍摄逐行扫描视频而不是隔行扫描视频，除非有其他要求。
- 如果拍摄的是压缩格式（H.264、AVCHD、HEVC），请将其转换为 ProRes 422 格式进行编辑。
- 对于在计算机上创建的视频，例如 Apple Motion 或 Adobe After Effects，请导出带有 Alpha 通道的 ProRes 4444 文件格式进行编辑。
- 对于你想要发布的视频，除非被告知要提供不同的编解码器，否则请在 MPEG-4 包装器中将导出的项目转换为 H.264 格式。
- 对于你计划编辑的音频，请使用 WAV 或 AIFF 格式。
- 对于你计划发布的音频，请将导出的项目转换为 AAC 格式。

这并不代表其他编解码器是"不好"的，只是说这些是帮助你开始创作的优化选择。

8 静态图像的最佳格式是什么？

格式的选择对图像质量有很大的影响。

Tom Cherry 是一位出色的编辑，他审阅了本书的初稿。他提道："我很难有效地与客户沟通，当我调整视频的大小时，邮票般大小的信头标志看起来很糟糕，它们会被像素化和模糊化。可悲的是，这可能是他们能找到的最好的版本。相反，我通常要求他们提供最大尺寸的 PNG 格式，但只能收到微小尺寸的 JPG 格式。"

静态图像的质量由两个因素决定：编解码器和图像的大小（以像素为单位）。表 1.2 详细介绍了最新的静态图像格式。

> 当有疑问时，请要求提供具有最大像素尺寸的全彩色 PNG 格式。

表 1.2　对比静态图像格式

格式	结果	提示
TIFF	通常是未压缩的，高质量	广泛支持，通常无须图层和 Alpha 通道
PNG	无损压缩，高质量	广泛支持，通常包括 Alpha 通道
PSD	容器格式，质量根据存储的文件类型变化	广泛支持，可以包括图层和 Alpha 通道
JPEG/JPG	高度压缩，低质量	广泛支持，不包括图层和 Alpha 通道

以上这些提示也有例外情况。例如，PNG 是以有限的颜色格式来保存的，而 JPEG 实际上看起来效果更好。然而，一般来说，高质量的全色彩 PNG 是一种优秀的视频静态图像格式。如果需要图层，请使用 PSD。

9　并非所有编解码器都需要优化

除了 ProRes 之外，许多编解码器都已经进行了优化。

一些编解码器，如 ProRes，已经完成了优化。优化是苹果公司用来描述压缩整个视频帧（I 帧压缩）的编解码器，而不是帧之间的变化（长 GOP 压缩）的术语（请参阅技巧 10，I- 帧与 Long-GOP：压缩媒体的两种方法）。

已经优化的编解码器包括：

- DV 和 DVCAM
- ProRes
- DNx
- GoPro Cineform
- HDCAM HD
- XDCAM EX
- Apple Animation（虽然只有 8 位）
- AVC-Intra

然而，许多流行的相机编解码器都经过压缩，并从优化中受益。其中包括：

- MPEG- 2
- H.264
- HEVC（H.265）
- H.266
- AVCHD
- AVCCAM
- AVC-Ultra
- XAVC

许多 Intel Mac 和所有 Apple Silicon Mac 都支持 H.264 媒体的硬件编码和解码。实际上，这意味着你可以在这些系统上流畅地编辑 H.264 媒体，并且不会丢失帧。

> **深度思考**
>
> 当有疑问时，请进一步优化你的媒体。从长远来看，它在编辑效率和渲染速度方面都有好处。如果媒体已经处于优化形式中，FCP 将不会再次对其进行优化。

10　I- 帧与 Long-GOP：两种压缩媒体的方法

一个强调易于编辑，另一个强调小文件尺寸。

未压缩的媒体文件非常庞大，因此所有数字媒体文件都需要压缩，原始文件也是如此。

每个编解码器都需要决定，是使用 I- 帧（帧内）还是 Long-GOP（图片组）压缩。这个选择是与每个编解码器强相关的，且不能改变。了解这些差异可以帮助你对编解码器做出更明智的选择，尤其用于编辑的编解码器。

在手机出现之前的时代，有一种名为"胶卷"的视觉记录技术。如图1.3所示，胶卷完整无损地记录了每张图像。事实上，如果你拿起一片胶卷对着光照，可以看到沿着胶卷延伸的一系列图像。

录像带也记录了完整的图像，尽管它是在磁带上而不是在照片上记录的。

> I-帧压缩的文件更容易编辑。Long-GOP压缩的文件较小。

图1.3 胶片和录像带将视频记录为自包含图像流（I），也称为帧

I-帧压缩模拟了这一点。每个压缩图像都是完整的，并存储在文件中。问题在于，当转换为数字格式时，这些单独的帧会产生巨大的文件。更糟糕的是，在数字媒体的早期，存储速度慢、体积小且价格昂贵，由此出现了一个不同的选项：Long-GOP压缩。

描绘Long-GOP文件最简单的方法是想象一本书或报纸上刊登的国际象棋比赛。当你阅读比赛的报道时，文章并没有显示每一步棋后的棋盘图像。相反，它只详细说明了每个棋子移动的变化，如图1.4所示。从整板图像开始，然后简单地记录每场比赛中移动的特定片段。只要从比赛开始，并按顺序跟踪记录每个变化，就可以完美地跟随比赛。

图1.4 Long-GOP压缩首先记录整个图像（I），然后只记录从一帧到下一帧发生的变化（C=变化）

Long-GOP压缩建立在这个概念上。一个GOP通常由15个视频帧组成，但组长度可能因精确到单个帧的编解码器而异。组中的第一个图像是完整的，那么接下来的14个帧只包括当前帧与其周围帧之间的差异，如图1.5所示。

图1.5 每个Long-GOP的顺序是从一个完整的图像（I）开始，然后只存储帧之间的变化（B&P），直到组的结束。然后，下一组从一个完整的帧开始，并重复该过程

由于Long-GOP文件只记录发生的变化，因此I-帧压缩和Long-GOP之间的文件大小差异可能会很大。例如，以30fps的速度用三脚架拍摄5s的静物，会以ProRes格式创建150张图像，而H.264会将其压缩为单帧，并指示将其重复149次。

这就是ProRes文件平均比H.264文件大6~10倍的原因，但ProRes文件更容易编辑。

使用Long-GOP"更改文档"进行压缩的视频编解码器（如H.264）对播放提出了重大挑战。就像国际象棋。如果你从一开始就开始录制，Long-GOP压缩是非常有效的。

这些文件很小，它的变化是按顺序递增的，可以清楚地看到随着时间的推移而变化的动态图像。

然而，就像国际象棋比赛，如果你在中间加入一个Long-GOP序列，通过

将播放头移动到片段的中间，将无法理解任何变化。除非在幕后，编辑软件返回到最近的 I- 帧并重建从 I- 帧到播放头当前位置发生的变化。对于 I- 帧视频，不需要重构，因为每个 I- 帧图像都是完整的。无论播放头停在哪里，都可以立即显示完整的图像。

> Long-GOP 压缩和 I- 帧压缩各有优缺点。选择正确的编解码器取决于你的目的是什么。

当我们把 Long-GOP 压缩的视频放在更高的层上时，或基于内容而不是 I- 帧位置来编辑片段时，或者将 Long-GOP 压缩的多机位片段堆叠在一起时，情况会变得复杂。在这些情况下，I- 帧不会同时出现，这意味着 CPU 会不断地返回到最近的 I- 帧，然后从该点为每个片段重建组。

更糟糕的情况是，当我们编辑 Long-GOP 序列的中间片段时，必须重建整个 Long-GOP 结构。Long-GOP 序列必须从 I- 帧开始，因为从变化帧开始便不能提供足够的数据来重建整个图像。

这就是老式计算机在播放 H-264 或 HEVC 视频时出错的原因——它们不能以足够快的速度解码 Long-GOP 压缩，来使实时的编辑变得流畅。在没有足够 CPU 马力的情况下，有太多内容需要计算。

Long-GOP 压缩和 I- 帧压缩各有优缺点。就像编辑中出现的大多情况一样，好或坏取决于你想要做什么。如果没有 Long-GOP 压缩，我们就无法使用 DSLR 相机录制视频。没有 Long-GOP 压缩，YouTube 视频就不会存在。但 I- 帧视频始终显示更好的图像质量，编辑也更流畅，导出速度更快，并可以在较慢的设备上播放。

⑪ HEVC 与 H.264 应该选择哪一个？

选择 H.264，但在压缩 HDR 媒体时除外。

在大多数情况下，H.264 是最佳选择。为什么？因为大多数现代计算机硬件使用 H.264 进行播放和压缩，这意味着系统可以更轻松地处理 H.264 媒体。只有最新的计算机（包括所有 Apple Silicon 系统）才能对 HEVC 进行压缩。

H.264 文件在很多硬件上运行，因此如果将文件发送给客户或管理人员进行审查，他们极有可能播放 H.264 文件而不是 HEVC 文件。

> 简要的回答是：选择 H.264，但在压缩 HDR 媒体时除外。

更重要的是，由于所有的社交媒体网站都会重新压缩媒体项目，所以没有必要创建非常小的文件，因为当你的项目被重新压缩时，需要额外的数据来支撑第二次压缩。否则，图像的质量将会下降。

但是，将文件压缩为 HEVC 有两个强有力的理由：大帧率尺寸和高动态范围（HDR）媒体（请参阅技巧 26，什么是 HDR？）。H.264 文件仅支持最大为 4K 的帧率，而 HEVC 文件可以支持的帧率更大。此外，10 位的 HEVC 文件支持 HDR 媒体的完整灰度和色彩范围，而大多数 H.264 文件不支持。然而，只有最新的计算机支持 10 位 HEVC 文件的硬件加速。如果系统不支持，HEVC 文件压缩预计需要很长时间。

⑫ ProRes 是苹果公司为视频所创建的

即使不喜欢苹果的人也喜欢 ProRes。

ProRes 是 Apple 发明的一种高效、高质量的视频编解码器，于 2007 年首次与 Final Cut Studio 2 一起发布，专门用于视频编辑。在大多数情况下，

ProRes 视频使用的是未压缩的格式。

正如 Apple 在其 Apple ProRes 白皮书中所述的那样，ProRes 系列视频编解码器，使在 Final Cut Pro 中编辑全帧、10 位、4∶2∶2 和 4∶4∶4∶4 高清（HD）、2K、4K、5K 和具有多流性能的更大视频源成为可能，而且价格合理。

Apple ProRes 编解码器提供了无与伦比的多流实时编辑性能、令人印象深刻的图像质量和更低的存储速率的组合。ProRes 编解码器充分利用多核处理功能，并具有快速、低分辨率的解码模式。所有 ProRes 编解码器在全分辨率的情况下支持任何帧率大小（包括 SD、HD、2K、4K、5K 及更大帧率）。数据速率因编解码器的类型、图像内容、帧大小和帧速率而异。

作为一种可变比特率（VBR）的编解码器技术，ProRes 在简单帧上使用的比特更少，而这些帧无法从更高的数据速率编码中受益。ProRes 是独立于帧（或"帧内"）的编解码器，这意味着每个帧的编码和解码都独立于其他帧。这种技术为软件提供了极佳的编辑性能和灵活性。

使用 Final Cut Pro 10.3 或更高版本，可以在 MXF 元数据包装器中导出 ProRes 格式，而不是导出 .mov 格式。这使得导出的视频文件与多种播放系统兼容，这些系统依赖 MXF 标准进行广播和存档（请参阅技巧 20：媒体存储在包装器中）。

这些详细解释的技术术语已经涵盖本书所需要的内容。以下是主要内容：
- ProRes 可以在 Mac 和 Windows 系统的计算机上运行。
- ProRes 支持任何帧大小或帧速率。
- ProRes 支持标准动态范围（SDR）和高动态范围（HDR）媒体。（参见技巧 26：什么是 HDR？）
- 许多相机可以直接拍摄 ProRes 格式。
- 其他相机媒体文件可以很容易地转换为 ProRes 格式。
- ProRes 支持不同编辑任务（母版制作、编辑、代理等）的多种压缩级别。
- Final Cut Pro 针对 QuickTime 包装器中的 ProRes 媒体进行了优化。

> ProRes 是一个由苹果公司创建的，高效率、高质量的视频编解码器，专门用于视频编辑和传输。

13 认识 ProRes 的版本
每个版本都是为不同的媒体任务设计的。

以下是 ProRes 的版本（有一个例外——ProRes Raw，下面会介绍）。这些描述来自 Apple ProRes 白皮书。

- **Apple ProRes 4444 XQ**

Apple ProRes 的最高质量版本，适用于 4∶4∶4∶4 图像源（包括 Alpha 通道），具有非常高的数据速率，能够保留当下最高质量数码图像感应器所生成的高动态范围影像中的细节。和标准 Apple ProRes 4444 类似，此编解码器每个图像通道支持多达 12 位，Alpha 通道支持多达 16 位。

- **Apple ProRes 4444**

适用于 4∶4∶4∶4 图像源（包括 Alpha 通道）的 Apple ProRes 的极高质量版本。此编解码器具有完整分辨率，母带录制质量 4∶4∶4∶4 RGBA

> **注：**大多数情况下，如果你正在拍摄这个格式的高端视频，将会拍摄日志文件，我在提示 17 中提到过：什么是日志视频？

> **注：**ProRes 4444 是我最喜欢的高端格式。

---
1 Apple ProRes 白皮书，2020 年 1 月，Apple Inc.www.applcom/final-cut-pro/docs/Apple_ProRes 白皮书 .PDF

颜色，视觉保真度极高，几乎与原始素材无差别。Apple ProRes 4444 是用于储存和交换运动图形和复合的高质量解决方案，具有出色的多代性能。具有 12 位深度，具有数学上无损的 16 位 alpha 通道。

- Apple ProRes 422 HQ

  Apple ProRes 422 的较高质量版本，与 Apple ProRes 4444 具有相同高水平的视觉质量，但它适用于 4：2：2 图像源。Apple ProRes 422 HQ 以视觉上无损的方式保留了单链接 HD-SDI 信号可携带的最高质量的专业 HD 视频，在视频后期制作行业中被广泛采用。此编解码器以 10 位像素深度支持全宽 4：2：2 视频源，同时通过多代解码和重新编码保留视觉上无损。

- Apple ProRes 422

  一种经过高质量压缩的编解码器，几乎可提供 Apple ProRes 422 HQ 的所有好处，但 66% 的数据速率即可实现更高的多流实时编辑性能。

> 注：ProRes 422 是我最喜欢的通用设备编解码器。

- Apple ProRes 422 LT

  较之 Apple ProRes 422 拥有更高压缩的一种编解码器，数据速率是其 70%，而文件大小则少了 30%。此编解码器完美适用于储存容量和数据速率都极为宝贵的环境。

- Apple ProRes 422 Proxy

  较之 Apple ProRes 422 LT 拥有更高压缩的一种编解码器，用来在数据速率要求低但视频分辨率要求完整的离线工作流程中使用。

> 注：50% 的 ProRes 422 Proxy，是我最喜欢的代理编解码器。

14 应该使用哪个版本的 ProRes？

答案取决于你想做什么。

ProRes 是一款功能强大的编解码器。我真诚地推荐你使用它，尤其是在使用 Final Cut Pro 时。但是你应该使用哪个版本呢？下面是简要回答：

- 如果你正在使用计算机创建源媒体（例如，Apple Motion、Adobe After Effects、Cinema 4D 等），请使用 Apple ProRes 4444 格式导出文件。这将创建一个最大的文件，但它包含最高质量的颜色并支持 Alpha 通道媒体（透明度），并且与计算机上创建的颜色最匹配。
- 如果你正在使用相机拍摄媒体，请使用 ProRes 422 格式。它与大多数相机拍摄的颜色格式最为匹配。
- 如果要创建代理文件，请使用大小为 50% 的 ProRes Proxy。尽管 H.264 创建的文件较小，但 ProRes Proxy 更易于编辑，并且具有更大的色彩空间（10 位对 8 位）。

> 当有疑问时，请使用 ProRes 422 格式进行拍摄。

可以使用其他版本吗？可以。但这三个版本会让你朝着正确的方向前进。

15 什么是 RAW 视频？

RAW 视频是相机传感器数据，而不是视频。

RAW 是直接从相机传感器记录的数据，它不是视频，是数据，类似于老式的电报。原始媒体记录哔哔声，但为了让我们理解这些信息，需要将这些哔哔声转换成字母表中的字母。

RAW 不是首字母缩写。它的意思是"原始",就像"未压缩"一样。任何原始文件的关键之处在于,它只能由相机创建。不能把现有的视频转换成 RAW。

> RAW 不是视频。是相机的数据,需要转换成视频。

自从 RED 推出了首个相机的 RAW 格式,佳能、Blackmagic Design 和 Apple 现在也推出了专有的 RAW 格式。这些格式彼此并不兼容。

图 1.6 解释了拜耳阵列。左侧的图像是由传感器记录的数据。每个方块不是一个像素,是一个"图片网"。每个图片网都是不完整的,只包含每个像素所需的三种颜色(红色、绿色或蓝色)中的一种。该拜耳阵列存储在原始文件中(并非所有相机都使用拜耳阵列。例如,Blackmagic Design Ursa Mini 12K 就不使用。但所有原始数据都以马赛克模式记录传感器数据)。

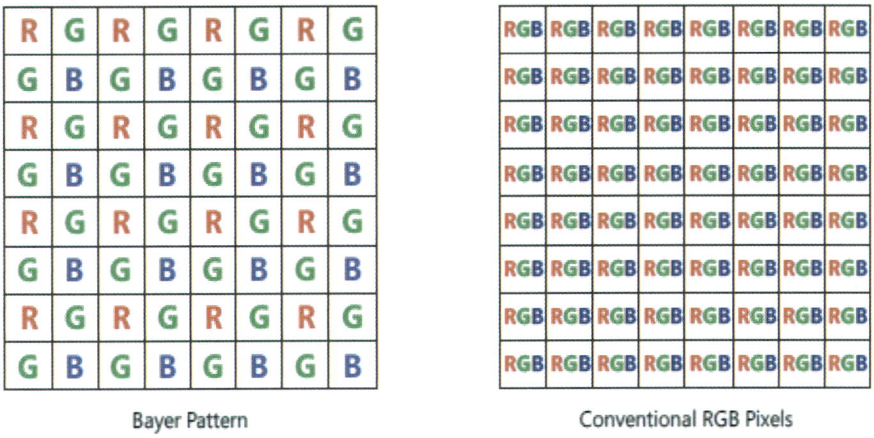

图 1.6 原始图像以马赛克图案开始,如拜耳阵列(左),其中每个照片点都有一个颜色值。然后,去马赛克将光点转换为正常像素,每个像素都包含红色、绿色和蓝色的颜色值

在编辑原始文件之前,它需要进行转换,称为去拜耳化(de-bayering)或去马赛克。此过程将原始文件转换为视频(右图像),并确定帧大小和帧速率。在编辑之后,转换的原始文件需要一个最终步骤来处理颜色,称为颜色等级,从而使图像看起来最佳。

> **深度思考**
> 不要混淆 RAW 和日志视频。RAW 是传感器数据。日志文件是视频。然而,两者都需要处理颜色等级才能看起来更佳。

如果你的截止日期很紧,拍摄原始媒体会减慢你的速度。只要有足够的时间和合适的相机,拍摄和编辑原始数据就可以在调整图像外观方面提供极大的灵活性。

16 什么是 ProRes RAW ?

一种用于视频转换更有效的 RAW 格式。

"Apple ProRes RAW 是基于与现有 ProRes 编解码器相同的原理和底层技术,但应用于相机传感器的原始图像数据,而不是传统的图像像素。"换句话说,ProRes RAW 直接从相机传感器记录数据,然后将其处理为可以看到的视频图像。

---

1 Apple ProRes 原始白皮书,2020 年 11 月,Apple Inc.www.apple.com/final-cut-pro/ docs/ Apple_ProRes_RAW.PDF

第 1 章 视频基础知识

大多数单传感器相机使用拜耳阵列或类似的彩色马赛克来捕捉颜色信息。ProRes RAW 与其他原始格式的不同之处在于，当将拜耳阵列转换为视频时，它会发生变化。苹果公司优化了这种转换的时机，用来提高编辑效率。除了编解码器，苹果公司还添加了在本地编辑时调整 ProRes RAW 媒体的 ISO 设置（基本上是视频增益）和白点的功能。

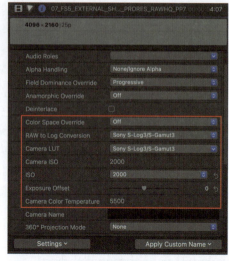

图 1.7　针对 ProRes RAW 文件，Final Cut 支持更改 ISO、曝光偏移和相机色温（白点）

要访问这些内容，请在时间线（而不是浏览器中选择删片段，然后转到信息检查器，并将底部的菜单从"基本"切换到"设置"（Settings）。图 1.7 中的红框突出显示了可用于原始媒体的新设置。

- **拍摄 ISO**。记录媒体的 ISO 设置。
- **ISO**。允许将 ISO 设置从 50 更改为 25600 的菜单。
- **曝光偏移**。在调整 ISO 时提供更精细控制的滑块。范围由低到高。
- **拍摄色温**。录制视频时的白点设置。

色温。将白点调整为 2000~15000K 之间的任意值的滑块（此滑块的可用性取决于源媒体格式）。

> **深度思考**
>
> 这些设置只出现在 ProRes 原始媒体上，当 FCP 处于代理模式时不会出现。可以在苹果官网上搜索到支持此功能的相机列表：support.applcom/ht204203#proresraw。

17 什么是日志视频？

日志视频保留了更多图像的动态范围。

日志（"对数"的缩写）视频以相同的方式捕获阴影（中间色调）和高光中的灰度值（色调）来记录图像，可以像 raw 一样在 SDR 和 HDR 项目中使用日志（请参阅技巧 26，什么是 HDR？）。日志视频可以在颜色等级区间中从阴影和高光里提取更多细节。所有高端和大部分中端相机都可以拍摄日志格式。然而，日志文件是在相机中创建的，不能把已经拍摄完的文件转换成日志格式。

Rec. 709 色彩标准对亮度（灰度）值进行编码，使其与我们的观看方式相匹配，并将对比度进行优化，方便在显示器上观看。但这会导致阴影和高光被压缩。没有多余的"headroom"在后期处理图像的曝光，因为灰度关系已经形成了。

对日志图像进行编码，可以使相机抓取的亮度值在编码中被赋予相等的权重。日志文件可以在后期变亮或变暗，就像在相机内调整了曝光一样（当然，控制在抓取的灰度范围内）。与使用 Rec. 709 编码相比，这允许从高光或阴影

日志视频在图像中保留更多的灰度值。

中提取更多值。

但是，日志图像看起来平坦且对比度低（见图1.8），中间色调升高，阴影褪色。它们需要颜色分级才能看起来正确。

> **深度思考**
>
> 日志文件是视频；RAW 文件是数据。RAW 和日志都是使用相机记录媒体的方式，可以尽可能多地保留图像中的灰度值。

图1.8 源日志文件位于左侧。它是灰色的，不适合展示。颜色分级后的版本位于右侧

18 什么是 LUT？

查找表将数字转换为视频。

查找表（LUT）是一种转换表，它告诉计算机如何将存储在磁盘上的每个像素的数值转换为显示在屏幕上的像素。把 LUT 想象成翻译器。像素数据以西班牙语存储在硬盘上。LUT 将其翻译成法语、英语或你想要的任何语言，翻译很快。可以随时更改 LUT，并且 LUT 可以应用于任何媒体中。

- LUT 是非破坏性的。
- LUT 可以立即改变图像。
- 可以随时更改 LUT。
- 任何人都可以创建 LUT，而不仅仅是开发人员。
- LUT 可以与其他颜色分级工具一起使用。
- LUT 通常用于日志视频，但也用于模拟电影目录或特定的创意外观。

Final Cut 完全支持摄像机 LUT，它可以优化由特定相机拍摄的媒体，并支持自定义 LUT，创建这些 LUT 是为了使视频具有特定的外观。Final Cut 支持 CUBE 或 MGA 格式的 LUT。达·芬奇也使用过 CUBE LUTs。

> **深度思考**
>
> 导入的 LUT 存储在"主目录"＞"资源库"＞"应用支持"＞ProApps 中。下面网址中有我写的一篇文章，描述了如何使用 Adobe Photoshop 为 FCP 创建 LUT：larryjordan.com/articles/create-custom-luts-for-apple-final-cut-pro-X-using-photoshop/。

19 苹果的 ProRes 白皮书是一个很好的资源

ProRes 白皮书还详细介绍了 ProRes 所需的存储格式。

苹果公司为 ProRes 和 ProRes RAW codecs 创造了两个优秀的白皮书作为参考资料。更重要的是，苹果公司在 ProRes 白皮书的末尾提供了一张表格，按帧大小和帧速率描述了每个版本 ProRes 的存储带宽和容量要求。

> 苹果公司为 ProRes and ProRes RAW codecs 创造了两个优秀的白皮书作为参考资料。

在写这本书以及平时工作的过程中，我自己经常参考这些表格。你可以在这里找到他们。

- Apple ProRes white paper: www.apple.com/# nal-cut-pro/docs/ Apple_ProRes_White_Paper.pdf
- Apple ProRes RAW white paper: www.apple.com/# nal-cut-pro/docs/Apple_ProRes_RAW.pdf

20 媒体存储在包装器中
包装器包含媒体文件中的不同元素。

好吧，在这里可能会有点混乱，但这是一个重要的概念。我们认为媒体片段是一个单独的"东西"。但实际上，它是在一个容器中保存的一些东西的集合（容器之所以被称为包装器，是因为它们将不同的媒体元素"包装"到一个地方。我还使用了术语"格式"，因为媒体的格式决定了容器的结构）。

QuickTime、MPEG-4 和 MXF 是常用的媒体包装器。

如果你要查看包装器内部（通常不能查看，以防止笨拙的"恶棍"弄乱文件结构），将看到包装器中收集的以下一个或多个单独元素。

> 包装器，如 QuickTime 或 MPEG-4，包含媒体片段的不同元素。

- 视频数据；
- 音频数据；
- 时间码；
- 字幕（每种语言一个）；
- 元数据；
- 可能还有其他。

每个媒体元素都有自己的结构和编解码器，因此开发人员使用包装器将这些不同的元素捆绑在一起，以便可以将它们视为一个单一的简单事物（作为编辑者，我们不需要将包装器作为编辑的一部分，但是需要知道它为什么存在）。

21 标准视频帧大小
从 NTSC 到 8K。

帧大小以像素为单位定义图像的大小。按照传统，水平维度列在最前面。需要注意的是，NTSC 和 PAL 格式使用矩形而不是正方形像素。两种格式都在 4∶3 和 16∶9 纵横比之间切换，使用相同数量的像素，但水平拉伸每个像素的宽度。可以使用更宽的图像，同时使用相同数量的像素和带宽。在将标清模拟视频转换为数字视频时，这种"拉伸"使编辑人员抓狂。非方形像素格式包括：

> **深度思考**
> 所有视频格式都是固定的分辨率。当图像显示在较大的显示器上时，不会添加额外的细节，像素只会变得更大。

- DV；
- HDV；
- DVCAM；
- DVCPRO 和 DVCPRO 50；
- DVCPRO-HD；
- HDCAM。

表 1.3 列出了以像素表示的标准视频帧大小。

表 1.3 以像素表示的标准视频大小，从 DV 到 8k

名称	画面大小	像素形状
DV NTSC	720 × 480	Nonsquare
PAL	720 × 576	Nonsquare
DigiBeta NTSC	720 × 486	Nonsquare
720	1280 × 720	Square
1080	1920 × 1080	Square
2K	2048 × 1080	Square
UHD	3840 × 2160	Square
4K	4096 × 2160	Square
5K	5120 × 2880	Square
6K	6144 × 3240	Square
8K	8192 × 4320	Square

22 标准视频帧率

随着向高清的转变，"正常"帧率的范围扩大了。

视频是一系列单独的帧（完整的图片），其显示速度快到足以让眼睛误以为它看到了运动。显示这些帧的速率称为帧速率。它始终定义为每秒的帧数（FPS）。

早期的电视只有两种帧率：25fps 和 30fps。后来，影片开始转换为视频，并添加了颜色，出现了高清，然后，事情变得不可控。以下是当前用于表示播放期间"正常"移动的帧速率列表。

- 23.976；
- 24；
- 25；
- 29.97；
- 30。
- 48；
- 50；
- 59.94；
- 60；

> 如果你的视频要传到网上，则不需要转换帧率。

深度思考
由于视频使用有序的静止图像，在帧率之间进行转换往往会导致播放抖动。但是，将 60 转换为 30、将 59.94 转换为 29.97、将 50 转换为 25 或将 48 转换为 24 将始终产生流畅的播放效果。
通常，为了避免播放问题，请始终按照计划编辑和提供的帧率进行拍摄。

网络接受任何帧率。如果你的视频要传到网上，则不需要转换帧率。

23 关于"电影质量"的说明

电影质量不是由帧率决定的。

许多没有经验的制片人认为，为了让他们的独立影片达到"电影般的效果"，他们需要拍摄，甚至将他们拍摄的帧率转换为 24 fps。这种可疑的断言

> 注：可以使用广泛的高速帧速率范围，通过以极高的帧率拍摄来创建非常流畅的慢动作。由于它们仅用于视觉效果，并且实际上可以是任何帧率，因此我将它们排除在此列表之外。

源于电影是以每秒 24 帧的速度所拍摄的。

这种想法是错误的,让我抓狂。

虽然帧率是创意的一部分,但使图像看起来像电影感的是灯光、相机镜头、景深、相机传感器大小、快门速度、快门角度、颜色分级、运动模糊还有照明器材。你在电视上看过的每部电影要么以 29.97 fps 的速度放映（通过添加下拉帧），要么如果你住在美国以外的地方,则加速到 25 fps,而不是 24 fps。

> 对人们来说,拍摄你计划交付的帧率。不要改变帧率。

如果你想拍摄 24 fps,请这样做。但是,请不要仅仅因为你认为它看起来更像"电影",就把你可爱的影片从拍摄的帧率转换为 24fps。将 30 fps、25 fps 或 60 fps 转换为 24 fps,会使它看起来不稳定。

24 什么是纵横比？

图像中宽度和高度之间的关系。

最近,所有的视频格式都是水平的,宽度比高度大,宽度和高度之间的这种关系称为纵横比。

> Final Cut 支持任何帧大小,甚至是非标准的。

一开始,视频比例是 4：3——四个单位宽,三个单位高。为什么是单位？因为当时的电视机,就像今天的显示器一样,大小不一。这使我们无法以英寸为单位描述视频。既然我们已经进入数字时代,我们可以精确地以像素为单位定义帧大小,但不能定义每个像素的大小,因为像素大小随显示器大小而变化。

尽管网络支持任何帧大小或纵横比,但视频的限制会更多。今天的视频中只使用了四种主要的纵横比：16：9、4：3、1：1 和 9：16。见图 1.9。故事片通常使用更水平扩展的纵横比来赋予影片不同的外观,例如 1.85：1 和 2.39：1,但这些都是特殊情况。大多数视频项目使用 16：9 的比例。

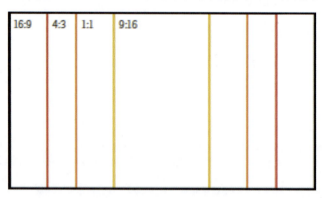

图 1.9　四种典型的视频宽高比

25 什么是色彩空间？

色彩空间定义了视频格式中显示的颜色范围。

如今的视频使用三种色彩空间：

- Rec. 601. 标清（NTSC 和 PAL）视频使用。这是一个较老的标准,现在很少使用。从拍摄和编辑视频的角度来讲与 Rec.709 类似。
- Rec.709. 高清视频使用。它是当今最流行的色彩空间，类似于 sRGB。
- Rec.2020. 高动态范围（HDR）视频使用。

色彩空间与帧大小或帧率无关。如图 1.10 说明了这些色彩空间的差异。注意 Rec.2020 提供了更大范围的蓝色和绿色色调。

深度思考
在讨论计算机显示器时经常听到的 DCI-P3 是 Rec.709 和 Rec. 2020 之间的中间点。虽然 DCI-P3 不是视频色彩空间，但它是数字电影的色彩空间。因此，如果你的目标是大屏幕（或任何其他需要 DCP 文件的分销商），都必须对 P3 显示器进行调色和监控

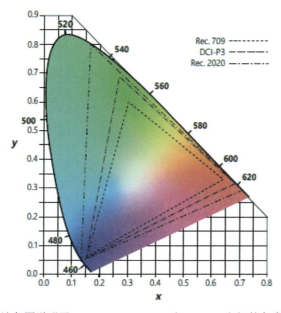

图 1.10　该色图说明了 Rec. 709, Rec. 2020 和 DCI-P3 之间的色彩空间差异

26 什么是 HDR？

HDR 是一种定义颜色和亮度的视频格式，类似于 SDR。

许多年前，电视开始使用标准动态范围来定义图像的灰度值。然后，出现了 HDR。HDR 和 SDR 一样，是一种视频格式。HDR 格式通常定义为扩展灰度值大于 100 IRE 的媒体，提供更深的阴影和更亮的高光，以及超过 Rec. 709 色彩空间的扩展颜色值，主要是蓝色和绿色。尽管 HDR 通常与较大的帧大小相关联，但可以轻松地为 1080p 项目创建 HDR 媒体。

HDR 包括 HLG、PQ、HDR10 和 DolbyVision 等格式，每种格式都有特定的技术要求。并非所有分销商都想要或需要 HDR 媒体。可以从 RAW 和日志文件创建 HDR 项目，但不能使用 Rec.109 创建媒体拍摄。事实上，在 SDR 项目中使用 HDR 视频是可能的，但不会获得与 HDR 项目中相同的亮度水平。

尽管大多数 HDR 格式通常需要颜色分级和支持 HDR 的视频监视器才能正确查看图像，但 HLG 是现场直播、导演相机外的 HDR 格式，在兼容 HLG 的显示器上显示正确的 HDR 图像，同时仍可在 SDR 监视器上查看，且外观上的损失最小（请参阅技巧 28：监控 HDR）。此外，在大多数情况下，当创建 HDR 颜色等级时，还需要为非 HDR 观看创建 SDR 颜色等级。

HDR 的优点是提高了图像质量，增强了真实感（这是一把双刃剑），以及

注：这是名词"格式"如何广泛应用于各种技术规范的另一个示例。

可以将 HDR 转换为 SDR 项目，同样也可以将 4K 媒体扩展为 1080p 项目。

面向未来的媒体。缺点是拥有较大的文件尺寸、颜色分级所花费的时间较长，需要额外的时间和预算来照顾灯光、镜头，等等，以保证图像的质量。

27 选择哪一个：SDR 还是 HDR？

我们正向 HDR 视频迁移，但并不着急。

视频世界正在慢慢迁移到 HDR 媒体。然而，虽然 HDR 是高端故事片和一些流媒体服务所必需的，但它尚未用于广播或有线电视、社交媒体网站或任何需要使用 H.264 进行媒体传输的人。

SDR（也称为 Rec.709）是我们自高清格式出现以来观看电视的格式（Rec.601 用于标清）。HDR 扩展了亮度范围级别，允许更大的色彩饱和度，甚至可以在蓝绿色范围内添加更多颜色。

然而，令人瞠目结舌的差异在于亮度，也就是所谓的 luminance（亮度），它是以尼特（nits）来衡量的。

- SDR 视频范围从 0 到 100 尼特（IRE）。
- HDR HLG 范围从 0 到 1000 尼特。
- HDR10 的范围从 0 到 4000 尼特。
- HDR DolbyVision PQ 范围从 0 到 10000 尼特。

在图 1.11 中，波形监视器显示的大小（这是我们测量灰度值的方式；参见技巧 281：波形监视器）保持不变，但亮度值有很大不同（仅作比较，蓝天上的一朵白云约为 10000 尼特，日落时的太阳约为 600000 尼特，正午时的太阳超过 10 亿尼特）。

如今许多项目使用 Rec.709 和灰度值，即使它们正在编辑 4K 媒体。一些分销商需要 HDR，在这种情况下，他们将为其系统指定格式（HDR10、HLG 或 PQ）、帧大小和帧率。ProRes 4444 是 HDR 传输编解码器的理想选择。

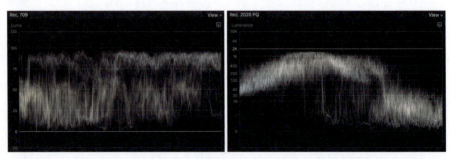

图 1.11　Final Cut 中的波形监视器。仔细查看每个显示屏左侧的亮度值。Rec.709（左）扩展到 100 尼特。Rec.2020 PQ（右）扩展到 10000 尼特

28 监控 HDR

你能在计算机显示器上查看 HDR 吗？

这里有两个问题：在计算机上观看商业传输（HDR10）的 HDR 媒体和在编辑期间监视 HDR 媒体是不一样的。

关于商业发布的 HDR 媒体，苹果公司写道："若想要支持高动态范围（HDR）视频，像是苹果或其他供应商的 HDR 影片和电视节目，则需要最新版本的 MacOS 系统、兼容 Mac 型号和兼容 HDR10 的显示器、电视或投影仪。"

然而，如果在编辑期间监控 HDR 媒体，情况有所不同。过去，只有外接 HDR 视频显示器才能准确显示 HDR 媒体，而且它们很贵。随后，苹果发布了 Pro Display XDR 显示器，随后又发布了各种配备 XDR 显示器的 M1 MacBook Pro，支持"亮度为 1000 尼特（持续）和 1600 尼特（峰值），对比度为 1000000：1"的 HDR 内容。HDR 媒体在计算机显示器上的可视性越来越强，虽然有些显示器可以显示 HDR10，但没有计算机显示器可以显示全范围的 HDR PQ。

苹果公司写道："Final Cut Pro 10.4 或更高版本支持宽色域（Rec.2020）HDR 记录素材转换时不再进行色调映射。这使得日志源素材的全动态范围可用于工作空间中，但需要用户使用颜色分级控件、自定义 LUT 或 HDR 工具等将素材的动态范围减少到指定的输出范围。"

> **注**：如果你使用 HDR 电视作为 Mac 的显示器，请转到"系统偏好设置" > "显示器"，然后选择"高动态范围"。如果你运行的是 MacOS 12.X 或更高版本，将在电视上正确显示 HDR 片段。

> 若想要在编辑期间准确监视 HDR 媒体，则需要支持 HDR 的视频监视器。

29 视频位深决定什么？

更大的位深可提供更平滑的颜色和灰度变化。

在视频中，位深确定颜色或灰度的最小值和最大值之间的步长数。在音频中，位深决定了静音和最大音量之间的步长数。可以比喻成两个窗户之间的楼梯。虽然垂直位置的楼层不变，但位深度决定了它们之间的步长数。如果位深度很小，台阶之间的距离就会很大，使得上楼变得困难。如果位深度较大，则步长之间的距离较小，并且更易于管理。

尽管位深度写为单个数字（如 8、10 或 12），但它实际上表示 2 的幂次方。以下是一些示例：

- 8 位视频每个通道具有 2 的 8 次方或 256 个灰度或颜色值。
- 10 位视频每个通道具有 2 的 10 次方或 1024 个灰度或颜色值。
- 12 位视频每个通道具有 2 的 12 次方或 4096 个灰度或颜色值。

ProRes 文件（包括 ProRes Proxy）为 10 位，但 ProRes 4444 和 ProRes 4444 XQ 是 12 位。大多数 AVC 和 H.264 文件是 8 位的。HEVC 文件可以是 8 位或 10 位。大多数低成本相机只能拍摄 8 位图像，而高端相机可以拍摄 10 位、12 位甚至 14 位媒体。

即使拍摄 8 位的媒体，也不会丢失全部数据。当转码到不同的编解码器进行编辑时，将 8 位媒体转换为 10 位时，10 位文件仍然仅包含 8 位源图像。然而，将 8 位转换为 10 位具有很大的优势。打个比方，如果把 5 加仑的水倒进浴缸，浴缸可能会更大，但里面仍然只有 5 加仑的水。酷炫之处在于，如果我加入更多的水、香水或肥皂并快速搅拌，就不会有任何东西溢出。浴缸有足够的空间容纳添加的任何东西。

> **深度思考**
>
> 有两个 Apple 支持文档与此讨论相关：
> - General HDR media playback: support.apple.com/en-gb/HT210980
> - HDR media in Final Cut Pro: www.apple.com/final-cut-pro/docs/HDR_WideColor.pdf

> 越大的位深，图像中的颜色和灰度就越平滑

---

1 www.apple.com/MacBook-Pro-14 和 16/ 规格 /

视频也是如此。将 8 位视频移动到 10 位将会提供大量用于效果和颜色分级的空间。图像可能只有 8 位，但会在 10 位的空间中计算效果和颜色分级。虽然将 8 位图像转换为 10 位图像在记录过程中不会出现任何问题，但更大的色彩空间意味着在编辑和颜色分级过程中添加的伪像更少。

在现实生活中，如果你正在拍摄日落，8 位视频只能记录每种颜色（红、绿、蓝）的 256 个值。这会导致出现条带（粗糙边缘），其中的渐变缺少足够的颜色值来显示平滑的图像（见图 1.12），逐步增加到 10 位视频会将可用颜色扩展 4 倍，从而产生更令人愉悦的图像。

图 1.12　这张照片显示了条带。左边的图像在 Photoshop 中处理以模拟 8 位视频。右边的图像显示了 10 位

30　什么是 4∶2∶0、4∶2∶2 和 4∶4∶4 颜色？

"色度二次采样"，即图像中的颜色量。

很简单。颜色就是颜色。但是，正如所预料的那样，生活并不简单。当数字视频刚刚发明时，相机处理器和存储介质速度慢且体积小。

减少文件大小和简化处理器周期最简单的方法是从图像中删除颜色，这就是这些数字所代表的。

灰度（亮度）级别基于绿色通道或接近绿色通道的值，因为我们的眼睛对绿光最敏感。这意味着每个像素都有一个特定的绿色值。然而，虽然我们的眼睛对亮度非常敏感，但对颜色却不那么敏感。因此，为了节省存储空间，颜色会在像素组之间进行平均。如图 1.13 所示色度二次采样的过程中说明了这一点。

注：在模拟视频中，颜色使用 YUV 值。数字视频使用 YCrCb，但结果是相同的。Y 等于灰度或亮度，Cr 和 Cb 是色差值，这将创建等效于 RGB 的视频。

- 4∶4∶4（高）。一组四个像素中的每个像素都有一个完整的 YCrCb 颜色值。4∶4∶4 意味着，在四个像素的组中，存在四个 Y 值、四个 Cr 值和四个 Cb 值。然而，这些 4∶4∶4 文件很大，需要时间来处理，需要空间来存储。

4∶2∶0 颜色不能很好地调节色度键或颜色等级。4∶2∶2 颜色更好，而 4∶4∶4 是理想的。大多数高端相机拍摄 4∶2∶2 颜色。

- 4∶2∶2（中）。与 4∶4∶4 一样，会将像素转换为 YCrCb 颜色。但是，当以全分辨率记录灰度值时，会以水平分辨率的一半记录颜色差值。换句话说，创建完整的颜色值需要两个像素，即每四个像素组中有四个 Y 值、两个 Cr 值和两个 Cb 值。因此，当图像的灰度部分具有全分辨率时，图像的彩色部分具有全垂直分辨率，但只有水平分辨率的一半。

- 4∶2∶0（低）。与 4∶2∶2 一样，会将像素转换为 YCrCb 颜色。但是，当以全分辨率记录灰度值时，颜色差异分辨率在水平和垂直方向上再次减

半。换句话说,创建一个完整的颜色值需要四个像素,即每四个像素组中有四个 Y 值、一个 Cr 值和一个 Cb 值。因此,虽然图像的灰度部分具有全分辨率,但图像的彩色部分在水平和垂直方向上都具有一半的分辨率。

如果使用相机拍摄视频,这些颜色二次采样值中的任何一个都将创建好看的图像。但是,如果要创建绿屏效果、进行广泛的颜色分级或将图像投影到非常大的屏幕上,则应尽可能多地记录颜色信息。

  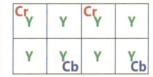

图 1.13　4∶4∶4(左)、4∶2∶2(中)和 4∶2∶0(右)色度二次采样。4∶4∶4 提供最大量的颜色,而 4∶2∶0 创建最小的文件

计算机基础知识

这些关键术语和技术描述了如何优化我们的计算机来进行视频编辑。

③¹ 最适合视频编辑的计算机是什么?

这是被问得最多的一个问题。

我们痴迷于"最好的"。但当涉及视频编辑时,追求最好的计算机是在浪费时间。为什么?因为唯一可能的答案是:视情况而定。

这取决于你的预算、你的计划、你的最后期限、你视频的格式,等等。

这是一个很好的比喻:什么是最好的车?是特斯拉跑车,福特 F-150 皮卡,还是纳威司达校车?

正如你所猜到的,答案是"视情况而定"。跑车不适合携带胶合板,F-150 皮卡不适合携带 20 名学生,公共汽车不适合参加直线加速赛。然而,切换任务——用于速度的敞篷跑车,用于运载东西的 F-150,以及用于运载孩子的校车——你就有了三种理想的解决方案。

Final Cut Pro 只能在 Mac 系统的计算机上运行,所以如果你是微软的 Windows 系统,它就不能工作。是的,有"黑客"视窗系统,这是为那些手上有小动作的人准备的。然而,如果你对编辑的态度是认真的,那就买一台 Mac 系统的计算机。在过去十几年里,每一台 Mac 系统的计算机都可以编辑视频。它们之间的区别在于运行的速度,以及可以轻松支持的视频帧大小和帧速率。

什么是最好的计算机?
视情况而定。

> **深度思考**
> 值得注意的是,技术在不断变化,设备很快就会过时。但"过时"并不意味着"不起作用"。我知道许多剪辑师很乐意在十多年前的设备上编辑视频赚钱。

③² 在编辑过程中,什么会给计算机带来压力?

编辑视频对你的整个计算机都提出了挑战,尤其是存储空间。

如今,随着帧的扩展和每个项目拍摄媒体的增多,存储的容量和带宽变得比计算机的速度更重要。事实上,随着时间的推移,你花在存储上的钱会比花编辑视频是计算机所执行的最具挑战性的任务之一。

在计算机上的钱多得多。

编辑视频是计算机系统所能完成的最具挑战性的任务。虽然有些软件可能会给 CPU 带来压力，但视频编辑最具挑战。CPU、GPU、RAM、显示器、存储、带宽、协议、网络访问、电缆等都需要工作。

使编辑变得更加困难的是，不同的视频格式会对计算机造成压力。

以下是一些提示：

- 帧越大，对 CPU 的要求就越高。可以在任何计算机上使用高达 4K 的图像。除此之外，请确保你的计算机具有足够的性能来编辑。
- 较大的帧数、较低的压缩级别和较快的帧速率使存储变得更加困难。播放 4K/30 fps ProRes 422 视频片段需要 78 MB/s。一个 8K/30 fps 的视频片段需要 314 MB/s！
- 图 1.14 说明了存储带宽（存储设备与计算机之间传输数据的速度）如何随着帧速率的增加而变化。

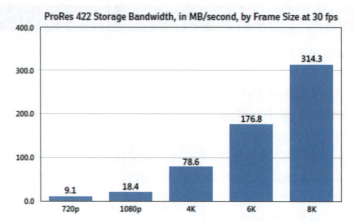

图 1.14　此图表显示了支持不同视频帧大小所需的存储带宽（MB/s）（来源：Apple ProRes 白皮书）

- 高度压缩的编解码器需要更强大的计算机才能流畅地播放和编辑视频。较旧的计算机可能难以处理这些格式（请参阅技巧 7，格式、编解码器……这些都是什么？）。
- 多机位编辑对存储压力更大，因为要同时实时播放多个视频流（请参阅技巧 42：多机位编辑是一种特殊情况）。

33 优化你的计算机以进行视频编辑

定制在购买系统时开始，而不是在购买系统后。

除了 Mac Pro 之外，所有 Mac 基本上都是封闭系统。这意味着在购买硬件之前，应该仔细考虑如何配置它。

从广义上讲，对 Final Cut Pro 来说，涉及 CPU 处理界面、文件处理以及缩放和定位编辑等任务。GPU 需要处理改变像素外观的所有事情，包括渲染、颜色分级、许多效果以及导出。

花更多的钱并不能买到更好的图像，可以为你赢得更多的创作时间。

如果你的预算充足，可以买任何你想要的计算机。但如果你的愿望超出了你的预算，以下是我的建议：

- 所有的 Mac 系统的计算机都能创建相同质量的图像。区别在于它们创造的速度有多快。花更多的钱并不能买到更好的图像。它通过提高计算机的速度来为你赢得更多的创作时间。
- Final Cut Pro 界面复杂而细致，有很多小地方需要单击。在大屏幕上编辑视频比在小屏幕上容易。对于笔记本电脑，我更喜欢 16 英寸的版本。对于台式机，我更喜欢 27 英寸或更大的屏幕。
- 对于较旧的英特尔系统，i7 或 i9CPU 比 i3 或 I5 更好，值得多花钱购买。
- 对于较新的系统，所有的苹果计算机芯片都可以编辑视频。区别在于渲染和导出的速度。
- 对于视频编辑，我建议至少使用 16GB 的 RAM。我更喜欢 32GB。超过 64GB 的 RAM 不会对编辑性能造成很大影响。
- GPU 核心性能越高，系统渲染和导出的速度就越快。然而，无论 GPU 核心的数量或运行速度如何，图像质量都是相同的。
- 对于英特尔系统，内部 Intel GPU 速度最慢。
- 如果你需要更多的存储空间，不要浪费金钱购买最大的内部固态硬盘（SSD）。1TB 或 2TB 的内部 SSD 驱动器就足够了。
- 外部存储的预算。正如谚语所说，"钱越多越好，人越瘦越美"当涉及视频编辑时，没有"太多"存储这回事。

34 选择哪一个：鼠标、轨迹球，还是触控板？

选择让你感觉高效的硬件。

当谈到编辑时，我是一个严重的键盘迷。我使用键盘快捷键是为了提高速度。但当我需要移动事物时，我会使用鼠标。但也有其他选择，如触控板、轨迹球等。斯科特·纽厄尔（Scott Newell）是一名编辑，也是一名轨迹球爱好者，他完全不喜欢鼠标，并解释了为什么编辑需要使用轨迹球。

斯科特（Scott）写道，作为一种指针设备，轨迹球在 FCP 中有以下几个优点。

- 支持。Final Cut 完全支持轨迹球。
- 人体工程学。不要在桌子周围移动鼠标；你的手可以保持在相同的位置，而你的手指可以移动。你的手和手腕不会太紧张，也不会太疲劳。
- 精确。轨迹球允许精确的拖拽动作，甚至可以用更大的球进行更多的控制。
- 多个按钮。大多数轨迹球包含多个按钮，你可以自定义编程。
- 灵活性。添加一个外部触控板，如苹果的妙控板，使两个手指操作快如闪电。三次滑动使时间线导航变得超级快，尽管这需要在首选项中进行特殊设置。

> 选择让你感觉高效的硬件。
>
> **深度思考**
> 为了进一步强调他的观点，斯科特（Scott）联系了另一位编辑，一位"FCP 的忠实信徒"，询问他更喜欢什么。那位编辑回答说："我不用轨迹球。我使用苹果鼠标和 Contour Design Shuttle Pro 进行逐帧点动和可自定义的按钮。"斯科特（Scott）补充说："这只是表明，你应该选择最适合你的工具。"

存储基础知识

视频编辑依赖快速、功能强大的存储。本节介绍视频编辑、计算机和存储之间的关系。

35 你需要哪种类型的存储硬件？

下面介绍如何在 RAIDs、SSDs 和硬盘驱动器之间进行选择。

基本上，帧越大、帧速率越快或多机位片段越多，就要求存储系统与计算机之间的数据传输速率（带宽）越快。所需的数据传输速率越快，存储系统的成本就越高。有以下三种类型的存储空间足够大，速度足够快，可以支持媒体编辑。

> 带宽越快或容量越大，存储系统的成本就越高。

- **硬盘驱动器**（HDD 或旋转介质）。这是我们最熟悉的存储。驱动器内的旋转金属盘片通过长期磁位存储数据。该技术是高度可靠的、众所周知的，并且廉价的。缺点是单个驱动器的数据传输速度不是很快。
- **固态硬盘**（SSD）。它使用固态芯片存储数据。好处是固态硬盘速度快。早期的 SSD 通过 SCSI 连接。最新的 SSD 技术称为"NVMe"，速度非常快。缺点是固态硬盘不能像旋转介质那样能容纳那么多的数据，而且每 TB 的成本更高。目前发售的所有 Mac 系统的计算机都使用 NVMe 固态硬盘作为其内部驱动器。它们的速度非常快，但不像旋转介质那样容量大。
- **磁盘阵列**（RAID）。这是旋转硬盘驱动器或 SSD 的集合。通过聚合这些单位，RAID 可以提供巨大的容量和极快的速度。缺点是它们并不便宜。

对于视频编辑来说，我更喜欢 RAIDs。出于成本原因，我会用非常大的旋转硬盘来填充它们。这对我所有的编辑都很有效，除了多机位编辑（参见技巧 42：多机位编辑是一种特殊情况）。

图 1.15 说明了不同设备之间的典型数据传输速率（带宽）。由于 Thunderbolt 4 的最高速度约为 2800 MB/s，因此包含大量 SSD 的 RAID 只能达到 Thunderbolt 协议的速度。一般来说，带宽越快，或者存储容量越大，设备的成本就越高。

> **深度思考**
>
> 当我写这本书的时候，发现自己使用 D 盘作为通用储存。因此，当读取硬盘时，请考虑"计算机上的存储空间"。

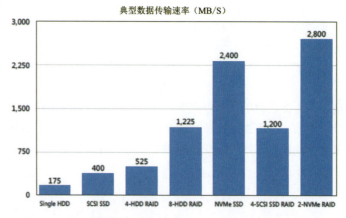

图 1.15 基于数据传输选择存储。4 和 8 是指设备中的单元数

36 内部存储、直连式存储和网络附属存储
如何选择适合你的。

- **内部 SSD** 将是最快的存储，但它具有最小的容量，并且不能在之后进行扩展。不过，使用内置驱动器的一个好处是，它可以与计算机一起移动。然而，一旦它消失了，你就被卡住了。不过，毫无疑问，内部驱动器的速度非常快。
- **内置 Fusion 驱动器**（苹果公司在许多 iMac 中使用的是旋转磁盘/SSD 组合）的速度仅与外置单硬盘驱动器相当，但与内置 SSD 具有相同的限制：它不能容纳很多东西，当它满了时，计算机的性能会急剧下降。
- **直连式存储**（即使用 USB 或 Thunderbolt 直接连接到 Mac 的存储）有两种形式：单驱动器和 RAID。单驱动器最便宜，但速度最慢。当需要最佳性能和最大存储容量时，RAID 是最佳选择。此外，与内部 SSD 不同，外部存储几乎可以通过添加更多或更大的驱动器以最低的成本进行扩展。
- **网络附属存储**是在本地工作组内共享文件的最佳选择。虽然它的速度足以支持高清媒体，但它永远不会像直连式存储那样快。与任何其他存储相比，它的设置和维护成本也更高。

> **深度思考**
>
> RAID 是在 RAID 级别中配置的，用来平衡性能与数据安全性。
> - RAID 0——最快的性能，但没有数据冗余。如果驱动器死机，所有数据都将丢失。
> - RAID 4——SSD RAID 的最佳选择。最大限度地减少过多的写入，并在一个 SSD 死机时保护所有数据。
> - RAID 5——旋转介质 RAID 的最佳选择。卓越的性能，并在一个旋转硬盘死机时保护所有数据。
> - RAID 6——真正偏执狂的最佳选择。可接受的性能，并在两个旋转硬盘同时死机的情况下保护所有数据。

37 什么是云存储媒体
访问云的速度太慢，无法在 Final Cut 中编辑媒体。

在最近的流行中，视频编辑的一个有趣的发展方向是基于云视频编辑兴起的。媒体不是存储在本地计算机上，而是存储在云中并使用 Web 浏览器进行编辑。

然而，重要的是要记住"云"实际上是什么。除了是一个绝妙的营销术语之外，云只是一个服务器的集合，存储在所在位置之外的某个地方，由第三方管理，通过互联网访问，可以在其中存储数据并运行基于服务器的应用程序。换句话说，它是一个存储设备，对它的控制非常有限。

基于云的媒体编辑有很多优点：
- 不需要大量的本地存储空间。
- 不需要一台功能强大的计算机来编辑。
- 可以从任何计算机访问媒体和项目。
- 多编辑器协作可能更容易。

然而，基于云的编辑也有缺点：
- 将相机源文件传输到云服务器需要花费时间和带宽。
- 媒体资产和项目总是容易受到安全漏洞和未经授权访问的攻击。
- 如果云计算公司倒闭，可能会失去访问权限。
- 基于云的编辑往往侧重于企业而不是个人编辑。

> 不使用云进行媒体编辑的最大原因是 Final Cut 目前不支持它。

第 1 章 视频基础知识

然而，不使用云的最大原因是 Final Cut 目前不支持云编辑，因为计算机和云之间的带宽太慢。

38 需要考虑的储存规格

以下是规格的含义。

在考虑存储硬件时，需考虑五点：

- 它是如何连接的。Thunderbolt、USB-C、USB……
- 硬件本身。RAID、SSD 或硬盘容量。
- 它拥有多少带宽（也称为"数据速率"）。
- 它传输数据媒体格式的速度。编解码器、帧大小、帧速率和位深度。

在过去，可以通过如何连接（称为连接协议）到计算机来确定存储的性能，例如 USB-A、FireWire 400、FireWire 800、SCSI。这是因为连接协议比存储带宽慢。

> 如今的存储协议通常比存储系统本身更快。

如今，协议比硬件更快。所以现在需要同时考虑这两个问题。视频编辑速度足够快的协议包括：

- Thunderbolt 2、3 或 4；
- USB-C。
- Ethernet 10G；

速度可能足够快的协议包括：

- Thunderbolt 1；
- USB 3.1 Gen 2。
- Ethernet 1G；

速度不够快的协议包括：

- USB-A；
- USB 3.1 的早期版本；
- Wi-Fi（大多数情况下）；
- FireWire 400 和 800。

39 你需要多大的存储容量？

永远没有足够的存储空间。

问一个项目需要多少存储空间，就像问"一根绳子有多长"一样，答案是"视情况而定"。

估计你所需的存储空间非常重要，因为你也不希望在创作完成之前耗尽存储空间。是的，你可以随时购买其他 RAID，但在拍摄开始之前，需要了解存储空间的预算，尤其是当存储成本计入你的整体预算中时。

媒体编辑的文件大小由五个因素决定：

- 编解码器；
- 帧大小；
- 帧速率。
- 位深度；
- 持续时间；

在估计需要多少存储空间时，请估计制作过程中媒体拍摄的小时数。（我知道哪个导演拍摄的媒体比他们估计的要少？）然后，将这些小时数乘以媒体每小时所需的存储容量（以 GB 为单位）。然后，将该数字乘以 1.5，以考虑工作文件、渲染文件以及可能进行编辑的其他各种媒体。

公式为：

（媒体拍摄小时数）×（存储 1 小时媒体的 GB）×1.5= 所需的近似存储容量

此数字可帮助你快速启动存储规划。

例如，图 1.16 说明了存储容量需求如何随着帧大小的增加而增加。许多项目都需要数 TB 的存储空间。

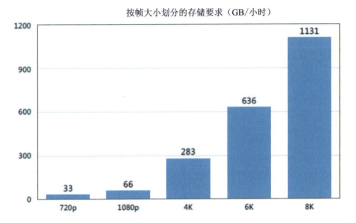

图 1.16　按帧大小划分的存储要求（GB/ 小时）（来源：Apple ProRes 白皮书）

④ 你需要多快的速度？

视频格式决定了存储容量和带宽。

为了继续规划，表 1.4 列出了常用的编解码器的典型数据传输速率、帧大小和帧速率。这只是一个实例，实际有许多变化。

在确定存储的速度和容量需求之前，请先验证媒体数据速率。

表 1.4　存储容量和带宽，1GB=1024MB

CODEC	帧尺寸	帧率 (FPS)	存储带宽 (MB/S)	1 小时文件的存储空间
DV NTSC/PAL	480i	30	3.75	13.2
AVCHD	720p	60p	3.0	10.5
AVC-Intra	1080i	30i	12.5	43.9
HDCAM SR	1080p	60	Up to 237	833.2
R3D	1080p	30	38	133.6
XAVC	1080p	30	55	193.4
XAVC	UHD (4K)	30	120	421.9
ProRes Proxy	1080p	30	5.6	20
ProRes Proxy	UHD (4K)	24	18.125	65.0
ProRes 422	1080p	30	18.3	64.3
ProRes 422	UHD (4K)	24	58.8	206.7
ProRes 422	UHD (4K)	30	73.625	265
ProRes 4444	1080p	30	41.25	145.0
ProRes 4444	UHD (4K)	30	165.75	582.7
ProRes 4444	UHD (4K)	60	331.5	1165.4

41 为什么使用代理文件？

代理文件减少了系统的负载，使其更容易编辑。

代理文件是相机源文件的较小版本，旨在减少计算机的负载，同时仍然允许对内容做出明智的创造性决策。

代理文件不会替换摄像机源媒体。在主文件的最终颜色分级和输出之前，它更适合在粗略编辑阶段使用。

通常，代理帧是原始媒体帧大小的一半（50%）。因此，超高分辨率（UHD）源帧（3840PX × 2160PX）的代理帧将为 1920PX × 1080PX。可以通过选择 25% 或 12.5% 的大小来使代理文件更小，这取决于哪个更重要：更小的文件还是在图像中看到更多细节（请参阅技巧 106，如何启用代理文件）。

使用代理文件（也称为代理）的原因包括：

- 极大地简化了多机位编辑的巨大带宽需求。
- 当图像质量不是优先事项时，在粗略编辑过程中将 6K 和 8K 帧文件减少到可管理的大小。
- 简化了团队项目编辑器之间的文件发送。
- 降低了编辑期间 CPU 的负载。

简而言之，代理文件是一种编辑视频非常有用的方式，不会给计算机带来压力。虽然第三章"资源库和媒体"展示了如何创建代理文件，但在本技巧中，我想描述什么是代理文件。

Final Cut Pro 可以使用 ProRes 422 Proxy 或 H.264 创建代理文件。通过快速测试表明，从 53 GB ProRes 422 源文件开始，50% 的 ProRes 422 代理文件是源文件大小的 14%。50% 的 H.264 是 ProRes 422 文件大小的 3%。见图 1.17。

注：有关代理分辨率降低时不同帧大小的说明，请参见技巧 492 "为什么代理服务器的图像质量较低"。

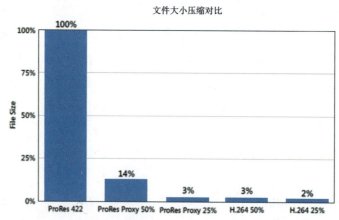

图 1.17　此图显示了 ProRes 422、ProRes 422 Proxy 和 H.264 之间的文件大小差异。虽然 H.264 更小，但 ProRes Proxy 的编辑效率更高，尤其对于多机位工作来说

我强烈建议使用代理文件进行四个以上摄像机的多机位编辑。此外，对于大于 4K 的帧大小，我建议使用 ProRes 代理，而不是 H.264，因为它是 10 位的，并且针对编辑进行了优化。但是，如果节省空间更重要，则使用 H.264。

在这两种情况下，请将帧大小设置为 50%，以保留尽可能多的图像细节。

创建粗剪时应使用代理文件。然后，切换到相机源媒体文件来确保最终效果、颜色分级和输出。你永远不会将代理文件用于最终的输出。Final Cut 只需单击鼠标即可在源媒体和代理文件之间切换。即使你忘记切换，如果尝试导出代理文件，Final Cut 也会发出警告，但如果你愿意，仍然可以导出它们（请参阅技巧 491：导出代理文件）。

42 多机位编辑是一种特殊情况。
成功的多机位编辑需要高速硬件支持。

在正常的视频编辑中，我们观看一个片段，决定是否采用，将其编辑到时间线中，然后移动到下一个片段。可能包含数百个片段，但你只能一次看一个。多机位编辑是指你可以同时观看两个或多个视频流并在其中进行选择。

例如，使用 10 台、15 台甚至 20 台摄像机录制现场表演的情况并不少见，这需要同时播放很多媒体。

图 1.18 显示了多机位编辑如何贪婪地吞噬带宽。使用 4K 媒体时，单个硬盘无法可靠地处理两个数据流。较旧的 SCSI SSD 不能处理四个以上，较新的 NVMe 固态硬盘和许多 RAID 可以轻松处理 20 个。

> **深度思考**
> 第 3 章进一步介绍了如何创建和编辑代理文件（请参阅技巧 106：如何启用代理？）。如果正在使用 H.264 代理并出现丢帧情况，请将代理文件转换为 ProRes 422 代理，这个问题应该会消失。

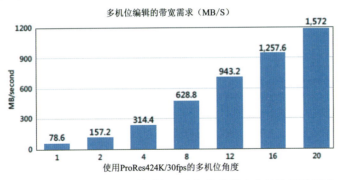

图 1.18　随着同时流数量的增加，多机位编辑会贪婪地吞噬带宽

虽然你可以在高速数据存储上花一大笔钱，但对于多机位编辑来说，更明智的选择是使用代理。Final Cut 处理它们轻而易举（请参阅技巧 41，为什么使用代理文件）。但是，即便使用代理，如果计划进行大量的多机位编辑，请计划将存储升级到 SSD。SSD 能够在不丢帧的情况下轻松处理多个视频流的播放，使成本物有所值。

> 在多机位编辑中，同时观看两个或多个视频流，并在其中进行挑选。

> **深度思考**
> 请参阅第 5 章"高级编辑"中有关多机位编辑的部分。

43 从哪里储存素材？
可编辑元素的存储位置会有所不同。

通常，请使用 Mac 的内部驱动器来存储操作系统、应用程序和工作文件。虽然可以使用内部驱动器存储库和媒体，但我建议将它们存储在外部设备上。

在外部存储这些文件可以更轻松地在计算机和 / 或编辑器之间移动项目。此外，随着项目的增多，添加更多的外部存储不会破坏 Final Cut 中的文件链接，如果你将媒体从一个驱动器移动到另一个驱动器，则会发生这种情况。最

> **深度思考**
>
> 如果你拥有一台最新型号的计算机，你的项目很小，而且速度至关重要，请将所有内容存储在内部驱动器上。虽然内部驱动器不能提供大量的容量来处理大量的媒体，但目前没有任何东西可以与现代 Mac 的内部 SSD 的速度相媲美。
>
> 但是，为了安全和安心，我仍然建议使用外部存储。

后，如果你更换了计算机，媒体和项目不会受到影响。

将资源库和媒体存储在速度最快的外部驱动器上。FCP 会不断地且快速地访问这些文件。

图形、照片、Photoshop 文档、FCP 备份和音频文件等可以存储在任何位置。它们不会占用太多空间，也不需要视频文件所需的带宽。

㊹ Final Cut 会创建大量文件

它们是什么以及应该将它们存储在哪里。

Final Cut 在编辑过程中创建了大量的文件，其中大部分是不可见的。默认情况下，Final Cut 将资源库存储在 Home Library>Documents 文件夹中。只要存储速度足够快，可以将资源库存储在任何想要的地方。第三章解释了这些文件是什么、在哪里存储它们，以及如何配置你的编辑系统。

虽然媒体可以存储在资源库中，但我的一般建议是单独存储媒体。Motion 面板包括为项目创建的字幕、转场、生成器、实现效果和 motion 项目。它们很小，这是因为它们通常没有与媒体模板一起存储。

表 1.5 列出了 Final Cut 创建的各种文件及其存储位置。

> **深度思考**
>
> 第三章更详细地介绍了与媒体的合作。

表 1.5　Final Cut 创建的文件

文件类型	文件尺寸	储存位置	获取速度	更新频率
视频文件	大	Library 之外	快	一次，创建链接
音频文件	中等	Library 之外	中等	一次，创建链接
静态和 PSD	小	Library 之外	慢	一次，创建链接
Library 数据库	小	Library	中等	经常
Library 数据库备份	小	Library 之外	慢	视情况变化，通常是每 15 分钟
Render 文件	大	Library	快	效果设置改变时
视频缩略图	小	Library	中等	一次
音频波形图	小	Library	中等	一次
分析文件	中等	Library	慢	一次
关键字和搜索	小	Library	慢	变化时
运动模板	小	Library 之外	慢	变化时

> 虽然媒体可以存储在资源库，但我真诚地建议分开储存。

㊺ 隔行扫描与逐行扫描视频是什么？

当在网络上观看时，隔行扫描会变得一团糟。

在电视出现的早期，显像管的技术是这样的，即整个画面不能一次显示而不闪烁。因此，工程师通过将每帧划分为两个字段来解决这个问题：先奇数扫描线，然后是偶数扫描线，见图 1.19。某些视频格式首先记录奇数行，其他的则记录偶数行。

图 1.19　红线和灰线表示视频帧的两个场（奇数和偶数）。它们按顺序显示

将每一帧划分为偶数场和奇数场称为隔行扫描。每组线都存储在一个"字段"中。然后，当显示图像时，这些线条被"系"在一起。问题是这两个字段之间存在时间差。对于 30 fps 的视频，字段偏移了 1/60s。这意味着当在数字设备上显示时，两个字段之间的任何移动都会产生分散注意力的水平线（称为隔行伪像）。图 1.20 比较了隔行扫描（左）和逐行扫描（右）之间的图像质量差异。

请始终录制逐行扫描视频，因为它很容易转换为隔行扫描而不会损坏图像质量。

图 1.20　隔行扫描图像（左）转换为逐行扫描的相同帧。交错线消失了，但图像更模糊了

多年来，电视显示技术不断改进。然而，隔行扫描仍然存在，因为它减少了广播公司传输电视信号所需的带宽。即使在今天，许多广播网络 [哥伦比亚广播公司（CBS）、美国全国广播公司（NBC）和美国公共广播公司（PBS），仅举三例] 在广播高清信号时都是专门隔行扫描的。

隔行的反义词是逐行，指的是一次性拍摄并显示整个帧。福克斯、美国广播公司和娱乐与体育电视网播放的图片，以及所有的流媒体服务和网络都是逐行式拍摄。

4K 以及更大的格式也完全是逐行扫描的。

解决方案是尽可能录制逐行扫描视频，这可以很容易地将逐行帧转换为隔行扫描，而不会产生隔行扫描伪像。在不损害视频质量的情况下，对隔行扫描图像进行去隔行扫描是不可能的。

注：当记录隔行图像时，相机会产生隔行伪像。将先前录制的逐行图像转换为隔行图像，便不会产生这种伪像。

深度思考

视频格式通常标有"I"或"p"，表示视频格式是隔行扫描（I）或是逐行扫描（p）。一个常见的例子是 1080i 与 1080p。

第 1 章　视频基础知识　　31

46 去隔行扫描会降低视频图像质量

对视频进行去隔行处理的唯一方法是去除像素。

可以通过三种方法从图像中删除隔行扫描（称为去隔行扫描），所有这些方法都会影响图像质量。

> **深度思考**
> 以逐行扫描的格式记录然后转换为隔行的图像，不会显示隔行伪像，因为偶数场线和奇数场线之间没有时间偏移。

- 删除一个字段，然后复制其余的线。这很快捷，但垂直分辨率会降低一半。
- 通过将第一个字段中上面的线与它下面的线（也在第一个字段中）混合（即溶解）来替换第二个字段中的线。与复制线相比，这具有更高的感知图像质量（类似于慢动作的帧混合）。
- 通过第一个字段中其上方和下方的线，计算出新的线来替换第二个字段中的线（类似于光流）。针对去隔行进行优化的硬件倾向于使用这个方法。

47 去隔行扫描的快速方法

QuickTimePlayer 是一个快速去隔行工具。

要快速对片段进行去隔行扫描，QuickTimePlayer 是首选工具。方法如下。

（1）在 QuickTime Player 中打开隔行片段。

（2）选择"文件">Expart As>480p（或与片段对应的帧大小），见图 1.21。重要的是不要更改帧大小。

（3）为新文件设置名称和存储位置，然后单击"保存"。

图 1.21　QuickTime Player 中的导出菜单

48 何时对隔行扫描视频进行去隔行？

对我来说，隔行不能很快地去除。

隔行扫描视频真是一团糟。如果需要编辑隔行扫描视频（例如，480i、576i 或 1080i），并且该视频要进行广播，请保持隔行扫描状态，因为这是广播所需要的格式。如果需要将隔行扫描的素材传输到网络，最好对其进行去隔行扫描。如果它将同时用于广播和网络，应该创建两个版本：用于广播的隔行扫描和用于网络的逐行扫描。

去隔行扫描可以在编辑之前通过对每个片段进行去隔行来完成，也可以在编辑期间通过将 FCP 设置为自动去隔行扫描来完成，或者在编辑后，通过对最终导出的电影文件进行去隔行来完成。

如果只有几个片段，可以直接在 Final Cut 中消除隔行，步骤如下。

（1）在浏览器或时间线中选择片段。

（2）打开信息检查器。

（3）在左侧菜单中，选择"设置"，见图 1.22。

（4）在"设置"面板中，单击"消除隔行"。

如果要对整个项目进行去隔行，请在编辑开始前对媒体进行去隔行，或者在导出完成的版本后，对已完成的项目进行去隔行。我通常会使用 Apple Compressor 或其他软件对导出的成品影片进行去隔行扫描。

在开始之前进行去隔行可以更好地控制片段，但是，这将花费更多的时间，并需要更多的存储空间。

图 1.22 "设置"面板中的"消除隔行"和"优先场覆盖"选项

> **深度思考**
> 在 Final Cut 中启用"消除隔行"设置会导致所选片段的帧速率增加一倍。例如，如果原始隔行扫描片段的帧速率为 29.97 fps，则去隔行扫描片段的帧速率将为 59.94 fps。
> 在极少数情况下，字段顺序会出错。对于标清视频，应将其设置为 Lower。对于 HD（和 HDV）视频，请将其设置为 Upper。请记住，无须对逐行视频进行这些设置。

命令集基础知识

本章节介绍如何创建、使用和管理键盘快捷键和命令集。

49 了解键盘快捷键

以下是快捷键的含义。

表 1.6 解释了本书中编写的键盘快捷键的含义。

表 1.6 键盘快捷键含义

快捷键	含义
按下	快速按下键组合
S	仅按下单个键
Command+1	同时按这两个键
按住 Command+R	同时按这两个键，并保持一段时间
右击	打开一个上下文菜单： 1. 单击鼠标右键 2. 单击时按住 Control 键 3. 在触控盘上按下两只手指 4. 在鼠标上按下两只手指
Shift+Option+Command+R	同时按下这些键

50 创建自定义命令集

命令集包含自定义键盘快捷键。

Final Cut 有一个默认的键盘快捷键集合，苹果称为命令集。但是，你可以根据需要创建任意数量的自定义命令集。

首次创建自定义快捷键时，Final Cut 会要求复制默认命令集（不能修改 Apple 提供的默认设置）。复制命令集后，可以添加和修改任意数量的快捷键。

图 1.23 "命令编辑器"中的"命令集"菜单

请使用此菜单在编辑器之间共享自定义命令集，用来导出或导入。

单击"命令编辑器"左上角的菜单（见图1.23）来创建新的集合（使用复制）、导入或导出集合，就可以在计算机或编辑器之间共享命令集了，也可以删除不需要的命令集。

51 创建自定义键盘快捷键

Final Cut 有数百个未分配的快捷键。

Final Cut 附带650多个快捷指令（我没有数过。这是我听说的，可能有更多），但是，并不是所有的快捷键都分配了相应的操作。例如，没有快捷键分配给"关闭资源库"，即使该快捷键存在。

- 要创建自定义键盘快捷键，请选择 Final Cut Pro>"命令集">"自定义"。这将打开"命令编辑器"，见图1.24。带有颜色的按键表示已分配给顶部所示的当前所选择的快捷键。灰色按键表示"可用"。
- 要搜索已有的快捷键，请在右上角的搜索框中输入关键词。
- 若要查看指定给某个按键的快捷键，请选择该按键，并查看右下角的"按键详细信息"列表。

图1.24 创建键盘快捷键的"命令编辑器"

> 创建自定义命令集来个性化应用 Final Cut。甚至可以将多个组合按键分配给同一个快捷键。

可以使用命令列表（中下部）中未分配的快捷键来添加自己的组合键。如何将组合键与快捷键连接？步骤如下。

（1）复制默认命令集。Apple 不允许更改默认命令集（只需要执行此操作一次）。

（2）搜索要添加按键的快捷键，或滚动浏览"命令集"列表。

（3）单击顶部任意修饰键（启用蓝色键），将该修饰键包含在快捷键中。

（4）将命令的名称拖到要分配的按键顶部，然后释放鼠标。或选择要将命令分配的按键，然后将命令名称拖到右侧"按键详细信息"面板中的空白行。

如果要将多个组合按键指定给同一个快捷键，请重复此过程。

如何删除自定义快捷键？步骤如下。

（1）单击分配的按键。

（2）在右下角的"按键详细信息"面板中找到该快捷键。

（3）拖动要从列表中删除的快捷键。

要查看分配给某个按键的所有快捷键，请选择该按键，然后在界面右下角的"按键详细信息"面板中查看。你可以创建的命令集数量没有限制。

（4）完成后，单击"保存"。

深度思考

> 如果想要进一步在命令集之间切换，请使用"命令编辑器"左上角的菜单或选择 Final Cut Pro>"命令集"。

注：虽然可以将多个按键指定给同一个快捷键，但不能将同一个按键指定给多个快捷键。如果你收到一条消息，说某个按键已分配到其他地方，如果接受更改，则该按键将从旧的快捷键中删除并分配给新的快捷键。

52 快速切换快捷键的方法

Final Cut 让你可以在命令集之间轻松切换。

可以使用"命令编辑器"创建或修改键盘快捷键。然而，虽然可以使用命令编辑器中顶部角落的菜单来切换命令集，但没有必要操作那么复杂。相反，转到 Final Cut Pro>"命令集"，从选项中选择所需的命令集会更快。见图1.25。

图1.25 使用 Final Cut Pro>"命令集"，来切换命令集

53 查找新收藏的快捷键

快捷键在整个 macOS 系统中都是隐藏的。

苹果公司在 macOS 中创建了数百个键盘快捷键，并将它们深深隐藏起来，以至于你永远无法找到它们——除非你知道它们的代号。此网页的链接：support.apple.com/ht201236。

视频基础的快捷键

类别	快捷键	功能
操作系统	Command+Tab	在开放应用程序之间切换
	Shift+Command+A	打开应用程序文件夹
	Shift+Command+U	打开实用程序文件夹
	Shift+Command+H	打开主目录
	Shift+Command+I	打开 iCloud 驱动器
	Command+K	显示到服务器窗口的连接
	Shift+Command+K	显示查找器中的网络卷
控制	Command+Delete	将所选项目移到废纸篓
	Shift+Command+Delete	清空废纸篓
	Shift+Control+Eject/Power	关闭显示器
	Control+Command+Q	立即锁定屏幕
	Control+Eject/Power	显示睡眠对话框
	Option+Command+Eject/Power	立即使计算机进入睡眠状态
	Control+Command+Eject/Power	立即重新启动
查找器操作	Spacebar	显示所选文件的内容
	Command+spacebar	打开 / 关闭聚光灯
	Control+Command+spacebar	显示表情符号字符查看器
	Fn [on laptops]	显示表情符号字符查看器
	Command+double-click	在单独的窗口中打开文件夹
	Control+Command+O	启用 / 禁用堆栈
	Shift+Command+D	打开 / 关闭 Dock

章节概括

本章带我们深入了解了计算机、存储和媒体。优化硬件和规划你的下一个项目似乎是一个缓慢的开始,尤其是当你真正想做编辑时。但我向你保证,你花在准备设备和编辑计划上的时间会在一个平稳运行的系统中得到回报,而且在编辑过程中的压力也要小得多。

第 2 章

Final Cut Pro 界面

引言

本章将介绍 Final Cut Pro 界面，并解释其基础操作。章节分为多个部分，将类似的技巧组合在一起。接近结尾的部分是关于故障排除的部分，以防发生不好的事情。（所有屏幕截图均来自 Final Cut Pro 10.6.3 版本）

- 界面
- 偏好设置
- 浏览器
- 时间线
- 查看器
- 隐藏视图
- 故障排除
- 快捷键

54 下载《Final Cut Pro 使用手册》

使用手册是一本在线手册，可以在线上下载。

> 完整的《Final Cut Pro 使用手册》可以在网上下载。
>
> 注：我更喜欢 PDF 版本，因为它易于搜索和注释，并且可以存储在任何地方。

将完整的《Final Cut Pro 使用手册》下载到你的计算机，可以查看、搜索和批注。同样，其中引用的所有链接都是可单击的。

下载路径在"Applications>Books"中。PDF 文件可以存储在任何你想要储存的地方。苹果公司在每个新版本中都会更新它，如何获取免费副本？步骤如下。

（1）打开 Final Cut。
（2）选择"帮助">"Final Cut Pro 帮助"。
（3）在帮助页的底部，单击链接下载 PDF 版本或 Apple Books 版本。

Final Cut Pro 界面

本部分介绍如何使用在屏幕上看到的内容。

了解界面

如图 2.1 所示，Final Cut Pro 用户界面的主要区域包括以下几部分。

- **资源库列表**（Library List，快捷键：Command+'）。此侧边栏位于左上角，显示所有打开的资源库和相关的事件。
- **浏览器**（Browser，快捷键：Command+1 选择）。它位于"库列表"旁边，显示所有当前打开的媒体。按 Ctrl+Command+1 键显示/隐藏此内容。
- **时间线**（Timeline，快捷键：Command+2 选择）。它位于界面的底部，显示正在编辑到项目中的片段。
- **查看器**（Viewer，快捷键：Command+3 选择）。它位于界面的上部中央，显示浏览器或时间线中处于活动状态的任何片段。
- **检查器**（Inspector，快捷键：Command+4）。在此面板中，可以对所选内容进行更改，Final Cut 中几乎所有的内容都可以选择。

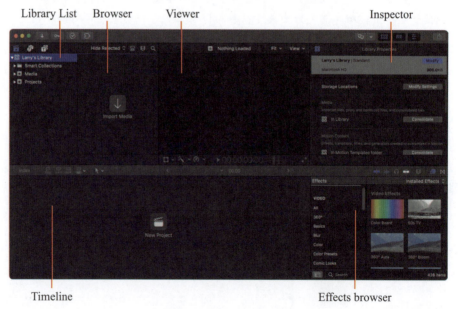

图 2.1　Final Cut Pro 界面

- **效果浏览器**（Effects browser，快捷方式：Command+5）。这包含应用于时间线中的片段的音频和视频效果。但是，许多效果位于效果浏览器之外。
- **播放头**。此垂直线仅在片段或时间线中可见，在播放过程中会移动。根据定义，它只显示一个帧，即垂直线下方的帧。
- **浏览条**（快捷键：S）。仅在片段或时间线中可见，这是一种浏览片段的快速方式。对于在浏览器、媒体导入窗口或时间线中查看片段非常有用。

> 当浏览条处于活动状态，播放头会被忽略，可以启用播放头来关闭浏览条。

深度思考
根据选择的元素，检查器有十种变化。每个变体都有自己的图标；请参阅技巧 64，检查器具有多重表现。

55 修改 Final Cut 界面

界面是为单个屏幕设计的，但可以修改。

Final Cut 界面是完全组装的，这意味着尽管不能分离界面元素（如浏览器），但可以进行小范围的更改，如调整面板或整个屏幕的大小。

如图 2.2 中的箭头所示，拖动垂直或水平边缘可以调整面板的大小。大多数面板都可以调整大小。

图 2.2　通过拖动水平或垂直边缘来调整面板的大小

可以通过单击按钮启用 / 禁用界面的某些部分，见图 2.3。例如，单击左上角的三个图标之一：

- 打开或关闭资源库列表（红色箭头）。
- 切换"照片""音乐""Apple TV"或"声音效果"浏览器。
- 切换字幕或生成器、浏览器。

图 2.3　这三个水平按钮可以切换不同的浏览器。蓝色表示当前活动的浏览器

> **深度思考**
>
> 如果通过 A/V 来连接视频显示器，从而显示全屏视频的话，则第二个计算机显示器按钮将被忽略。

界面右上角的按钮可以选择显示的界面部分，如图 2.4 中的标签所示。

（1）在第二个连接的计算机显示器上显示选定的接口（请参阅技巧 60，使用两台计算机显示器扩展界面）。如果未连接第二台显示器，则此图标将隐藏。

（2）打开 / 关闭浏览器（快捷键：Ctrl+Command+1）。

（3）打开 / 关闭时间线（快捷键：Control+Command+2）。

（4）打开 / 关闭检查器（快捷键：Command+4）。

（5）共享（导出）项目（快捷方式：Command+E）。

图 2.4　这些按钮可显示 / 隐藏不同的界面元素。该菜单决定了第二台显示器上显示的内容

56　工作区——提高生产力的隐性因素

使用 Apple 构建工作区或创建自己的工作区。

Apple 提供了四个预构建的界面（称为工作区），这些界面针对特定任务进行了优化。可以在"窗口" > "工作区"中找到它们。虽然可以自己创建这些工作区（请参阅技巧 55，修改 Final Cut 界面），但使用工作区菜单（或其键盘快捷键）可以更快地实现目标。

- 默认（快捷键：Command+0）。这是打开应用程序时看到的标准 Final Cut Pro 界面。
- 整理（快捷键：Control+Shift+1）。这将关闭时间线并放大浏览器和检查器。它针对组织媒体和添加元数据和关键字进行了优化。
- 颜色与效果（快捷键：Control+Shift+2）这将关闭浏览器并打开视频示波器、检查器和效果浏览器（见图 2.5）。
- 双显示器（快捷键：Control+Shift+3）。假设第二台计算机显示器连接到你的计算机，会显示双显示器菜单中选择的任何界面元素（请参阅提示 60，使用两台计算机显示器扩展界面）。

图 2.5　"颜色和效果"工作区从左上角顺时针方向显示：视频范围、查看器、带色轮的检查器、效果浏览器和时间线

57 可以在工作区中放置什么？

实际上相当多，而且默认情况下大部分是关闭的。

Final Cut 支持多种显示器：主计算机显示器、第二台计算机显示器和专用视频显示器。所有这些在某种程度上都是可定制的，见图 2.6。我们将在单独的提示中介绍这些选项。

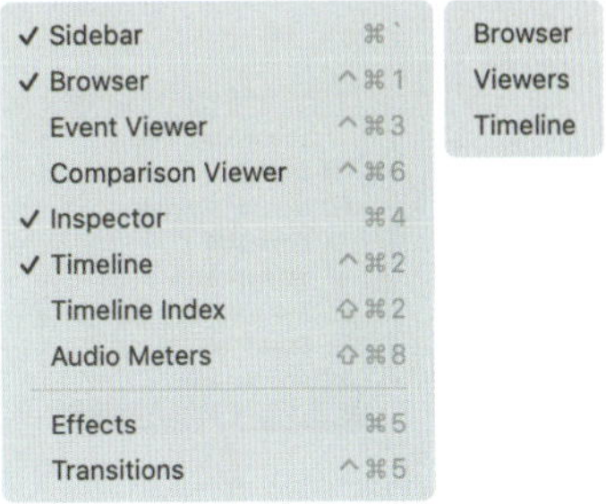

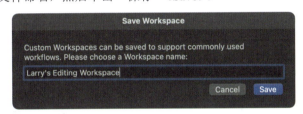

图 2.6 "窗口">"在工作区中显示"（左）和"窗口">"在辅助显示屏中显示"（右）中的显示选项

> Final Cut 支持多个显示器，并具有某种程度上的可自定义界面。

> **深度思考**
> 为了进一步记录，当使用两个显示器编辑时，我倾向于在一个大显示器上运行 Final Cut，而在第二个显示器上打开其他应用程序。

58 创建自定义工作区

FCP 支持无限数量的自定义工作区。

一旦拖动、推移、隐藏或显示界面元素（Save Workspace），来对界面进行重组，就可以将其另存为自定义工作区了。

（1）选择"窗口">"工作区">"保存工作区"（Save Workspace），见图 2.7。

（2）为文件命名，然后单击"保存"（Save）。

图 2.7 "保存自定义工作区"的弹窗

新的自定义工作区将显示在工作区列表的顶部。尽管对自定义工作区的数量没有技术上的限制，但实际上费力地处理几十个自定义工作区是没有意义的。

> **深度思考**
> 并非所有界面元素都显示在工作区中。只有"在工作区中显示"菜单中列出的那些窗口以及两个浮动时间码窗口才会被保存，并在下次打开自定义工作区时显示。

59 创建自定义工作区快捷键

也可以为任何应用程序创建快捷键。

FCP 不为用户修改/保存的工作区提供键盘快捷键。但是，可以在"系统偏好设置">"键盘">"快捷键"中创建它们，见图 2.8。

（1）打开"系统偏好设置">"键盘"（Key board）（顶部红色箭头）。
（2）单击"快捷键"（Shortcuts）（中间的红色箭头）。
（3）单击"应用程序快捷键"（App Shortcuts）（底部红色箭头）。
（4）单击加号图标。
（5）在弹出的对话框中，从应用程序菜单中选择 Final Cut Pro。
（6）输入菜单名称，使其与菜单中显示的名称完全一致，包括标点。
（7）在键盘快捷键区域输入要用作快捷键的组合按键。
（8）单击"添加"，关闭对话框。然后退出"系统偏好设置"。

我每天使用的应用程序至少需要使用这些自定义快捷键中的一个。它们是无价的。

> 使用"系统偏好设置">"键盘">"快捷键"为任何 App 创建自定义快捷键。

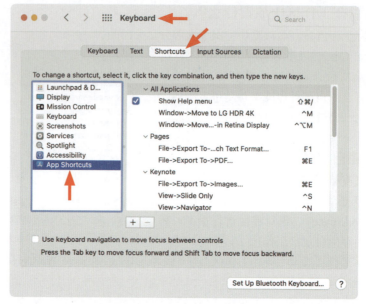

图 2.8 在"系统偏好设置">"键盘">"快捷键"中创建自定义快捷键

⑥⓪ 使用两台计算机显示器扩展界面

此菜单控制第二个显示器上显示的内容。

Final Cut 支持将界面扩展到两台计算机显示器上。当连接第二台显示器时,会出现如图 2.9 所示的图标(红色箭头)。

(1)单击双显示器图标旁边的白色"^"形,选择想要在第二个显示器上显示的内容:

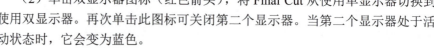

图 2.9 此图标启用第二台计算机显示器,及其将要显示的内容

- 时间线(Timeline,具有视频示波器);
- 查看器(Viewer,全屏播放控制);
- 浏览器(Browser,包括资源库列表)。

(2)单击双显示器图标(红色箭头),将 Final Cut 从使用单显示器切换到使用双显示器。再次单击此图标可关闭第二个显示器。当第二个显示器处于活动状态时,它会变为蓝色。

⑥① 在校准的视频监视器上播放视频

Final Cut 支持在单独的显示器上播放视频。

有计算机显示器和视频监视器。视频监视器针对视频播放进行了优化和校准,通常通过 HDMI 或 SDI 连接。强烈建议使用经过校准的视频监视器进行色彩临界 SDR 和 HDR 编辑。

如果你连接了视频监视器,Final Cut 可以直接全屏播放时间线。这包括 Apple Pro Display XDR。在计算机显示器上播放查看器不能提供相同的色彩准确度(请参阅技巧 60:使用两台计算机显示器扩展界面)。

注:计算机显示器和视频监视器之间是有区别的。Final Cut 同时支持这两者。

（1）连接设备，然后从底部的菜单中选择它，Final Cut Pro>"偏好设置">"播放"，见图2.21。

（2）选择"窗口">"AV输出"，并确保选中正确的设备。

> **深度思考**
> 此外，你还可以使用此视频输出为外部测试设备供电，如质量控制（QC）测量设备。

62 "背景面板"窗口

下面讲解如何控制 Final Cut 的后台活动。

Final Cut Pro 速度如此之快的原因之一是它将大量工作推到了后台。这意味着当你专注于播放和编辑片段时，FCP 会等待。然后，当你停下来思考时，FCP 就会开始活动。

"在后台"是指计算机在后台工作，而不打扰你正在做的事情。如果计算机在前台很忙，后台活动就会停止，这使得计算机的全部资源都集中在你的身上。

使用"后台任务"（Background Tasks）窗口监视和控制此活动。使用这个并不是必须的，但如果你好奇的话，可以试试。要打开此窗口，请单击图2.10中红色箭头指示的图标或按 Command+9 快捷键。

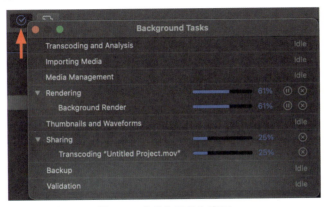

图 2.10 "后台任务"窗口

正在运行的任务会在进程名称的左侧显示一个小三角形。

- 要查看更多详细信息，请单击名称旁边的三角形。
- 要暂停任务，请单击右侧的"暂停（两条平行线）"按钮。
- 要取消任务，请单击右侧圆圈中的"×"。

63 界面图标颜色是有含义的

Final Cut 使用各种界面颜色来指示状态，见图2.11。

- 蓝色表示正在运行。
- 灰色表示不运行。
- 白色显示的文本用来表示信息或标签。
- 黄色表示已选定片段或片段范围，或者"范围"工具处于活动状态。

图 2.11 蓝色图标表示正在运行，灰色表示不运行，白色表示信息或标签

64 检查器具有多重表现

检查器的图标和内容会根据选择进行更改。

要打开或关闭"检查器"面板，请按 Command+4 快捷键。

检查器是对几乎所有内容进行更改的地方。只有一个检查器，位于界面的右上角。但是，检查器会根据所选内容采用不同的名称、图标和功能。例如，当选择视频片段时，视频检查器处于活动状态。检查器可以采取十种不同的形式，见图 2.12。

图 2.12　由 Photoshop 合成的十个检查器图标：（从左到右）资源库、生成器、转场、文本动画、文本格式、视频、颜色、音频、信息和共享元数据。资源库和转换检查器显示为运行状态（蓝色）。在实际操作中，一次只有一个检查器图标处于运行状态（蓝色）

运行中的检查器会在检查器的顶部显示一个蓝色图标。通过单击该图标在不同的检查器之间切换。

65 更改检查器的高度

双击检查器标题栏可以更改它的高度。

下面是更改检查器显示的三个提示。

- 要打开或关闭检查器，请单击检查器图标（图 2.13 中的顶部红色箭头），或按 Command+4 快捷键。
- 要放大检查器使其垂直填充屏幕，请双击标题栏（中间的红色箭头）。再次双击可将其缩回到一半高度（快捷键：Control+Command+4）。
- 要隐藏或显示参数组，请将鼠标光标移动到组名称的右侧。单击"显示"可显示该参数的详细信息，单击"隐藏"可将其隐藏（下方的红色箭头）。

图 2.13　双击标题栏以放大 / 缩小检查器。单击"隐藏"或"显示"可隐藏或显示各个参数组

66 共享快捷键

此快捷键可加快导出速度。

苹果称出口为共享。我想这是真的，但这种方式让我觉得有点不够聪明。

导出项目最明显的方法是使用"文件">"共享"。但更快的方法是使用共享图标，见图2.14。

"共享"图标列出了当前的导出目标。使用 Final Cut Pro >"偏好设置">"目的位置"，更改这些设置（请参阅提示75，优化目的位置偏好设置）。

（1）打开要在时间线中共享的项目。
（2）确保时间线处于活动状态。
（3）从此菜单选择导出选项。

图2.14 "共享"图标列出了当前的目标选项

有关如何配置此菜单的详细信息（请参阅技巧483，"共享"图标）。

67 隐藏的扩展图标

至少安装一个扩展时，此图标才会出现。

Final Cut Pro 中的一个隐藏功能是工作流程扩展。这些都是来自第三方开发人员的软件工具，可以连接到 Final Cut Pro 并扩展其功能。当你正在 FCP 中使用第三方应用程序时，工作流程扩展可从以下位置获得。

- ADD（Audio Design Desk）；
- APM Music；
- CatDV；
- Evo ShareBrowser；
- Frame.io；
- Keyflow Pro；
- PrimeStream；
- Postlab Merge；
- Ripple Training；
- Shutterstock；
- Simon Says；
- Universal Pro；
- duction Music；
- FontAudition-X。

安装至少一个扩展后，你将在 FCP 界面的左上角看到图标（如图2.15 中的红色箭头）。如果你安装了多个，你还会看到菜单。

图2.15 "工作流扩展"图标和"已安装扩展"菜单

深度思考

苹果的网站列出了所有可以与 Final Cut Pro 配合使用的第三方工具：applcom/final-cut-pro/resources/ecosystem/。

优化偏好设置

偏好设置可根据你想要的工作方式自定义 Final Cut Pro。

68 优化通用偏好设置

并非所有的偏好设置都是合理的。以下是一些需要更改的地方。

若要显示偏好设置，请选择 Final Cut Pro>"偏好设置"。有5个偏好设置

第2章 Final Cut Pro 界面

面板。在接下来的几个技巧中，将向你展示我是如何优化的。当涉及通用偏好设置面板时，请参见图 2.16，有两个设置需要考虑。

- 对话框警告（Dialog Warning）。当 FCP 显示警告时，会出现一个按钮"Don't show this again."（不再显示）。如果你误按了其中一个按钮，请单击 Reset All（全部重置）以重置警告。

- 色彩校正（Color Correction）。默认为颜色板。我承认，我花了

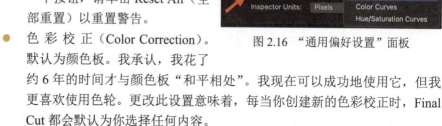

图 2.16 "通用偏好设置"面板

约 6 年的时间才与颜色板"和平相处"。我现在可以成功地使用它，但我更喜欢使用色轮。更改此设置意味着，每当你创建新的色彩校正时，Final Cut 都会默认为你选择任何内容。

可以随时更改这些偏好设置中的任何一项。但是，更改偏好设置不会影响任何现有的媒体或项目。

69 关于度量方式的简要说明

Final Cut 提供两种不同的度量系统。

在"通用偏好设置"（General）窗口（见图 2.17）的底部有两个度量选项的检查器单位：像素和百分比。当选择百分比时（见图 2.18 中的红色箭头），一些设置以百分比表示。虽然百分比很有用，但我更喜欢像素。

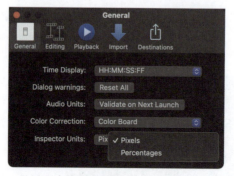

图 2.17 显示两个度量选项的"通用偏好设置"窗口

图 2.18 请注意更改"单位"偏好设置时顶行的差异

70 优化编辑偏好设置

我建议更改其中的三个设置。

下一个"偏好设置"面板是编辑，见图 2.19。这些设置中的大多数都是适合的，但你应该知道它们的作用。

- 显示详细的修剪反馈（show detailed trimming feedback）。将在修剪片段时显示"修剪编辑"窗口（请参见技巧 227，"修剪编辑"窗口）。我建议你勾选这个选项。

- **执行编辑操作后定位播放头**（Position playhead after edit operation）。如果选择该选项并将片段编辑到时间线中，播放头将跳到新编辑的片段的末尾。如果取消选择，播放头将保留在其当前位置。我建议你勾选这个。
- **显示参考波形**（Show reference waveforms）见图 2.20。这在编辑低级别的音频片段时非常方便。勾选后，Final Cut 将在时间线中显示音频波形的重影图像，就好像该音频处于完整级别。这些"虚拟图像"可以帮助你进行更准确的音频编辑。这是一个只显示的功能；音频没有任何变化。如果你不熟悉音频编辑，请勾选此选项。

图 2.19 "编辑偏好设置"面板

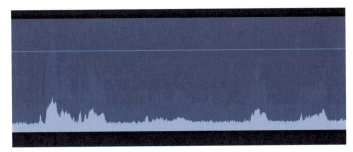

图 2.20 仔细观察，你会看到重影波形，它显示了在最大音量下的水平位置

- **持续时间**。可以使用键盘快捷键应用默认转场。这些设置决定持续时间的默认值。更改这些设置不会更改已应用于时间线片段的任何转场。"静止图像"设置静止图像、Photoshop 文件和静止帧的默认导入持续时间。我唯一建议你改变的是转场。一秒钟的默认持续时间太长。所以我把它缩短到 0.67s。

71 优化播放偏好设置

这些默认设置都不错——只有一个需要更改。

"播放偏好设置"面板，如图 2.21 所示，具有出色的默认设置。除此之外，我建议勾选这个选项：如果丢帧，停止播放并警告（If a fram drops, stop playback and warn）。丢帧是很严重的。我们需要知道发生这种情况的原因，并在发生之前修复它。

渲染意味着 Final Cut 正在计算新媒体。每当播放、编辑或裁切片段时，它都会自动停止。大多数情况下，渲染默认设置很好。然而，如果你有一个旧的系统，并且你的工作与渲染产生冲突，请将"开始前"（Start after）更改为"5s"。如果没有帮助，请取消勾选"后台渲染"（Background render），并根据需要从"修改"菜单中渲染项目。

> **深度思考**
> 当在 0 dB 附近至少有一个音频尖峰时，参考波形不会出现在片段中。只有当整个片段的音频普遍较低时，它们才会出现。

第 2 章 Final Cut Pro 界面　47

图 2.21 "播放偏好设置"面板

深度思考

查看器的黑色背景可以更改为白色或棋盘格。例如，在处理多个图像时，我将其更改为棋盘格，并希望看到透明图像与实心图像。所有背景都将导出为黑色，除非导出格式允许透明（如 ProRes 4444、ProRes 4444 HQ、PNG 或 TIFF），在这种情况下，背景将是透明的。

永远不要忽视或关闭丢帧警告。

72 丢帧警告意味着什么？

丢帧警告不是一件好事。

Final Cut 中的丢帧警告表示，由于某种原因，媒体的一个或多个帧无法实时成功播放。丢帧警告永远不应被忽略或关闭，因为它们会影响最终导出项目的质量。

丢帧的主要原因有：

- 素材片段有问题（这是最常见的）。
- 存储系统太慢，无法播放正在编辑的媒体。例如，如果你正在从 USB-A 驱动器播放 ProRes 422 文件。
- CPU 速度不够快，无法播放正在编辑的媒体，例如在较旧的计算机系统上编辑 H.264 媒体。
- 应用于片段的效果过于复杂，无法在不渲染的情况下播放。
- 多机位片段太大或太复杂，无法实时播放。

解决方案相当简单：

- 将库存素材片段转换为 ProRes 422 或替换它。
- 将媒体移动到更快的存储空间中。
- 将相机源媒体优化为 ProRes 422 的默认格式。
- 在播放之前渲染效果（"修改" > "全部渲染"）。
- 使用代理文件，而不是源媒体文件来编辑多机位片段。

在任何情况下，都不要忽略丢帧警告。

73 使用高质量的音频监视器

苹果电脑有很好的扬声器。监听音响更好。

正如你可以连接外部高质量视频监视器来精确显示你的视频一样，你也可以连接高质量音频监听音响。目前，我正在使用一对连接到 Focusrite Scarlet 2i5 的 Yamaha HS2 监听音响，然后通过 USB-A 连接到我的计算机。声音效果非常棒。

要启用此功能，请选择"系统偏好设置">"声音"（Sound），如图 2.22 所示，然后检查系统使用的音频接口。Final Cut 使用系统音频设置进行录音和播放。

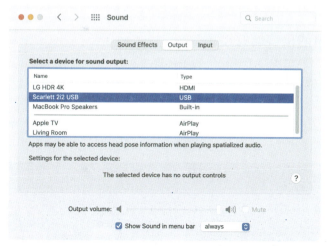

图 2.22 "系统偏好设置">"声音"（Sound），选择 Scarlet 2i2 音频接口进行输出

74 优化导入偏好设置

默认设置会妨碍你。

如图 2.23 所示，"导入偏好设置"（Import）面板决定了如何处理使用"媒体导入"窗口导入的媒体以及拖入 FCP 的媒体。

当在"媒体导入"窗口中更改设置时，导入偏好设置也会随之更改。

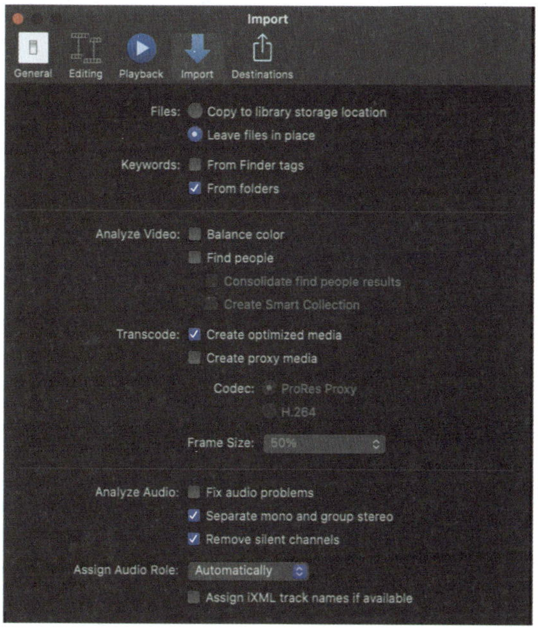

图 2.23 "导入偏好设置"面板。第 3 章对此进行了更全面的讨论

我将在"第 3 章资源库与媒体"中更详细地解释这些内容，但我想在这里将它们与 Final Cut 的其他偏好设置一起包括在内。如图 2.23 显示了我目前使用的设置。

第 2 章　Final Cut Pro 界面　　49

> **深度思考**
>
> 我发现在导入时，"平衡颜色"不值得花时间。一旦将片段编辑到时间线中，就可以使用更好的"颜色"工具。"查找人员"需要很长时间，会生成大型分析文件，而且没有那么有用。到目前为止 AI 仍然无法替代手动剪辑。

⑦⑤ 优化目的位置偏好设置

每个编辑的需求都不一样，我更喜欢简洁。

"目的位置偏好设置"（Destinations）窗口（如图 2.24 所示）决定了选择"文件">"共享"时的默认选项。每个编辑器都是不同的，我很感激苹果公司在这里提供了广泛的选择。但是，我的所有项目都导出为高质量的 ProRes 422 或 ProRes 4444 文件，适合任何可能的需求以及存档。

图 2.24 "目的位置偏好设置"面板，右侧显示潜在的目的位置，单击鼠标右键在左侧的目的位置时会出现隐藏的菜单

然后，从导出的项目文件中，我创建了尽可能多的压缩版本——尽管我使用了其他软件。将 Final Cut 捆绑在一起是没有意义的，即便导出是在后台进行的，因为每项任务都可以使用其他软件工具进行批量处理和控制。

- 要将目标设置为默认目标（快捷键：Command+E），请单击鼠标右键并从菜单中选择"设为默认值"。
- 要添加目的位置，请将其从右窗格拖动到左侧面板中。
- 要调整目的位置的默认设置，请在左侧选择目的位置，然后在右侧进行调整。这些设置将在下次选择该目的位置时成为默认值。
- 要删除目的位置，请在图标上单击鼠标右键，然后从菜单中选择"删除"。
- 左侧面板中的堆叠顺序决定了"文件">"共享"和界面中的"共享"图标的显示顺序，要更改堆叠顺序，请向上或向下拖动标题。

> **深度思考**
>
> 设置默认目的位置后，按 Command+E 快捷键可以向其发送项目。

浏览器

在浏览器中，可以在编辑之前和编辑期间组织和查看项目元素。它既可以显示在主界面中，也可以显示在单独的计算机显示器上。

76 浏览器设置菜单

此菜单控制浏览器的显示和操作。

在浏览器中，可以访问用来进行编辑的所有元素。它的显示由右上角的浏览器设置菜单控制。见图2.25。

- 顶部滑块用于调整浏览器中缩略图的大小。
- 第二个滑块用于调整，随着时间的增减，看到的是单个缩略图（全部）还是带有缩略图的胶片条。
- 分组和排序是在浏览器中管理片段的不同方式。
- "波形"在浏览器中显示或隐藏有音频片段的音频波形。默认情况下，它们处于关闭状态。

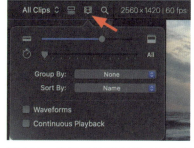

图2.25 浏览器设置图标（红色箭头）和窗口本身

这就引出了连续播放选项。选择此选项后，当在浏览器中播放片段并且播放头到达片段的末尾时，它会自动开始播放下一个片段。无论是以正常速度播放还是以快进速度播放，都会发生这种连续播放（请参阅技巧192，播放快捷键）。

连续播放是在不接触键盘或鼠标的情况下查看和记录一系列片段的好方法。

连续播放是一项节省时间的功能，但默认情况下它是关闭的。

注："显示" > "播放" > "循环播放"必须关闭，才能进行连续播放。

77 对浏览器片段进行排序的八种方法

默认情况下，片段按其创建日期排序。

Final Cut 似乎对创建片段的时间很着迷。这是浏览器中的默认排序选项，就好像我们拍摄的所有内容都是按时间顺序排列一样。

如果这点让你抓狂，请单击界面顶部的小浏览器设置菜单图标，如图2.26所示，然后选择一个更适合你的排序选项。我使用文件名，它们可以按升序或降序排序。

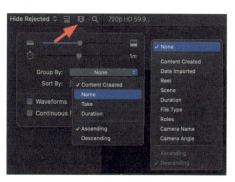

图2.26 单击"浏览器设置"菜单图标，然后从"排序方式"（Sort By）菜单（左侧）或"分组方式"（Group By）菜单（右侧）中进行选择

注："排序依据"只能在幻灯片模式下更改，而不能在列表模式下更改。在列表模式下，单击列标题排序，再次单击可反转排序顺序。

第2章 Final Cut Pro 界面　　51

78 在浏览器中对片段进行分组

不喜欢排序？试试分组！

你可能希望根据相似的特征对片段进行分组，而不是在浏览器中对片段进行排序。同样，浏览器设置菜单可以提供帮助。单击图 2.26 中红色箭头指示的小图标会显示浏览器设置菜单。在浏览器中，有 9 种不同的方法可以对片段进行分组和显示。

以下 4 个字段使用你所提供的数据。

- 卷轴；
- 场景摄影机；
- 摄影机名称；
- 摄像机角度。

这些是简单的文本字段。输入有助于你对片段进行排序的任何数据；数据实际上不需要与字段名称相关。

> **深度思考**
> 不要被标签所迷惑。你可以将任何数据放在这些用户定义的字段（卷轴、场景、摄影机名称和角度）中，然后对它们进行排序。

79 在浏览器中显示音频波形

音频波形显示片段中音频的音量。

如图 2.27 所示，在浏览器中启用音频波形（Wareforms），可以通过查看波形来快速设置输入或输出，而无须反复播放片段（请参阅技巧 194，标记剪辑设置入点和出点）。无论如何，默认情况下，浏览器中的此显示设置是关闭的，以避免浏览器混乱。

如图 2.28 所示，波形显示在所有包含音频的浏览器片段下。如果编辑音乐，波形还可以让你轻松查看节拍。

> **深度思考**
> 如果在"偏好设置" > "编辑"中启用参考波形，则不会在浏览器片段中显示。

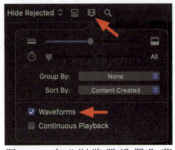

图 2.27 在"浏览器设置"菜单（顶部箭头）中，选择"波形"（Waveforms）以显示浏览器中片段的音频波形

图 2.28 片段中显示的音频波形

80 片段中彩色线条的隐藏含义

浏览器片段颜色会突出显示片段状态。

有没有想过浏览器片段中显示的那些彩色线条是什么意思？图 2.29 做出解释。

- 蓝色。至少应用了一个关键字的片段。
- 红色。被拒绝的片段。
- 橙色：时间线中当前活动项目中使用的片段。
- 黄色：标有"输入"和"输出"的片段。
- 绿色：最喜欢的片段。
- 紫色：应用了关键帧分析的片段。

> **深度思考**
> 要查看被拒绝的剪辑，请将浏览器顶部的菜单（见图 2.29 中的红色箭头）从"隐藏被拒绝的片段"更改为"所有片段"。

81 在浏览器中关闭这些颜色线条
以下是隐藏这些红色、绿色、蓝色和橙色线条的方法。

如图 2.29 所示，如果浏览器中的水平颜色线条让你感到困扰，请使用"显示">"浏览器">"标记范围"将其中的大部分颜色线条关闭（取消选择会使它们变为关闭状态）。使用"显示">"浏览器">"已使用的媒体范围"禁用 / 启用橙色已用片段。

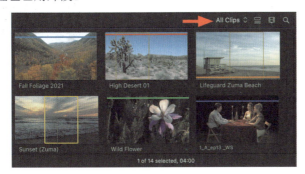

图 2.29 浏览器中的不同颜色条（也可以应用于片段中的区域）指示片段的状态

82 在浏览器中删除的片段并未完全删除
它们只是被隐藏起来了。

在浏览器中选择片段并按 Delete 键，该片段将从浏览器中消失。它实际上并没有被删除，而是隐藏了。如图 2.29 所示，当删除一个片段时，它会被标记为"拒绝"。通常，它也会消失。但是，当将"浏览器设置"菜单更改为"所有片段"时，这些被拒绝的片段会在顶部显示一个红色条。如果要恢复片段，请选择它并按 U 键，将会"取消拒绝"。要完全删除片段，请选择该片段并按 Command+Delete 快捷键，这会将其从 Final Cut 中删除，但不会从硬盘中删除。

按 Delete 键可隐藏片段。按 Command+Delete 快捷键可将其从资源库中删除，但不能从硬盘中删除。

83 浏览器上图标的释义

这些标记表示特殊类型的片段。当在浏览器中添加、导入或拖入片段时，大多数情况下它会放在那里。但有时，会出现一个小标记，通常在左上角。如图 2.30 显示了这些图标的含义。

图 2.30 1. 无标记，选择范围；2. 复合片段；3. 试镜片段；4. 复合片段；5. 多机位片段；6. 高帧率片段；7. 同步片段；8. 片段存储在相机上

84 浏览器片段边缘蕴含的秘密

在浏览器中更仔细地查看片段的边缘。

如果你的片段超过几秒钟，请将"浏览器设置"菜单中的第二个滑块向右滑动，如图 2.30 所示，以增加每个片段显示的缩略图数量。然后，如果你仔细观察浏览器中的片段，会注意到一些关于边缘的细节。见图 2.31。

- 浏览器中缩略图右侧的撕裂边缘表示浏览器片段延续到下面一行。
- 浏览器中缩略图线上的撕裂边缘表示从上一行继续的浏览器片段。
- 浏览器中的缩略图的干净边缘表示浏览器片段的开始或结束

图 2.31 从上到下，可以看到，片段在下一行上继续，片段从上一行继续，片段结束

85 浏览条：我爱恨交加的工具

浏览条毫无用处——除非我真的、真的需要它。

我对浏览条爱又恨。我喜欢在浏览器和媒体导入窗口中使用它。它使得查看片段内容变得快速而简单。但是当我将浏览条向下移动到时间线时，它几乎使编辑变得不可能。它会四处移动，最终使我把片段或裁切好的素材放在错误的地方。

通过按 S 键打开或关闭浏览条。这个快捷键很棒，因为可以使我在浏览器中打开它，并在时间线中关闭它。

但还有另一个真正有用的秘密：浏览信息，如图 2.32 所示。按 Ctrl+Y 快捷键打开

图 2.32 浏览信息，片段上方的气泡，包括片段的文件名和时间码。浏览条或播放头的位置。它仅在浏览器中可见

它。启用后，将在浏览器中显示当前浏览的片段的名称，以及播放头或浏览条的时间码位置，以正在活动的项目为准。这对于记录或当客户发送写有时间码位置的纸质编辑时非常有用。

这种显示是一种很好的方法，可以确保在正确的位置设置浏览器片段输入和输出。

86 隐藏浏览器片段菜单

更快地创建新项目。

在浏览器中的任意片段上，单击鼠标右键可显示隐藏的片段菜单，见图 2.33。这些选项中的每一个也出现在应用程序顶部的菜单栏中。

按 S 键切换浏览条的开关

深度思考

斯科特·纽厄尔（Scott Newell）是一名编辑，他曾评论过这本书的早期版本，他说："不知道你为什么讨厌时间线上的浏览条。"我在时间线和浏览器中使用它，没有任何问题。我爱死了。我还使用轨迹球和轨迹板来导航（比起鼠标，我更喜欢它）。它使编辑产生了巨大的改变，巨大的。

图 2.33　在任何浏览器片段单击鼠标右键以显示此上下文菜单,其中包含常见的媒体管理选项

然而,从这个菜单中使用"新建项目"(New Project)有一个很大的好处。如果你创建新项目时使用此选项,Final Cut 将创建匹配选定片段的规格,打开该项目并编辑该片段作为最初的片段添加到项目中。

这是一种快速创建具有所需规格的项目的方法,而无须先了解这些规格的详细信息。

注:好吧,所有这些菜单实际上都是另一个上下文菜单。但是,把这个看作一个只有你我才知道的特殊、绝密、隐藏的菜单,这难道不是更令人兴奋吗?当然可以。

87 一个隐藏的项目菜单

从浏览器内部更快地管理项目。

在浏览器中的项目上单击鼠标右键,将看到如图 2.34 所示的菜单。

- 播放(Play)。在时间线中打开项目并播放。
- 打开项目(Open Project)。在时间线中打开项目,但不播放它。这与在浏览器中双击项目图标相同。
- 共享项目(Share Project)。这是将项目导出到当前目的位置之一的快速方法。
- 移到废纸篓(Move to Trash)。从资源库中删除项目。我倾向于使用键盘快捷键:Command+Delete。"技巧 142,不要重复项目——创建快照"中,描述了为什么快照是备份项目的最佳选择。

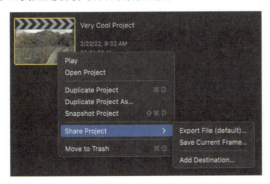

图 2.34　在浏览器中的项目名称或图标上单击鼠标右键以显示此菜单。避免同时使用两个版本的重复项目

88 在浏览器中查看片段标签（元数据）

只需单击一下即可获得丰富的信息。

通常，使用缩略图在浏览器中查看片段。但是，如果单击如图 2.35 所示顶部红色箭头指示的图标，显示将切换到列表视图。

- 可以通过单击列标题来选择每列进行排序。再次单击标题可反转排序顺序。
- 更改列宽，类似于 Microsoft Excel 或 Numbers，方法是拖动列标题中的小垂直分隔符。
- 通过将列标题拖动到新位置来更改列的位置。

图 2.35　浏览器元数据列表

89 隐藏的浏览器元数据字段

仅显示一小部分可用元数据。

尽管浏览器在列表视图中显示了大量元数据，但这只是 Final Cut 为每个片段跟踪的数据的碎片。要查看更多选项，请在任何列标题单击鼠标右键，见图 2.36。

这揭示了近 30 个潜在的显示列。如果选择了某个项目，它将显示在浏览器中。要更改显示，请选择或取消选择所需的字段。

此菜单顶部的选项可帮助你管理列。实际上，你可以根据需要重新排列它，然后将排列方式另存为自定义列集。在编辑之前，查看媒体时，我使用自定义列集。

顺便说一句，启用"上次修改时间"是找出上次更改项目时间的好方法。

图 2.36　列出了可以在浏览器列表视图中显示的不同数据（选中的表示当前的显示）

注：所有这些数据的唯一缺点是在正常的 FCP 接口中很难看到它们。相反，使用第二台计算机显示器显示浏览器（请参阅技巧 60，使用两台计算机显示器扩展界面）。

深度思考

这些列中的所有数据以及更多数据都可以在"信息检查器"中找到。由 Final Cut 自动填充的字段（如编解码器、帧大小或帧速率）无法更改。

90 查看浏览器的不同方式
它们都聚集在一个地方。

有很多方法可以配置浏览器，这样它就可以显示你需要的内容。我们已经了解了浏览器设置菜单，但是，还需要在"显示"（View）>"浏览器"（Browser）菜单中添加这些选项，见图 2.37。

尽管其中一些选项与"浏览器设置"菜单相同（例如，分组和排序），但许多选项是此菜单所独有的。

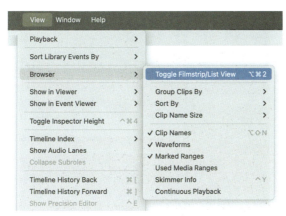

图 2.37 "显示">"浏览器"菜单

91 照片、音乐、Apple TV 和音频侧边栏
这些边栏可能有用，也可能没用。

当 FCP 首次发布时，这些被称为浏览器。在此过程中，它们被重新命名为侧边栏。无论如何称呼它们，都可以通过单击界面左上角的中间图标来找到它们，见图 2.38。（蓝色的图标）

图 2.38 "照片"、"音乐"、"Apple TV"和"音频"侧边栏中的浏览器列表

- 照片（Photos）。将在"照片"应用程序中显示所有共享的图像。但是，我发现将"照片"用于我的个人图像以及将项目的图像存储在单独的文件夹中更容易。
- 音乐（Music）。将显示音乐库的内容，然后可以将这些内容添加到时间线中。问题是，几乎可以肯定的是，你不拥有其中音乐的版权，这会让你陷入法律麻烦。与其他编辑器共享资源库不会传输"音乐"文件夹中的任何文件。更糟糕的是，当存档资源库时，无法轻松存档音乐文件。相反，可以将项目所需的音乐存储在"音乐"应用程序之外的单独文件夹中。这使访问、共享和备份项目的音乐变得更加容易。
- Apple TV。这会显示 Apple TV 资料库中所有不受版权保护的文件。与照片一样，我不会将 Apple TV 用于任何将在 Final Cut 中使用的媒体。我总是将媒体文件存储在 Apple 应用程序之外的地方。

音效侧边栏非常酷，我将在下一篇技巧中介绍它。

注：澄清一下：照片位于侧边栏中。图像显示在浏览器中。

92 音效侧边栏

数百种免版税的音效已为你的项目准备就绪。

音效侧边栏真的很酷,见图 2.39。首先,从 Apple 下载额外的媒体(请参阅技巧 123,但等等还有更多)。苹果提供这些免费的声效,可用于任何视频项目,并且免版税。

安装后,单击界面左上角的中间侧边栏图标,然后单击声音效果。在文件列表中滚动,或者使用面板右上角的搜索框搜索内容,以找到喜欢的内容。

> 注:"音乐"文件夹还会显示从 GarageBand(使用"将">"歌曲分享到音乐")或 Logic Pro(使用"文件">"歌曲共享到音乐")共享的任何音频项目。

图 2.39 声音效果浏览器,其中包含数百种声音效果的一个小示例。全部免版税

播放或浏览波形来听到它的声音。

如果喜欢,可以将波形拖动到时间线中。与所有音频片段一样,该片段将显示为绿色,并放置在显示音频片段的位置(主要故事情节下方)。这个庞大的效果库,如果适度使用,几乎可以改善每个项目。

> **深度思考**
> 编辑杰里·汤普森(Jerry Thompson)审查了这本书的早期草稿,他进一步补充道:"下面是如何轻松地将第三方声音效果添加到这个浏览器中。"将包含新音效的文件夹拖到 Macintosh HD>"资源库">"音频">Apple Loops>"Final Cut Pro 音效"中,它们将显示在音效浏览器中。

时间线

时间线是每次编辑的核心。在这里,你可以把各种各样的片段集合变成一个故事。

93 为什么时间线不滚动?

这是生命最大的奥秘之一。

为什么 Final Cut 的时间线不滚动?我不知道,这是个谜。十年来,我一直在问苹果公司这个问题,但到目前为止还没有答案。这是 Final Cut 最需要的功能。

但有一个很好的解决方法:CommandPost(www.commandpost.io)。CommandPost 是一款免费且开源的原生 macOS 应用程序,它充当控制界面和原生不支持控制界面的软件之间的桥梁,例如 Apple Final Cut Pro 和 Adobe After Effects。

此外,CommandPost 支持滚动时间线,导出时间线索引的内容,并提供

> CommandPost 是 Final Cut Pro 必不可少的免费应用程序。

各种可自定义的自动化工具。我已经用了很多年了。

94 使用此隐藏菜单管理项目

但是，不要使用重复的项目！

单击时间线顶部中心的项目名称，可以显示另外五个用于管理项目的选项，见图2.40。但是，我强烈建议永远不要选择第一个，复制项目（请参阅技巧142，不要复制项目——创建快照）。

图2.40 单击项目名称可以显示此菜单。我建议不要使用的唯一选项是重复项目

这些选项中的大多数都是不言而喻的。但是，两个"关闭"选项需要解释。即使时间线中只有一个项目可见，一旦从浏览器打开一个项目到时间线中，FCP 就会将其加载到内存中并且不会删除它，即使切换到另一个项目也是如此。这样做的好处是 FCP 可以快速将打开的项目显示回时间线。

对于较小的项目，例如少于几百个片段，这些打开的项目不是问题。但是，如果正在编辑多个大型项目，关闭任何未编辑的项目都将释放可以用于其他用途的 RAM。

项目文件存储在"资源库"中，并且"资源库"始终保存你的更改。因此，当关闭一个项目时，只是在释放 RAM。项目不会从资源库中移除，也不会从存储空间中删除。

> 永远不要复制项目；始终使用项目快照。

95 使用时间线历史中的">"更快地切换项目

时间线历史记录会记住所有打开过的项目。

在时间线中打开一个项目后，该项目将保持打开状态，即使在时间线中打开另一个项目也是如此，大多数情况下，这是一件好事（请参阅技巧94，使用此隐藏菜单管理项目）。好处是可以在项目之间切换，一旦你知道如何切换，反馈几乎是即时的。

时间线历史中的"<|>"形标志是开关的秘密，见图2.41。可以将这些视为在滑块上选择项目，其中打开的第一个项目位于左侧，而最近打开的项目位于右侧。单击箭头可立即导航到较早的项目（左"<"形）或较新的项目（右">"形）。单击并按住 V 形按钮可查看该方向上打开的项目。这两个箭头包含不同的列表，因此请务必检查这两个列表。

图2.41 时间线历史箭头由红色箭头指示

这个用起来容易，解释起来难。我经常使用它们，以及它们的快捷键。

> **深度思考**
>
> Command+[快捷键：返回时间线历史中的一个项目。
>
> Command+]快捷键：在时间线历史中前进一个项目。

第2章 Final Cut Pro 界面

96 时间线控制图标

这些图标可自定义时间线。

时间线左上角的图标控制编辑（第四章"基本编辑"详细介绍了这些内容），如图 2.42 所示，右上角的图标确定时间线中哪些控件处于活动状态。以下是图中数字的关键。

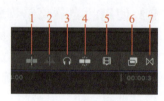

图 2.42　时间线图标

- 启用 / 禁用浏览（快捷键：S）。
- 启用 / 禁用音频浏览（快捷键：Shift+S）。
- 单独选定的时间线片段（快捷键：Option+S）。
- 启用 / 禁用捕捉（快捷键：N）。
- 打开时间线显示控制面板。
- 打开效果浏览器（快捷键：Command+5）。
- 打开转场浏览器（快捷键：控制 +Command+5）。

所有这些都在其他技巧中有更详细的介绍。

97 时间码显示位置

时间码是视频编辑的基础。

> 时间码是一个标签，用于标识片段或项目中的每一帧视频。

时间码是一个标签，用于标识片段或项目中的每一帧视频。虽然大多数音频不使用时间码，但时间码对于视频非常有用。Final Cut 使用时间码来确定每个片段开始和结束的位置，它运行了多长时间，以及它在项目中的位置。时间码是使编辑精确到帧的东西。如果没有时间码，仍然可以通过计算帧数进行编辑，但不会那么便捷。

时间码显示为四对数字：HH：MM：SS：FF，表示：小时：分钟：秒：帧。尽管时间码可以表示实时时间，但大多数情况下不能。

如图 2.43 显示了 Final Cut 中的三个时间码显示。

- 播放头（浏览条）位置。大的白色数字（36:23）显示在查看器下面。

- 项目持续时间。项目名称右侧较小的白色数字。

图 2.43　Final Cut 中三个时间码显示

- 选定的片段或范围持续时间。黄色数字（4:19），仅当在时间线中选择某些内容时显示。

98 时间码显示隐藏的秘密

时间码显示可以带你去不同的位置。

查看器底部中心的时间码显示播放头（浏览条）的当前位置。

隐藏在查看器底部的时间码显示的是一个强大的导航工具，见图 2.44。通常，时间码显示白色数字，表示播放头的当前位置。

但是，如果单击白色数字，时间码字段将

图 2.44　时间码显示的三种状态，从上到下：当前位置、准备数据输入以及跳转位置

清空并切换到数据输入模式（快捷键：Command+D）。输入想要跳转到的时间码位置，然后按下 Enter 键。假设你的项目包含延伸到该位置的媒体，则播放头将立即跳到该位置。

99 两个浮动的时间码窗口

这些浮动时间码窗口用作位置地图。

Final Cut 有两个时间码窗口：一个用于项目，另一个用于源媒体。你可以把这些搬到任何地方。在大多数情况下，将它们拖到第二台显示器上。抓住一个角来调整它们其中的任何一个。

- 选择"窗口">"项目时间码"以打开"项目时间码"窗口，见图 2.45。这将显示播放头在时间线中的当前位置。在数字上可以将时间码复制到剪贴板。
- 选择"窗口">"源时间码"以打开"源时间码"窗口，见图 2.46。这将在播放头下方的时间线中显示所有源媒体的位置（我发现这个窗口是最有用的）。

图 2.45　浮动项目时间码窗口单击鼠标右键（Right）将时间码复制到剪贴板

图 2.46　浮动源时间码窗口

> **深度思考**
> 打开 Final Cut Pro>"命令集">"自定义"，搜索时间码，然后将键盘快捷键指定给：
> - 打开或关闭项目时间码窗口。
> - 复制项目时间码。
> - 粘贴项目时间码。

在源时间码窗口中右击：
- 仅将此窗口中所选片段的时间码复制到剪贴板。
- 将此窗口中所选片段的文件名称和时间码复制到剪贴板。
- 将此窗口中片段的文件名称和时间码复制到剪贴板。

我不使用项目时间码窗口，因为在查看器下很容易看到当前的时间码显示。但是，经常使用源时间码窗口来检查片段之间的同步。

100 在时间线上移动

Final Cut 会进行数学运算，避免使用标点符号。

想象一下，你的播放头在时间线的某个地方，但你想快速地把它放到其他地方。当然，你可以拖它，但很无聊，使用键盘更快。

- 要将播放头移动到特定的时间码位置，请按 Ctrl+P 快捷键，输入新的时间码位置，然后按 Enter 键。
- 要移动特定距离，请按加号（+）键向前跳或按减号（-）向后跳，然后输入要跳的时间量（例如，输入 +512 可向前跳跃 5s 和 12 帧；输入 –2306

向后跳 23s 和 6 帧)。

在这两种情况下，都不需要在时间码字段中单击或添加标点。

查看器

"查看器"是一个动态窗口，你可以在浏览器或时间线的播放头或浏览条下查看片段。它可以显示在主界面中，也可以显示在单独的计算机显示器上。

101 查看器也有显示菜单

这与菜单栏中的"显示"菜单不同。

查看器的右上角是"显示"菜单，见图 2.47，单击"显示"可显示一系列修改查看器的方法。其中许多都在它们自己的技巧中进行了解释。在这里，我将展示如何访问菜单。

虽然无法为这些选项设置偏好设置，但我确实为几个选项指定了键盘快捷键。例如，在"命令编辑器"中，我搜索了"字幕"并找到了显示"字幕/操作安全区"命令。我给它分配了撇号键（'）。现在，每当我需要查看操作安全区或字幕安全区时，都会按下撇号键。我还为显示"自定义叠层"创建了一个快捷方式。

102 全屏放大查看器

以下是将查看器切换为全屏并返回的方法。

如果你没有专用的视频监视器——如果你有的话，你肯定知道，因为你为此花过钱——可以使用以下方法全屏放大查看器。

在查看器的右下角有两个对角箭头，见图 2.48。单击箭头全屏放大查看器（快捷键：Shi+Command+F）。按 Esc 键将其减小到正常大小。

图 2.47 查看器中的"显示"菜单。这与菜单栏中的"显示"菜单不同

> **深度思考**
> Final Cut 甚至做了数学运算。假设你正在使用 30 fps 的项目，请输入 +60 以向前跳 2s。或者输入 –123 可向后跳回 4s3 帧。以欧洲为例，如果你编辑一个 25fps 的项目，输入 +75 将使播放头向前跳 3 s。

> **深度思考**
> 如果你连接了第二台计算机显示器，请单击查看器右上角的双显示器图标，将查看器全屏移动到第二台显示器中（请参阅技巧 60，使用两台计算机显示器扩展界面）。

图 2.48 单击对角箭头将查看器展开为全屏。按 Esc 键将其恢复

103 操作安全区和字幕安全区

这些安全区域有助于确保字幕和效果的正确框架。

在电视的旧时代，当显像管统治世界时，家庭电视上显示的图像与广播网络上的原始图像相比是经过裁剪的。这是由电视显像管的工作原理造成的，这种裁剪因显像管和年龄而异。

因此，几十年前，电视工程师创造了两个"安全地带"——操作安全区和字幕安全区——因此，制作节目的制作人员可以进行构图，即使家中严重错位的电视机也能显示画面的基本元素。

这些标准至今仍被遵循，因为一个简单的事实：作为媒体创作者，你无法控制观众如何看到最终图像。投影仪未对准、显示器故障、HTML 代码设计不佳，等等。实际上，会发生的任何事情你都无法控制。

Final Cut 使用细金色矩形表示这些安全区域。

见图 2.49。规则如下。

- 全画幅。整个图像必须填满框架，没有空白边缘。
- 操作安全区。确保操作安全区内的所有基本动作、演员和其他关键视觉元素。
- 字幕安全区。将所有重要的字幕、标志和其他重要图形保存在字幕安全内。

这些框架规则适用于除网络项目以外的所有项目。网络使用了一个稍微宽松的规则：因为你不知道人们将如何查看你的项目，所以将所有基本元素和文本保存在操作安全区（即外部矩形），同时仍然使用图像填满整个框架。

> 作为媒体创作者，你无法控制最终项目的观看方式。

> 注：安全区域矩形显示在查看器中，但不导出。

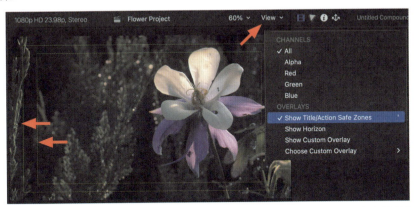

图 2.49 操作安全区是所有边缘的 5%，字幕安全区是 10%。时至今日，专业媒体仍然遵循这些规则来构建字幕和效果。操作安全区应用于构建网络项目

> **深度思考**
> 因为我对所有编辑都使用安全区域，所以我为它指定了一个自定义键盘快捷键：撇号（'）。这使得打开和关闭都变得容易。

104 更好的质量与更好的性能

"显示"菜单在编辑或最终导出过程中不会改变图像质量。

"显示"菜单中比较容易混淆的选项之一是在"更好的质量"和"更好的

性能"之间进行选择。我是说，我真的需要选择吗？不。一点也不。这将控制时间线的显示功能。

如图 2.50 所示，这两个选项决定了 CPU 如何确定其时间的优先级。当你选择"更好的质量"（Better Quality）时，CPU 会优先考虑图像质量。当你选择"更好的性能"（Better Performance）时，CPU 会优先考虑实时播放。真正的区别在于你是否希望在编辑时节省渲染时间。就我个人而言，会选择"更好的性能"。图像质量的轻微下降被无须等待渲染完成所节省的时间所抵消。

图 2.50　这两个选项都只影响时间线播放，而不影响导出

此设置不影响最终导出。FCP 始终以最佳质量渲染和导出所有内容。

> **深度思考**
>
> 虽然导出始终以最高质量进行渲染，但如果你正在访问代理服务器，导出将使用代理媒体，而不是相机源或优化片段作为其源。

105　自定义叠层

与安全区域一样，这些区域会显示在查看器中，但不会导出。

"查看器">"显示"菜单中有一个选项，我每周都会使用：叠层。叠加层显示在查看器中，如图 2.51 中的水印叠加层一样，但不会导出。我使用"叠层"选项来确保项目中的文本不会与水印冲突，或者保护在 4:3 帧内以 16:9 拍摄的图像。

图 2.51　自定义叠层出现在查看器中，但不会导出

使用任何图像编辑程序创建叠加层，然后将其保存为具有透明背景的 PNG 或 TIFF 文件（我建议使用 PNG），创建任何你想要的图像。

记住这将在查看器中可见，因此，请尽量保持叠层元素的最小化，这样它们就不会阻挡其下方的视频。

要选择叠层，请转到查看器中的"显示"菜单（而不是菜单栏），然后选择"自定义叠层"（Choose Gustom Overlay）（见图 2.52 中的红色箭头）。如果你已经添加了一个叠层，它将出现在列表中。否则，选择"添加自定义叠层"并在 Finder 中选择它。

要启用或禁用叠层显示，请选择"显示">"显示自定义叠层"（Show Custom Overlay）（取消选择会使其关闭）或选叠层图像所需的不透明度，见图 2.53。

图 2.52　此显示菜单添加新的叠层或选择已使用的叠层

图 2.53　在此菜单中打开或关闭叠层，并调整其不透明度

作为另一个例子，我创建了一个叠层，会用它来将 16:9 的镜头重新组织成 4:3 或 9:16（垂直）的图像，见图 2.54。

> **深度思考**
>
> 自定义叠层存储在"主目录">"资源库">Application Support>Pro Apps 中。创建自定义叠层时，可以通过以项目帧大小相同的大小创建叠层来获得最佳结果。

图 2.54　这是我用来将 16:9 镜头重构为 4:3 或 9:16 镜头的一个定制叠层

106 如何启用代理文件

代理文件为大帧尺寸和多机位项目提供效率和速度。

第一章"视频基础知识"讨论了为大帧尺寸项目创建代理媒体、进行多机位编辑或在较慢的系统上运行 Final Cut 的好处。我没有提到的是如何启用代理：转到查看器右上角的"显示"菜单，如图 2.55 所示，并查看菜单的"媒体播放"（Media Playback）部分中的选项。

在过去，我们只能在显示源媒体 / 优化文件或代理文件之间进行选择。最近，苹果公司增加了一个更有用的选择：首选代理。

- **优化 / 原始**。此默认设置将播放媒体的最高质量版本。
- **首选代理**。将播放代理文件（如果存在）和源媒体文件（如果不存在）。
- **仅代理**。如果代理文件存在，将播放代理文件，如果它们不存在，则在查看器中显示一个巨大的红旗。

如果要获得最佳性能，请选择"首选代理"（Proxy Preferred），然后确保创建代理文件。如果要获得最高的图像质量，请选择"优化 / 原始"（Optimized/Original）。如果正在编辑代理文件并尝试导出它们，Final Cut 将向你发出警告，见图 2.56。

> 注："技巧 162，导入媒体后创建代理文件"说明了如何创建代理。

> 代理文件为大帧尺寸和多机位项目提供效率和速度。

图 2.55　"查看器">"显示"菜单中的代理选项

图 2.56　Final Cut 会在意外导出代理文件之前向你发出警告（左）

第 2 章　Final Cut Pro 界面　　65

107 如何查看透明度

片段或项目的透明度存储在 Alpha 通道中。

片段的默认显示设置为 100% 全屏和 100% 不透明，见图 2.57。对于大多数编辑来说，这很好，因为我们想看到图像。

注：要查看全部色彩图像，请选择"查看器">"显示">"通道">"全部"。

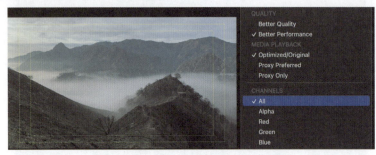

图 2.57　一个安全区域显示的典型图像

但是一旦我们进入创作中，就会想要在框架中组合多个图像或添加字幕，这些都需要透明度。"Alpha 通道"存储片段或项目中的像素，哪些像素是不透明的，哪些是半透明的，哪些是透明的（例如，除文本本身外，所有字幕片段都是透明的）。

要查看透明度，请转到"查看器">"显示"，然后选择"通道"（Channels）>Alpha。可看到屏幕将为纯白色，这意味着整个图像不透明，如图 2.58 所示。

图 2.58　纯白色 Alpha 通道表示充满屏幕的片段是不透明的

但是，如果我们将片段缩到 50%，这意味着图像仅填充帧的一半，如图 2.59 所示，则片段周围会有大的黑色边缘。

图 2.59　缩放到 50% 的片段。请注意，在"通道"中选择了"全部"；安全区域显示处于打开状态，并且片段周围出现黑色边缘

当查看该缩放片段的 Alpha 通道时，会看到片段显示白色（不透明），而背景显示黑色（透明），如图 2.60 所示。灰色阴影表示半透明。

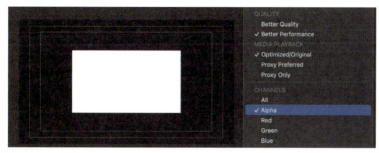

图 2.60　当选择 Alpha 时，白色表示不透明区域，黑色表示透明区域，灰色（未显示）表示半透明

108 使查看器背景透明

当需要查看透明度时，请使用棋盘格背景。

除了查看 Alpha 通道之外，查看器还有另一个技巧来帮助你查看透明度：查看器背景。通过更改 Final Cut Pro>"偏好设置">"播放"（如图 2.61 所示），可以使查看器背景显示为黑色、白色或棋盘格。

更改此设置可使查看器背景显示棋盘格。与 Photoshop 类似，这样可以更容易地看到框架中的透明度。

> **注：** 如果使用支持 Alpha 通道的编解码器（如 ProRes 4444）导出，则背景将为黑色，但 Alpha 通道也将包括在内，以便在片段中保留透明度数据。

图 2.61　更改这些背景不会影响导出，所有背景都导出为黑色

109 查看器中亮起的小红框

此图标表示你将查看器放大得过远。

放大查看器可用于查看图像中的精细细节，从而放置效果。但是在编辑过程中不小心隐藏图像的一部分可能会让你崩溃。当这个小红框出现在查看器中时，如图 2.62 所示，这意味着你在查看器中放大到图像的位置如此之近，以至于查看器无法显示整个图像。红框既是警告，也是导航工具。

- 要在查看器中导航，请拖动红框。
- 若要删除红框，请按 Shift+Z 快捷键，或将查看器右上角的百分比菜单更改为"适合"。现在，整个图像将显示在查看器内。

> 放大"查看器"不会改变时间线中图片的大小。

图 2.62　当整个图像太大而无法放入查看器时，会出现此红框。拖动红色框可以进行导航

第 2 章　Final Cut Pro 界面　　67

隐藏的查看器

两个专用显示器可以使编辑和颜色分级更容易，但它们默认情况下是关闭的，不容易找到。

110 事件检视器

事件检视器可以预览浏览器中选定的任何片段。

Final Cut 中隐藏的查看器是事件检视器，见图 2.63。查看器的一个优点是它可以显示浏览器或时间线中处于活动状态的任何片段。但是，拥有两个屏幕窗口通常会有所帮助：一个用于显示浏览器片段，另一个用于显示时间线。事件检视器通常被称为预览监视器。

图 2.63　事件检视器显示并播放浏览器片段

要打开它，请选择"窗口">"在工作区中显示">"事件检视器"（快捷键：Control+Command+3）。在较小的显示器上，这种显示可能有点局促。事件检视器提供浏览器片段的预览和播放。

打开后，在事件检视器中浏览或播放任何浏览器片段。主要的好处是，对较大的图像来说，有助于匹配镜头之间的动作，或者在将其编辑到时间线之前，仔细评估图像中是否存在不需要的元素（例如麦克风杆）。

如果你需要它，它就在那里，如果你不需要，它仍然是隐藏的，所以它不会占用屏幕空间。

> **深度思考**
>
> 事件检视器具有与查看器的显示菜单相同的大小和显示控件。可以显示事件检视器或比较显示器，但不能同时显示两者。

111 比较检视器

这将显示静止帧，来比较镜头之间的差异。

比较检视器旨在帮助在颜色分级过程中匹配镜头。但是，它存储在一个不寻常的位置："窗口">"在工作区中显示">"比较检视器"（快捷键：Control+Command+6）。与事件检视器不同，比较检视器仅显示静止帧。

在查看器的左侧显示一个窗口，如图 2.64 所示。默认情况下，它在左侧显示上一个片段，并在右侧显示时间线播放头下方的帧。单击"下一个编辑"以查看下一个片段，这样可以轻松地比较连续的镜头来确定颜色和动作是否平滑过渡。

图 2.64　比较检视器显示需要比较镜头的静止帧

但还有第二种选择：比较项目中关键场景的静止帧。单击顶部的"保存"按钮，然后单击底部的"保存帧"。这将捕获播放头下帧的静止图像。在保存的屏幕中，单击"帧浏览器"，如图 2.65 所示，这显示了为该项目拍摄的对比剧照。Final Cut 最多可存储 30 张照片。

图 2.65　比较检视器中的帧浏览器。单击静止帧可以显示它

单击静止帧可将其显示在比较检视器中。现在，围绕时间线移动播放头，将播放头下的帧与选定的帧进行比较，从而帮助保持颜色一致性。

> **深度思考**
>
> 不能同时使用事件检视器和比较检视器。比较检视器与查看器具有相同的显示选项。打开"比较检视器"顶部的"显示"菜单可以查看选项。

故障排除

这里有各种技巧可以帮助你在崩溃之前解决问题。

112　四种故障排除技术

以下是当你的 Mac 表现得不稳定时首先要做的事情。

Mac 是坚固、可靠、高性能的机器。然而，每隔一段时间，一个不小心的决定就会让它系统失控。在联系 Apple 支持之前，可以尝试以下 4 种操作。

- 退出 Final Cut 并重新启动计算机。令我惊讶的是，许多次简单的重启就能让一切恢复正常。

清除 Final Cut Pro 偏好设置不会删除任何资源库、项目或媒体。

- 重新渲染项目。大多数 Final Cut 问题是由错误的渲染文件或错误的媒体引起的。

  删除渲染文件步骤如下。

  （1）在浏览器中选择你的项目。

  （2）选择"文件">"删除生成的项目文件"。

  （3）选择"删除渲染文件"。

  当你下次在时间线中打开项目时，Final Cut 将重建任何必要的渲染文件。

- 垃圾的 FCP 偏好设置文件。偏好设置文件控制 Final Cut 的各个方面，而不仅仅是可以手动设置的偏好设置文件。销毁它们会重置苹果计算机的默认设置，并清除随着时间的推移而出现的许多奇怪现象。

  删除偏好设置步骤如下。

  （1）退出 Final Cut。

  （2）按住 Option 键和 Command 键，同时从程序坞重新启动 FCP。

  （3）单击蓝色的"删除偏好设置"（Delete Preferences）按钮，如图 2.66 所示。删除偏好设置会将自定义过的偏好设置（而不是键盘快捷键）重置为其默认设置。这意味着在删除之后，需要重新自定义偏好设置。

  需要注意的是，当选择"文件">"打开资源库"时，重置偏好设置也会清空显示的最近资源库列表。不要惊慌！这不会删除资源库或媒体，它只是从这个列表中删除文件名称。转到 Finder 并双击资源库将其打开，一旦你打开它，资源库将再次返回到这个列表。

图 2.66　单击蓝色"删除偏好设置"按钮以重置 Final Cut 的默认设置

- 启动到恢复模式并在两个内部硬盘驱动器上运行急救。Mac 内部隐藏着一个称为"恢复卷"的特殊卷。这包含 macOS 的有限版本以及几个修复实用程序。

  （1）使用以下方法之一启动到恢复。

  对于 Intel 系统，在按住 Command+R 快捷键的同时重新启动 Mac。一直按住此按钮，直到温度计在屏幕上滚动到一半，等待主窗口出现。

  对于 Apple 系统，按住电源按钮，直到看到"正在加载启动选项"。稍等片刻（该过程不是瞬间完成的），就会出现一个窗口，询问你想要执行的操作。

  （2）单击"运行磁盘"工具。单击选项图标，然后单击"继续"按钮。在"磁盘工具"端，会出现一个或两个 Macintosh HD 驱动器，具体取决于你正在运行的 macOS 版本。其中每一个都是单独的卷。

  （3）依次选择每个卷，然后单击"急救"按钮，这将在内部驱动器上运行一系列修复实用程序。此过程可能需要几分钟，因此请耐心等待。如果列出了其他驱动器，请忽略它们。修复一个或两个 Macintosh HD 驱动器后，请在不触摸键盘的情况下重新启动系统。

  理想情况下，这些步骤之一会使你的系统恢复正常。如果没有，是时候打电话给苹果支持了。他们将帮助你。

> **深度思考**
>
> 当你删除偏好设置时，操作系统会创建一个名为 VideoAppDiagnostics 的特殊诊断文件——tar.GZ。此压缩系统报告包含描述计算机当前状态的日志和设置，但不包含个人身份信息。在系统崩溃的情况下，此报告将自动发送给 Apple 以解决问题。但是，尽管此文件也是在你删除偏好设置时创建的，但它不会发送给 Apple。你可以把它扔了。

113 当 Final Cut Pro 意外退出时

是的，这也发生在我身上了。

我很高兴写了一本关于 Final Cut 的书，当应用程序崩溃时，将显示图 2.67 中看到的截图。

图 2.67 当 Final Cut 崩溃时，该报告出现。它会在崩溃后自动发送给苹果

虽然这很令人沮丧，但实际上也有好消息。首先，由于 FCP 保存你的工作进度，你在崩溃之前所做的一切都很可能被安全地保存下来（我曾亲身经历过这种情况，非常令人放心）。

接下来，Final Cut 会创建一个系统报告，该报告以深入的技术细节描述崩溃的类型、崩溃时你正在执行的操作以及系统当时的状态。当你删除 FCP 偏好设置时，它也会创建此报告（顺便说一句，这些都不包含任何个人可识别的信息。它是匿名的）。这份崩溃报告随后会自动发送给苹果，以便它可以进一步研究这个问题。

最后，如果要使用 Final Cut 继续工作，请单击"重新打开"，FCP 将重新打开并加载崩溃时打开的任何资源库。不过，我的建议是，当 Final Cut 崩溃时，请重新启动计算机。是的，这需要更多的时间，但它会将你的系统重置为已知良好的状态，使 Final Cut Pro 能够更顺利地运行。

> **深度思考**
>
> 这里有一个链接，更详细地解释了在崩溃后或当报告出现问题时，该向苹果发送哪些技术信息：support.apple.com/guide/mac-help/mh27990/mac。

114 如何清除第三方插件

第三方插件通常存储在以下三个位置之一。

你不能删除苹果自带的 Final Cut 的插件，但可以删除其他开发人员创建的插件。它们一般存储在以下三个位置之一，具体取决于开发者选择存储他们的文件的位置。

- "主页">"电影">"Motion 模板"
- Macintosh HD >"资源库">"插件"> FXPlug
- Macintosh HD >"资源库">"应用程序支持">"ProApps">"插件"

如果插件存储在文件夹中，请删除整个文件夹。如果插件要删除的内容不存在，请联系开发人员获取说明。

115 修复黄色警报

有时，Final Cut Pro 数据库的更新速度不够快。

如果在 Final Cut Pro 中看到黄色的"缺失媒体"警告，你可能并没有缺失媒体。这可能是数据库问题，即 Final Cut Pro 没有及时更新。这可能在使用外部文件时发生，如 Photoshop 文档或 Motion 项目。

如果你遇到这种情况，请尝试操作以下步骤。

（1）选择时间线上的所有内容（快捷键：Command+A）。
（2）复制到剪贴板（快捷键：Command+C）。
（3）在时间线上单击任何地方以取消选择所有内容。黄色警告应该会消失。

116 Zapping PRAM 是否仍然有效？

嗯，没有。

"Zapping PRAM"（清空 PRAM）这个操作只适用于旧的基于 Intel 处理器的 Mac 电脑。

在旧的计算机和操作系统中，有一种故障排除技术被称为"Zapping the PRAM"（清空 PRAM）。在旧的系统上，这种方法有时是有帮助的。但在较新的系统上，效果就没那么明显了。实际上，对于搭载苹果自研芯片的 Mac 来说，这种方法完全无效。

苹果官方支持文档中写道："NVRAM（非易失性随机存取存储器）是 Mac 用来存储某些设置并快速访问它们的一小部分内存。PRAM（参数随机存取存储器）存储类似的信息，重置 NVRAM 和 PRAM 的步骤是相同的。"

"NVRAM 可以存储的设置包括音量、显示分辨率、启动磁盘选择、时区和最近的内核崩溃信息。存储在 NVRAM 中的设置取决于你使用的 Mac 以及与之配合使用的设备。"

注 重置 PRAM 不适用于 Apple 芯片 Mac。

要重置 NVRAM 和 PRAM，请按照以下步骤操作。

（1）关闭 Mac。
（2）重新启动，并立即按住 Option+Command+P+R 键。
（3）持续按住这些键大约 20s，或者直到你听到第二次启动声音（不是所有系统都会播放声音），这将重置那些存储的设置。完成此操作后，你可能需要重新选择默认打印机。

深度思考
这里提供了一个链接到苹果的官方网站，该网站详细描述了 PRAM 的功能：support.apple.com/HT204063。

117 保存是自动的，备份也是

Final Cut 会立即存储并自动创建备份。

我曾在更改了时间线上的某些内容后，Final Cut 就崩溃了。

每次发生这种情况时，我所做的一切都已安全地保存到磁盘中。

所以，没错，Final Cut 会在你做出最新改动的瞬间将其保存下来。

为此，我非常感激。

它还会每隔 15 min 自动备份数据库，除非在此期间未做任何更改。默认情况下，这些备份存储在"主目录"> 电影 > Final Cut 备份中，重要的是要注意，数据库不包含任何媒体文件。媒体应该在 Final Cut Pro 之外单独备份。数据库确实包括所有事件的名称和内容、所有片段的名称和位置以及相关的元数据，以及每个项目的内容。

换句话说，它包括了返回到早期版本并开始编辑所需的一切——除了媒体文件本身。

> Final Cut 可保存并备份资源库文件。

118 从备份中恢复

恢复并不难，但你应该知道自己的选择。

你最糟糕的噩梦刚刚发生——你正在编辑的项目被删除了。

现在怎么办？从备份中恢复。

备份的始终是资源库，而不是项目。因此，当你还原时，你将切换到当前库的早期版本。这个旧版本的资源库包括当前正在编辑的项目的早期版本。

你可以通过两种方式还原资源库：

- 如果已删除的项目仍然可以打开，请选择"文件">"打开资源库">"从备份"。这会显示当前库的所有备份列表。选择一个自己认为良好的库版本。
- 如果被删除的项目无法打开，备份文件存储在"主目录 > 电影 >Final Cut 备份"中。里面有每个有备份的库的文件夹。这些只是带有时间戳并存储在特定位置的正常库的副本。它们没有什么不寻常的。

无论哪种情况，双击想要打开的备份库并开始编辑。

> 备份仅仅是有时间标记的普通资源库的副本，它们被存储在特定的地方。

> **深度思考**
> 只有在你对资源库进行更改时才会创建备份。如果没有更改，则不会创建备份。更改备份位置不会移动现有的备份。

119 如何更改 Final Cut 存储备份的位置

Final Cut 将资源库备份存储在"电影"文件夹中。

默认情况下，Final Cut 始终会制作库文件的备份，并将它们存储在"主目录 > 电影 >FCP 备份"中。当然也可以更改此设置，将其存储到不同的位置，或者完全关闭该库的备份功能。

操作步骤如下。

（1）在浏览器左侧的资源库侧边栏中选择你想要调整的库。

（2）资源库检查器会显示有关库的信息，如图 2.68 所示。

- 选择"存储位置">"修改设置"打开对话框，如图 2.69 所示。

图 2.68 "检查器">"资源库属性"窗口
（The Inspector > Library Properties window）

> **注** 虽然关闭备份可以节省存储空间，但丢失所有工作的风险使得这个选项并不吸引人。

- 选择"备份"（Backups）菜单中的"选择"（Choose），然后选择一个不同的存储位置，或者选择"不保存"，以完全关闭该库的备份功能。

> **深度思考**
>
> 我的建议是将Final Cut备份存储在单独的硬盘上从存放库的那台计算机上移除。这样，如果原始库发生了意外或存放备份的硬盘损坏，但存储在另一个硬盘上的备份应该是安全的。

图 2.69 "库存储位置"窗口。使用"备份"（Backups）菜单更改备份位置

120 使用"活动监视器"监控 Mac

通过这个基本工具，可以了解底层发生的情况。

毫无疑问，"活动监视器"是我最喜欢的 Mac 实用程序，请参见图 2.70。

你可以在"应用程序">"实用工具"中找到它。这个重要工具显示了 CPU 活动、能量（电池）、内存、本地存储和网络活动的统计信息。

打开后，选择"窗口">"活动监视器"（Activity Monitor）以显示主窗口。窗口的顶部显示当前在系统上运行的进程（可以理解为"软件"）。请勿更改此顶部部分！（滚动浏览顶部的列表以查看正在运行的内容，没有问题，但不要单击顶部的任何按钮或尝试停止任何这些进程，除非你真的喜欢看事情崩溃！）

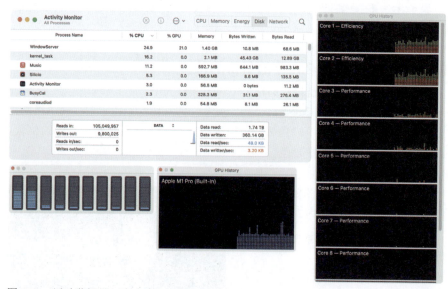

图 2.70 活动监视器（左上角）、CPU 历史记录（右上角）、CPU 活动（左下）和 GPU 活动（中间偏低）

- 单击顶部的 CPU 以监控不同应用程序之间的 CPU 活动（最大 CPU 百分比＝核心数 ×100%）。
- 单击"内存"以监控 RAM 在应用程序之间的分配情况。
- 单击"能量"以监控电池使用、充电情况和应用程序能量使用（仅适用于笔记本电脑）。
- 单击"磁盘"以监视本地连接存储上的文件传输速度。
- 单击"网络"以监视网络流量带宽以及当前正在访问网络的应用程序。

监控磁盘或网络活动时，请查看右下角。接收数据表示数据进入计算机的速度（读取），发送数据表示数据离开计算机的速度（写入）。

在顶部的"窗口"菜单中，显示实时图表。

- CPU 活动；
- CPU 历史记录；
- GPU 历史记录。

我每天都使用这个实用程序——我对计算机在后台的操作无比着迷。

> 注 最近，我们发现活动监视器无法准确报告 CPU 内核之间如何分配工作，尤其是在苹果芯片的系统上。它也不能报告使用硬件加速进行媒体处理的工作。我相信这将被更新，但苹果并不急于这样做。

121 存档 Final Cut 的活动版本

这有可能为今后访问旧程序提供便利。

在分享这些步骤之前，提请注意的是，存档是一个充满麻烦的问题。没有可靠的方式保证你辛苦完成的项目在两年后还能打开。可能可以，但并非总是如此（参见技巧 493，导出 XML 文件）。FCP、macOS 和插件都会发生变化。科技行业从不回头看。

对于预期将来还会再次工作的项目，可能想要存档创建它的 Final Cut 版本。根据苹果知识库文章，要备份当前安装的 Final Cut Pro 应用程序，步骤如下。

（1）在"应用程序"文件夹中创建一个新文件夹，并以应用程序的名称命名（例如，"Final Cut Pro 10.6.3"）。要检查 Final Cut Pro 版本，请打开应用程序并从 Final Cut Pro 菜单中选择"关于 Final Cut Pro"。

（2）在"应用程序"文件夹中选择 Final Cut Pro 应用程序。选择"文件"＞"压缩'Final Cut Pro'"。压缩需要几分钟时间。

（3）将生成的 Final Cut Pro.zip 文件移动到第（1）步中创建的文件夹中。

（4）将包含 ZIP 文件的文件夹移至备份驱动器。

这些 ZIP 文件可以存储在任何地方。

> 注 在你恢复到早期版本之前，请在"应用程序"文件夹中存档或删除当前存储的 Final Cut Pro 版本。此外，如果你恢复到较早版本的 Final Cut Pro，可能还需要较早版本的 macOS，因此记下哪个版本的 Final Cut Pro 使用哪个版本的 macOS。你一次只能在计算机上安装一个版本的 Final Cut Pro。

122 程序坞的秘密

从程序坞更快地打开库。

程序坞看起来很简单，只是静静地待在屏幕上。但如果右击它，会出现选项，见图 2.71。

使用程序坞打开特定资源库、在登录时启动 Final Cut 或其他选项。程序坞使你更快地开始工作。

> **深度思考**
> 最好的存档选项是保留一台运行旧版 macOS 的旧计算机，以及你用于编辑项目的 Final Cut Pro 版本。这样，硬件、操作系统和软件都能协同工作，可以用来恢复旧的库。哦！记得还要创建一个 XML 备份（见技巧 493，导出 XML 文件）。

图 2.71　任何最近的资源库都可以从程序坞启动

123 但等等，还有更多！

以下是为 Final Cut Pro 获取免费音效的方法！

在 Final Cut 中明显隐藏着一个特别的下载，其中包含免版税的音效、音乐和其他东西。

要访问它，请转至 Final Cut Pro，下载附加内容。

这将打开"系统偏好设置">"软件更新"（Software Vpdate），见图 2.72。如果有新的内容可用，则会显示一个链接。否则，该面板将是空的。

下载的内容位于音效浏览器中。

图 2.72　"软件更新"面板为空

Final Cut Pro 界面的快捷键

类别	快捷键	它的作用
界面	Command+Tab	快速切换应用程序
	Command+H	隐藏 Final Cut Pro
	Control+Command+F	全屏显示界面
	Shift+Command+F	全屏显示查看器
	Shift+Z	适应图像到检视器或适应项目到时间线
	Command+[+] / [-]	放大或缩小查看器或时间线
	Command+ [-] 或 Command+[+]	时间线历史回溯或前进
	S	启用 / 禁用滑块
	Command+1	激活浏览器
	Command+2	激活时间线
	Command+3	激活查看器
	Command+4	切换检查器的打开 / 关闭
	Command+5	切换效果浏览器的打开 / 关闭
	Command+6	转到色彩检查器
	Command+7	显示 / 隐藏视频示波器
	Command+9	打开后台任务窗口
	Control+P	跳转播放头到特定时间码位置
	Control+Command+1	切换显示库列表和浏览器的开启 / 关闭
	Shift+Command+2	切换时间线索引的打开 / 关闭

章节概况

我们常常在不了解原因的情况下单击按钮或从菜单中选择选项。如果把编辑软件当成魔法盒子,糟糕的事情就会发生。更糟的是,当出现问题时,不知道如何解决。

教过成千上万的学生的经验使我确信,当你花时间理解一个应用程序为何以及以某种方式工作时,你在创建有效项目方面会变得更加成功。

第 3 章

资源库和媒体

引言

Final Cut Pro 的核心是位于资源库中的一个数据库。因此，我们需要从资源库开始。在本章中，我们将创建资源库、导入媒体，并为编辑做好组织准备。

你可能认为编辑是将片段组合起来创造一个故事。尽管讲故事是我们编辑的原因，但我认为编辑的更大部分是决定要省略什么。无论如何，第一步是创建一个容器，用媒体填充它，并组织它。项目在编辑过程中会发展变化。及早组织有助于你克服每个制作周围的混乱。

- 资源库、事件和项目
- 导入媒体
- 组织媒体
- 自定义时间线
- 快捷键

124 资源库策略

让我们花一分钟时间思考一下媒体和资源库的问题。

当我将 Final Cut 与 Avid Media Composer、Adobe Premiere Pro 甚至 DaVinci Resolve 进行比较时，给我印象最深的是 Final Cut 在导入和组织媒体方面的灵活性。为新项目进行组织有多种不同的方法。以下是一些思考。

- 将资源库存储在最快的驱动器上。
- 你可以随时在驱动器之间移动资源库，只要驱动器足够快以支持播放并且容量足够大以容纳它。
- 你不能将 Final Cut 资源库存储在服务器上，但有一些例外情况，比如 Jellyfish。不过，你可以将媒体存储在服务器上。
- 在可能的情况下，在导入媒体之前进行整理，并将其存储在一个具有大容量的快速驱动器上。
- 当在资源库外部存储媒体和相关文件时，创建一个主要项目媒体文件夹，并根据需要在其中创建尽可能多的文件夹。将项目媒体按子文件夹组织在一个主文件夹中，简化了备份、传输和归档。macOS 可以轻松支持单个文件夹中的数千个文件夹。
- 在 Finder 中的主要媒体文件夹中，我为音乐、图形、素材、Photoshop 项目和相机媒体创建了单独的文件夹。换句话说，我根据项目需要创建了尽可能多的子文件夹。
- 将媒体复制到资源库中是可以的，前提是你是唯一使用该媒体的人，不需要与其他资源库共享，并且你有足够的存储容量来容纳原始媒体和副本。
- 如果你计划在多个资源库之间共享媒体，将其存储在资源库外部效率更高。
- 如果你在不同软件之间共享媒体，例如 Final Cut 和 Resolve，则必须将媒体存储在资源库外部。
- 如果你在编辑器之间共享媒体，将媒体存储在资源库外部更灵活，但将其存储在资源库内部可能会使传输资源库和媒体更容易。

就我个人而言，会将媒体存储在资源库外。虽然没有完美的项目组织结构，但关键是在开始编辑之前要有条理。编辑已经很困难了，如果在需要的时候找不到所需的素材，那就变得不可能了。

> 每个项目都是不同的。关键是在开始之前先组织好。

资源库、事件和项目

你在 Final Cut 中创建的所有内容，讲述的每一个故事，都是使用资源库、事件和项目的组合构建的。

125 创建、重命名和关闭资源库

资源库是 Final Cut Pro 的基础。

Final Cut Pro 的核心是一个专为编辑媒体资源而设计的数据库，该数据库存储在库中。因此，在开始任何编辑项目之前你首先必须创建一个库。好消息是，第一次打开 Final Cut 时，它会自动为你创建一个新的未命名库。

这是启动任何项目的绝佳起点，只要是重新命名即可。

重新命名资源库的步骤如下。

（1）在资源库列表中选择其名称。

（2）按 Enter 键，见图 3.1（你也可以点击名称，但 Enter 键更快）。

（3）输入新名称。

在 Final Cut 中重命名资源库也会在 Finder 中重命名它。因此，除括号、逗号、连字符和下画线外，不要在资源库名称中使用标点符号。

图 3.1　在资源库列表中选择库的名称，然后按回车键来重命名它

创建新资源库时，Final Cut 默认为 SDR 媒体设置。

创建新资源库的步骤如下。

（1）选择"文件">"新建">"资源库"。

（2）在出现的"保存"（Save）对话框中（见图 3.2），为资源库指定名称和存储位置。

默认情况下，资源库存储在"文档"文件夹中。我选择将其保存在"电影"（Movies）文件夹中。只要存储速度足够快，你可以将资源库存储在任何位置。

图 3.2　此对话框命名和保存一个新资源库

要关闭资源库而不删除它。

（1）在"资源库列表"中选择库名称。

（2）选择"文件">"关闭资源库"。

或者右击资源库名称并选择关闭库，见图 3.3。

图 3.3　通过右击资源库列表中的资源库名称打开此上下文菜单

你不能在 Final Cut 中删除资源库。相反，退出 Final Cut，然后在 Finder 中删除资源库。

注　资源库列表包含在这个左侧边栏中。你还会看到其他几个浏览器也使用这个。

注　如果资源库在 Final Cut Pro 中打开，请勿在 Finder 中删除资源库。

深度思考

资源库不是文件，即使它看起来像文件。相反，它是一个称为包的特殊文件容器。

隐藏在包里的是数据库以及包含该库的不同媒体元素的文件夹。右击 Finder 中的库图标，然后选择"显示包内容"，查看库内部。但是，请勿移动或重命名此包中存储的任何内容。在 Finder 中移动或重命名库元素可能会破坏库。那会很糟糕。

第 3 章　资源库和媒体

126 资源库列表菜单

使用此菜单可更好地管理你的资源库。

右击资源库列表（最左侧边栏）中的任何项目以显示如图 3.4 所示的菜单。

作为一个键盘快捷键热衷者，我倾向于使用键盘快捷键来完成这些选项的大部分操作，但如果不知道它们，这个菜单很有帮助。我最常用的功能是关闭资源库，它没有分配键盘快捷键 [尽管你可以创建一个（见技巧 51，创建自定义键盘快捷键）]。

图 3.4　鼠标右击资源库列表中的资源库名称以显示此菜单

127 从事件创建新资源库

传输文件不会影响当前项目。

此功能从现有事件创建一个新资源库，将现有媒体的副本传输到新资源库。也许你想创建一个包含所有无人机片段或 3 月份采访的资源库。不管是什么，你都可以做到。

（1）在资源库列表中鼠标右击事件的名称。

（2）选择"将事件复制到资源库"（Copy Event to Library）>"新建资源库"（New Library），见图 3.5。

完成之后，所有内容都会被复制，而资源库不会被移动。

> **深度思考**
> 此技术还适用于将媒体或项目移动到新资源库。

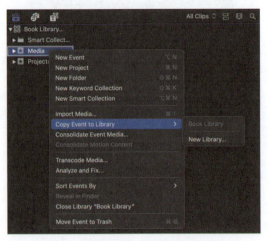

图 3.5　将事件媒体复制到新资源库中

128 更改资源库存储位置

默认情况下，大多数元素都存储在资源库中。

当 Final Cut 创建一个新资源库时，它也会创建默认位置来存储资源库元素。尽管你不能更改默认设置，但在资源库创建后，你可以更改这些位置。同样，默认情况下，与资源库相关的几乎所有内容都存储在资源库中。这可以防止视频编辑中的一大问题——断开的链接，但这也意味着资源库本身可能会变得非常大，非常大。

帮助管理存储在资源库中的内容。

（1）在资源库列表中选择资源库名称。资源库检查器打开，显示资源库属性，见图 3.6。

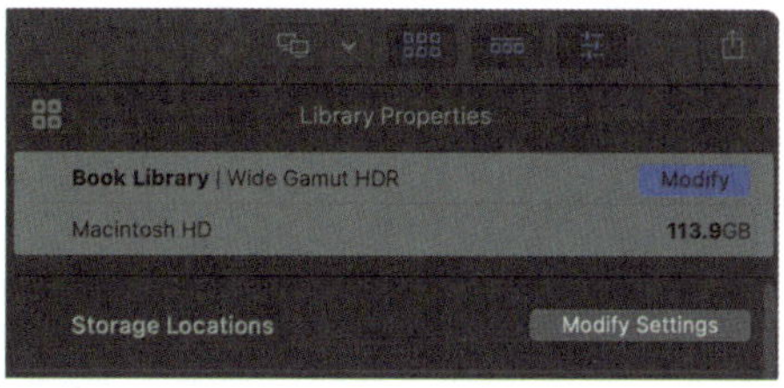

（2）单击修改设置。出现如图 3.7 中的对话框。每个资源库的设置可能会有所不同。

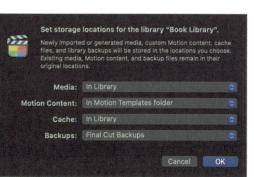

图 3.6 资源库设置显示在资源库检查器中

- 媒体。使用"媒体导入"窗口导入媒体时，可以覆盖此设置。拖动到资源库中的媒体将存储在资源库中，除非你更改此设置。
- Motion 内容。这仅适用于你自己创建的自定义 Motion 模板。而苹果公司或第三方开发者提供的模板，则存储在电脑系统的其他位置。
- 缓存。这些工作文件包括渲染和分析文件。虽然你可以将它们存储在外部，但我建议将它们留在资源库中。这就是为什么资源库需要存储在快速存储上的原因。
- 备份。默认情况下，这些存储在以资源库命名的文件夹中，路径为"主目录 > 电影 > Final Cut 备份"中。你应该将这些存储在与资源库文件不同的驱动器上。

> **深度思考**
> 你在资源库之间复制媒体时也会看到这个"修改设置"对话框。它在那里有相同的目的。

图 3.7 "资源库存储位置"对话框确定每个资源库中存储的位置

129 Final Cut Pro 统计数据

事实就是如此。

当你开始创建资源库和项目时，请记住以下一些统计数据。

- Final Cut 资源库支持无限数量的片段，受可用 RAM 限制。
- Final Cut 项目支持无限数量的片段，受可用 RAM 限制。

- Final Cut 项目可长达 24 小时。
- Final Cut 项目支持无限数量的图层。
- Final Cut 的多摄像机片段支持最多 64 个视角，尽管编解码器、帧大小、帧率、存储速度和容量以及 CPU 速度可能会限制活动的视角数量。

"受可用 RAM 限制"这个表述有点模糊，因为它受到 RAM、编解码器、帧率和帧大小的影响。通常来说，拥有 32 GB RAM 的情况下，资源库和项目应该可以轻松支持数千个片段。

130 你的资源库有多大？
快速查找的方法。

在资源库列表中选择一个资源库，然后查看资源库检查器。在顶部，它会显示你的资源库存储在哪里以及它有多大，见图 3.8。

图 3.8 资源库属性，在资源库检查器中显示了存储位置和资源库文件大小（红箭头指示的位置）

在这种情况下，我将该资源库存储在内置硬盘上，因为我只使用它为本书创建示例。注意它占用了 122.7 GB 的存储空间。

> **深度思考**
> 如果你删除生成的媒体以回收存储空间，Final Cut 在你退出应用程序并重新启动之前，不会更新这个文件大小的估计值。

131 合并资源库媒体
将所有资源库媒体集中到一个地方。

鼠标右键单击资源库列表中的资源库名称并选择"合并资源库媒体"（Consolidate Library Media）。图 3.9 所示的窗口将出现（或者在资源库列表中选择资源库名称，然后从信息检查器中选择"合并媒体"）。

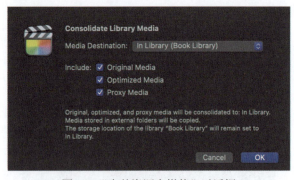

图 3.9 "合并资源库媒体"对话框

假设你有媒体存储在一个驱动器的多个文件夹或连接到系统的多个驱动器上。现在，你想收集这些文件并将它们转移到新的存储位置，将它们汇集到一个单一的资料库中，或将它们归档。这个菜单选项将你的媒体收集到指定的位置，因此你不必担心手动查找每一个丢失的文件。

更改"媒体目标"设置以反映要存储收集的媒体的位置。这可以是资源库中的位置或外部存储中的文件夹。然后，使用复选框来告诉 Final Cut 你具体希望合并哪些媒体。

> **深度思考**
> 这不会修剪媒体，也就是说，它不会删除你在项目中未使用的任何媒体。它只是简单地将现有媒体从多个位置收集并存储在一个地方。

为了防止其他资源库中的链接断开，Final Cut Pro 遵循以下规则。
- 当你将存储在资源库外部的文件合并到一个也存储在资源库外部的文件夹中时，它们会被移动。
- 当你将文件从外部文件夹合并到资源库中时，它们会被复制。

132 Final Cut 资源库管理器

来自 Arctic Whiteness 的一款优秀的 Final Cut Pro 工具。

"Final Cut 资源库管理器"是维护资源库的必备工具。它可以：
- 在一个窗口中显示所有磁盘上的所有资源库。
- 简化并自动化删除生成的媒体。
- 搜索资源库、事件、项目和片段名称，以及笔记、评论和关键词。
- 指示文件是否断开连接。
- 从模板构建 Final Cut 资源库。
- 复制、移动和删除资源库。

我是它的超级粉丝。我使用"Final Cut 资源库管理器"已有多年。

> Final Cut 资源库"管理器"是 Final Cut 编辑师必不可少的实用程序。

> **深度思考**
> "Final Cut 资源库管理器"可从 finalcutlibrarymanager/arcticwhiteness.com/ 获得。

133 创建、重命名和修改事件

请记住，事件只是一个带有花哨名称的文件夹。

当你创建新资源库时，Final Cut 还会创建一个新事件。为什么？因为每个库必须至少包含一个事件，这是规则。之后，可以创建任意数量的事件。

要创建新事件，请执行以下操作之一。
- 选择"文件">"新建">"事件"。
- 按 Option+N 快捷键。
- 鼠标右键单击库列表中的任意位置，然后选择新事件（New Event），见图 3.10。

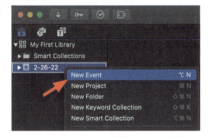

图 3.10　在资源库列表中的任意位置右击以显示此菜单

创建新事件后，图 3.11 中的对话框会出现。给事件命名后，关键的决定为是否要同时为其创建一个项目。尽管这是一个省时的步骤，我在技巧 141 中论述了这一点，创建一个新的 SDR 媒体项目，但大多数时候我会单独创建项目，因为我希望控制它们的存储位置。

图 3.11　还可以使用"新建事件"对话框创建将存储在该事件中的新项目

重命名事件步骤如下。
（1）在"资源库列表"中选择事件名称。

第 3 章　资源库和媒体　　85

（2）按返回键重新命名。

删除事件步骤如下。

（1）选择它并按 Command+Delete 快捷键。或鼠标右键单击事件名称，选择将事件移至废纸篓（Move Event to Trash），见图 3.12。

（2）确认要删除事件，见图 3.13。

删除事件也会删除存储在 Final Cut 资源库内的任何媒体，但是，它不会删除存储在资源库外部的任何媒体。

> 事件只是一个带有花哨名称的文件夹。

图 3.12　这是上下文资源库列表的底部部分

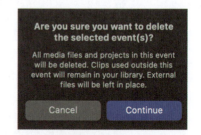

图 3.13　Final Cut 希望确保你不会意外删除事件或媒体

> **深度思考**
> - 默认情况下，新事件的名称为今天的日期。
> - 虽然对创建事件的数量没有限制，但应保持合理的数量。
> - 不能创建两个同名事件。
> - 你不能在不同事件中存储或引用同一个片段。不过，技巧 137 中提到的"在多个事件中存储相同的媒体"提供了一种解决方。
> - 不能将一个事件存储在另一个事件中。

134 根据需要创建任意数量的事件

事件在 FCP 中组织资源库，就像文件夹在 Finder 中组织文件一样。

每个资源库和项目都不同，但图 3.14 显示了我经常使用的两种典型布局。

- 对于简单的项目，比如"我的教程演示"，我会创建一个包含两个事件的资料库：媒体和项目。（出于某种原因，有一个包含今天日期的事件会让我抓狂）

- 使用"Final Cut 资源库管理器"的好处之一是可以创建资源库模板，用于你经常使用的资源库格式。

> **深度思考**
> 对于更复杂的项目，比如编辑我的每周网络研讨会，我会使用更多的事件。你可以使用任何想要的事件组合。

图 3.14　一个简单项目的事件列表（左）和一个更复杂项目的事件列表（右）

135 在资源库之间复制事件

轻松复制事件及其内容。

复制事件是整合常用元素（如公司标志、主题音乐和来自多个项目的图形）到一个资源库中的好方法。当你想在资源库之间复制一个事件或项目时，这很有帮助，这样第二个编辑器就可以在一个衍生项目上工作，比如一个节目的预告片。

要复制一个事件，请确保新资源库和现有资源库都在 Final Cut 中打开。

（1）选择事件名称。

（2）将事件名称从当前位置拖到你要复制到的资源库的名称上。或选择"文件">"将事件复制到资源库">"资源库名称"。

（3）在出现的对话框中（见图 3.15），指示除了源媒体文件之外还要复制哪些生成的媒体。

图 3.15　此对话框确定从一个资源库到下一个资源库要复制哪些媒体

如果将媒体复制并发送给第二个编辑，请参阅技巧 138，"一个空的资源库简化了协作"。一般来说，如果计划编辑你正在复制的媒体，请移动媒体和所有生成的媒体。如果为了归档而复制资产，请节省存储空间，只移动原始媒体。

136 在资源库之间移动事件

轻松移动事件及其内容

当想拆分一个资源库或总体上减少资源库大小时，移动事件是有意义的。从一个资源库移动事件及其内容到另一个资源库，无论媒体存储在哪里，都是很容易的。

若要移动事件，请确保新资源库和现有资源库在 Final Cut 中都处于打开状态。

（1）选择事件名称。

（2）按住 Command 键并将事件名称从当前资源库拖到资源库列表中新资源库的名称上。或选择"文件">"将事件移动到资源库">"资源库名称"。

深度思考

如果你将媒体存储在源资源库外部，只有资源媒体的链接会被复制。这不会增加文件存储量。

如果你将媒体存储在源资源库内部，媒体文件将从一个资源库复制到下一个。尽管复制可以确保链接不会断开，但它也会使这些媒体的存储量翻倍，因为资源片段现在存储在两个不同的资源库中。与资源媒体相关的任何生成媒体（优化的或代理的）也会从旧位置复制到新位置。

第 3 章　资源库和媒体

（3）在出现的对话框中（见图 3.16），除了源媒体文件外，还要指明要移动哪些生成的媒体文件。

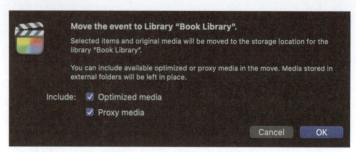

图 3.16 "移动事件"对话框。源文件总是被移动，移动生成的文件是可选的

事件及其文件从一个资源库移动到另一个资源库。移动文件不会增加存储空间。

137 在多个事件中存储相同的媒体

要做到这一点，请创建独立的媒体片段。

通常，一个片段只能存储在一个事件中。这种技术创建独立的相同媒体副本，而不需要更多的存储空间。这需要导入媒体时使用"保留文件在原地"（参见技巧 156，选择正确的媒体导入设置——第 1 部分）。

通常情况下，将片段从一个事件拖动到另一个事件会移动媒体文件。

但是，要创建独立的剪辑，请选择一个剪辑（或一组剪辑）并开始将其拖动到另一个事件中。然后，在拖动过程中，按住 Option 键直到将其放入新事件中。这会将片段复制到新事件中，作为独立的片段。

以这种方式复制的每个片段都可以独立重命名、编辑到时间线中的不同入点 / 出点，或应用不同的效果，而不会更改任何其他副本。此过程不会复制媒体，它仅复制到媒体的链接，这意味着你不需要使用额外的存储空间来制作副本。此外，这些副本不是克隆，对一个片段所做的任何操作都不会影响另一个。你可以根据需要创建任意数量的副本。

138 "空"资源库简化协作

空的资源库和空的事件是为协作设计的。

协作的最大问题是媒体文件的巨大体积。代理文件可以帮助，但分辨率较低。代理文件适合粗剪，但不适合最终效果、颜色分级或输出。可以将文件传输到云端，但根据你的互联网连接速度，传输几太字节的媒体可能需要一两天，并且需连接不会中断并迫使你重新开始。

Final Cut 有一个更好的解决方案：创建一个空的资源库或事件。嗯，不是真的"空"，但接近。一个"空"的资源库（见图 3.17）包含指向所有事件、媒体、编辑项目、关键词、元数据等的链接——除了媒体本身之外。这些"空"的资源库非常小，易于通过电子邮件或共享 via iCloud 或 Dropbox 发送。

深度思考

如果你将媒体存储在资源库外部，只有到源媒体的链接会被移动。

如果你将媒体存储在资源库内部，媒体文件将从一个资源库移动到下一个。

你可以选择是否移动与事件中的源媒体相关的生成媒体（优化的或代理的）从旧位置到新位置。

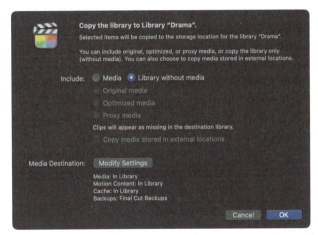

图 3.17 创建用于协作的资源库时，选择不包含媒体的资源库

为了使此方法有效，你需要克隆现有的媒体驱动器并将其发送给第二个编辑，或将媒体存储在服务器上（确保都在同一个网络中）。确保克隆驱动器的名称和结构与你的一样。

当新的剪辑师拿到资源库时，他们只需重新链接到第一个丢失的片段。因为两个驱动器的卷、文件夹和媒体是相同的，一旦第一个文件链接，Final Cut 会自动找到其余的。

创建一个空资源库步骤如下。

（1）开始克隆，即"完全复制"源文件到第二个驱动器，并将该驱动器物理发送给另一个剪辑师。这避免了上传文件到云端的延迟。

（2）创建一个现有资源库的新的"空"资源库或一个现有资源库中包含当前项目的事件的"空"事件。

"空"事件是包含你当前正在编辑的项目的普通事件，但不包含媒体。如果你将媒体添加到现有资源库中，请将该媒体复制到一个单独的事件中，然后将该事件复制到一个不包含媒体的新资源库中。将该资源库发送给第二个剪辑师，见图 3.18。

图 3.18 复制一个"空"事件以便与另一个剪辑师协作

当第二个剪辑师收到后，他们只需打开并继续编辑，如果两个剪辑师在同一个网络中。重要的是要注意，尽管使用此系统时两个剪辑师可以同时在同一个资源库中工作，但不能在同一个项目中同时工作。Final Cut 没有能力调和同一项目中两个不同版本之间的更改。最佳做法是每个剪辑师在共享资源库中拥有自己的项目文件。

深度思考
　Carbon Copy Cloner 是 Bombich Software 提供的一个出色的克隆驱动器工具。可在 bombich.com 获取。

注　当你选择复制代理文件，而部分或全部代理文件不存在时，Final Cut Pro 会弹出一个对话框，提供生成代理文件的选项。如果你选择"转码"，则会生成代理文件，如果你单击"取消"，则资源库的复制操作将被终止。

深度思考
　选择"复制存储在外部位置的媒体"复选框时，会复制音频、Alpha 通道视频和静态图像以及媒体代理文件。

要完成协作过程，第二个剪辑师将一个新的空资源库发送回第一个剪辑师，后者只复制项目文件回他们的系统以整合最新的更改。

139 另一种协作选项：代理资源库

当额外的编辑人员没有媒体文件时，这是最佳选项。

创建一个代理资源库是在发送你的资源库副本给第二位编辑人员工作，但他们没有媒体文件时的一个好选择。以下是操作步骤。

（1）在浏览器左侧的资源库列表中，鼠标右击你想要共享的现有资源库。

（2）选择"复制到资源库">"新资源库"。

（3）为新库命名，然后单击"保存"按钮。

（4）在下一个窗口中，勾选"代理媒体"（Proxy media）复选框，见图 3.19。

这会将所有资源数据库、事件和项目复制到一个新的资源库中。它复制任何现有的代理文件并大大减少新资源库的大小，使其更容易通过网络发送给另一个剪辑师。

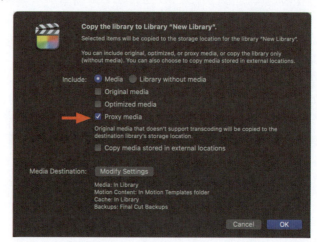

图 3.19　使用此选项创建一个较小的资源库发送给第二个剪辑师

140 合并 Motion 模板

在转移库之前，将 Motion 模板移入库中。

大多数情况下，将 Motion 模板存储在资源库外部是有意义的，因为它简化了组织和重用。然而，如果你计划与另一个剪辑师共享你的资源库，他们将无法访问你创建的任何自定义模板，除非你将它们存储在资源库中，操作步骤如下。

深度思考
　由 Apple 或第三方开发者创建的 Motion 模板单独存储，不受此合并的影响。

（1）在资源库列表中选择资源库。

（2）在资源库检查器中，选择"存储位置">"修改设置"。

（3）将 Motion 内容更改为"在资源库中"，见图 3.20。

（4）单击"确定"。

（5）选择"Motion 内容"（Motian Content）>"合并"（Consolidate）。这会将（而不是移动）该资源库使用的自定义 Motion 模板复制到资源库中。

图 3.20 "资源库存储位置"对话框

141 创建一个新的 SDR 媒体项目

Final Cut Pro 默认编辑标准动态范围（SDR）媒体。

当你创建一个新项目时，Final Cut Pro 默认使用标准动态范围（SDR）媒体进行编辑。（有关替代方法，请参见技巧 145，创建 HDR 项目）

要创建新项目，请执行以下操作之一。

- 选择"文件">"新建">"项目"。
- 按 Command+N 快捷键。
- 鼠标右键单击资源库列表，从上下文菜单中选择新建项目。

这将显示"自动项目"对话框，见图 3.21。使用"自动"的好处是项目的技术设置参数基于编辑到其中的第一个片段。只要你有一个符合需求的片段，"自动"就是快速且简单的。给项目命名，选择一个事件来存储它，单击"确定"，就完成了。

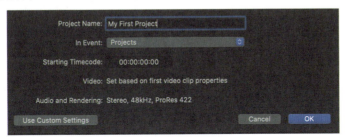

图 3.21 "自动项目"对话框

如果你的第一个片段没有所需的尺寸和格式，请拖动一个具有必要格式的片段来设置项目，然后编辑起始片段。一旦参数设置好并且至少有一个片段在时间线中，添加更多片段将不会改变设置。只要项目中至少有两个片段，就可以删除第一个占位片段。

但是，对于某些项目，片段与你需要的规格不匹配，或者你需要该项目的特定规格。在这种情况下，请单击"使用自定义设置"（Use Custom Settings）按钮。这将显示"自定义新建项目"对话框，见图 3.22。

> **深度思考**
> 我总是创建一个专门用于存储项目的事件。是的,有一个智能收藏功能可以做到这一点,但我在苹果发布智能收藏功能之前就养成了这个习惯。
> 一旦你将一个片段编辑到项目中,帧速率就不能再更改,其他设置可以随时更改。更改渲染文件格式会导致所有文件重新渲染。
> Final Cut 可以任何帧大小编辑视频。在"高级设置"对话框中,从"视频"菜单中选择"自定义",然后输入你想编辑的帧大小。

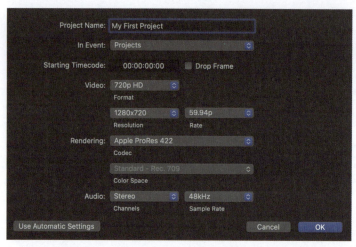

图 3.22 "自定义新建项目"对话框。项目的所有技术设置都可以在这里进行调整

一个 SDR 项目可以是任何帧大小。你可以使用这些默认设置或为特殊用途创建自定义大小。"视频"下拉菜单对于创建垂直和方形项目也非常有帮助。苹果的帮助文件提供了这些选项的进一步描述。要在自动和自定义之间切换,单击左下角的"使用……设置"按钮。

142 不要重复项目——创建快照(Snapshot)

快照(是独立文件,复制文件则不是)。

无论你是使用时间线菜单(参见技巧 94,使用隐藏菜单管理项目)还是浏览器中的上下文菜单(见图 3.23),你都有选项可以复制项目。虽然创建备份是个好主意——而且我强烈推荐——但复制项目不是正确的选择。相反,请使用"快照项目"(Snapshot Project)。

图 3.23 复制项目不会创建独立的项目,快照会。要访问此菜单,请鼠标右键单击浏览器中的项目图标

原因是,当你复制项目时,首个项目中的任何多机位或复合片段都是链接的,而不是复制到新项目中。这意味着如果你更改源项目或任何副本中的多机位或复合片段,它会在所有地方都更改!

这种默认的动态链接是不可原谅的。

取而代之的是制作项目快照(快捷键:Shift +Command+D)。在这里,每个元素是独立的。你对一个项目中的任何元素所做的任何更改将不会返回源项目。要在浏览器中访问此菜单,请鼠标右键单击要复制的项目图标。

> **深度思考**
> 多位剪辑师曾多次强调这个技巧的重要性。虽然复制项目在大多数时候可能有效,但快照在所有时间都有效。这很重要。请使用快照。

143 格式化新项目的最快方法

将你的片段拖放到时间线中。

设置一个新项目并正确设置是一个痛苦的过程。这里有一个更快的方法,见图3.24。步骤如下。

（1）选择"文件">"新建">"项目"（快捷键：Command+N）。

（2）为项目命名。

（3）选择储存位置。

（4）确保"使用自定义设置"（Use Custom Settings）这几个字可见；如果没有，请单击左下角的"使用自动设置"（见图3.24中的红色箭头）。

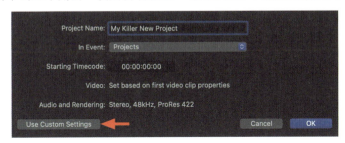

图3.24　此处显示的"自动设置"表示项目将与你在时间线中拖入的第一个片段的技术设置相匹配

> **深度思考**
> 如果你的第一个片段没有你所需的尺寸和格式，请拖动一个具有必要格式的片段来设置项目，然后编辑你的起始片段。一旦参数设置好并且至少有两个片段在时间线中，你就可以删除第一个片段。

（5）单击"确定"。

（6）在时间线中打开项目。

现在，当你将第一个片段拖入时间线时，它会自动设置项目以匹配该片段的技术设置。

嗒哒！完成了。

144 修改现有项目

编辑开始后，除了帧频，其他都可以更改。

要修改项目，请在浏览器中选择该项目，然后执行以下操作之一。

- 选择"文件">"项目属性"。
- 按Command+J快捷键。

"项目属性"面板将在检查器中打开，见图3.25。

图3.25　检查器中的"项目属性"面板

单击蓝色的"修改"按钮，弹出"自定义项目设置"对话框，如图3.25所示。

重新命名项目，步骤如下。

（1）在浏览器中选择它，然后按Enter键。

（2）输入新名称。

若要删除项目，请在"浏览器"中选择该项目，然后执行以下操作之一。

- 选择文件，移至废纸篓。
- 右击项目并选择"移至废纸篓"（Move to Trash），参见图3.26。
- 按Command+Delete快捷键。

图3.26　右击项目名称以显示项目上下文菜单

> Final Cut 不允许在将一个或多个片段编辑到时间线后更改项目帧速率。

备份项目，步骤如下。

（1）右击浏览器中的项目名称。

（2）选择快照（快捷键：Shift +Command+D）。

快照会以原项目的名称和时间戳命名。你可以创建的快照数量没有限制，但是，你不能对一个空的时间线创建快照，该菜单选项也如图 3.26 所示。

145 创建 HDR 项目

设置 HDR 项目与设置 SDR 几乎相同，但不完全一样。

默认情况下，Final Cut 会创建 SDR 库和项目。不过，切换到 HDR 也很容易。更棒的是，在 Final Cut 中编辑 HDR 媒体与编辑 SDR 完全一样，前提是在开始编辑前，必须更改库设置，并使用外置 HDR 视频监视器来显示媒体。

（1）在库列表中选择库。检查器会自动显示"资源库属性"对话框。

（2）单击蓝色的"修改"（Modify）按钮，见图 3.27。

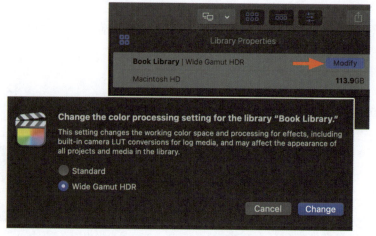

图 3.27　这是两个对话框的合成图像。标准应用于 SDR。使用"宽色域 HDR"用于 HDR

（3）在出现的对话框中，将设置更改为"宽色域 HDR"。

（4）创建新项目（快捷键：Command+N）。

（5）在"项目设置"中，单击"使用自定义项目"（见图 3.28），并选择适当的设置。

- **视频**。HDR 项目可以是任何帧大小，但是，大多数情况下，它将是 4K 或更大。图 3.28 说明了 Final Cut 中的各种帧大小预设。

图 3.28　显示了 HDR 项目的颜色空间选项和视频帧大小菜单的合成图像

- **渲染**。使用 ProRes 422 进行渲染速度更快，生成的渲染文件更小，而且看起来也不错，色彩更准确。我的建议是使用 ProRes 422 进行编辑，然后在最终调色和输出时切换到 ProRes 4444。
- **色彩空间**。HDR 需要某种版本的 Rec. 2020。但是，不要使用 Rec. 2020 本身，那是一个已经停用的选项。相反，使用两种当前的 HDR 格式之一：Rec. 2020 PQ 或 2020 HLG。你的发行商将告诉你它们需要的格式。

> **深度思考**
>
> 除了苹果的 Pro Display XDR，计算机显示器无法准确显示 HDR。尽管你可以在 SDR 时间线上查看和编辑 HDR 片段，但如果你想将 HDR 作为 HDR 来查看，需要 HDR 视频监视器。HDR 监视器不便宜，但它们正在变得更便宜。不要尝试在计算机监视器上将 HDR 作为 HDR 进行调色。

146 请注意更改文件

文件名是个棘手的问题。

遵循这些规则将最小化破坏 Final Cut 与资源库中的媒体之间链接的概率。

- 由于文件是通过路径名链接到 Final Cut 的，因此在 Finder 中更改任何文件或文件夹名时都要小心谨慎。
- 当将媒体存储在资源库中时，永远不要使用 Finder 更改存储在资源库包内的任何内容的名称。
- 当将媒体存储在资源库外部时，Final Cut 用于链接到文件的路径名包括存储卷的名称（你的硬盘）、从顶层（根目录）到包含媒体的文件夹的所有文件夹名称以及文件名本身。
- 切勿将媒体导入 Final Cut 之后更改任何包含媒体的卷、文件夹或文件的名称。
- 切勿更改从相机卡复制的文件名。
- 可以随时更改任何不包含导入 Final Cut 文件的文件夹的名称。
- 在将任何独立文件导入 Final Cut 之前，都可以更改其名称，前提是它不是作为文件的一部分首先存储在相机卡中。

> 不要在将媒体导入 Final Cut 之后更改任何包含这些媒体的存储卷、文件夹或文件的名称。

导入媒体

现在，编辑结构已经建立，有趣的部分开始了：导入和查看媒体。

147 导入媒体之前

这一点非常重要。

在导入媒体之前，一定要将其复制到永久存储中。为什么？因为这样可以

> 在导入之前，始终将存储卡的全部内容复制到你的存储设备上的专属文件夹中。

简化导入过程。因为许多压缩格式（如 AVCHD）会在相机卡的多个文件夹中存储媒体元素。如果只复制部分文件或部分文件夹，重要的元数据可能会丢失。

因此，如果你从相机卡复制媒体，请将卡的全部内容复制到存储上的一个单独文件夹中，每个卡一个文件夹。不要只复制卡中的某些文件，这样做会破坏文件之间的链接。然而，你可以（我经常这样做）将媒体卡文件夹存储在其他文件夹内，以便在硬盘上保持其组织有序。

另外，当你从相机卡复制媒体时，绝不要更改卡中包含的任何文件的名称。这可能会破坏连接不同媒体元素的链接。只重命名包含媒体卡内容的文件夹。虽然这是可能的，Final Cut 也支持它，但绝不要直接从相机卡导入文件。为什么？因为 Final Cut 会将卡片视为媒体的来源，而不是硬盘位置。如果 Final Cut 以后丢失了媒体，它会要求你重新插入卡片。由于卡片很久以前已被擦除，你会面临非常令人沮丧的体验。此外，将媒体复制到存储系统意味着它现在包含在你的标准备份例程中。（你有备份程序，对吧？）

> **注** 当直接从相机卡导入文件时，Final Cut 总是将它们存储在资源库中。

148 将片段拖入 Final Cut Pro

从 Finder 拖动 p 片段是快速、简单且有效的。

从 Finder 添加片段的一种简单方法，直接将片段拖到浏览器或时间线中。这样做时，当前的"偏好设置">"导入"设置自动应用。

- 如果你将片段从 Finder 拖入 Final Cut，它会存储在资源库中。
- 如果你将片段拖入浏览器，它会根据当前的浏览器排序设置进行排序。
- 如果你将片段拖入时间线，它会添加到播放头位置的最低可用层。它还会添加到包含项目的相同事件中。
- 如果你拖动多个片段，它们会按选择的顺序添加。

拖动的唯一缺点是缺乏对导入的控制。但总体来说，拖动是有效的。

> **深度思考**
> 你还可以使用复制/粘贴将文件从 Finder 移动到时间线，但不能复制/粘贴到浏览器。复制/粘贴很快，但使用"媒体导入"窗口提供了更多的控制。

149 使用"媒体导入"窗口导入媒体

拖动媒体的速度很快，但使用这种方法可以提供更多的控制选项。

大多数情况下，我会在创建新项目之前导入媒体。导入媒体是让 Final Cut 了解你想使用哪些素材的方法。将一个或多个片段拖入浏览器或时间线没有问题。这是快速而简单的（参见技巧 148，将片段拖入 Final Cut Pro）。

但是，使用"媒体导入"窗口时，你可以进行更多控制。

要打开它，请执行以下操作之一。

- 按 Command+I 快捷键。
- 选择"文件">"导入媒体"。
- 单击界面左上角的小箭头，这个箭头位于钥匙图标旁边。

媒体导入窗口（见图 3.29）有 4 个区域。

- 源列表，例如摄像机、磁带驱动器和数字存储设备。
- 查看器。
- 缩略图或文件列表。
- 导入选项（见技巧 74，优化导入偏好设置）。

图 3.29　媒体导入窗口。1. 源列表；2. 查看器；3. 缩略图或文件列表；4. 导入选项

就像在浏览器中一样，"媒体导入"窗口中的缩略图可以通过滑块、触控板、J-K-L 键或左右箭头进行播放、浏览或逐帧查看。

导入片段不会增加资源库的大小，只要你将媒体存储在资源库之外。在这种情况下，你导入的只是媒体的路径名。这是一个很小的文本字符串，而不是媒体本身。如果你正在将文件复制到资源库中，那么这将会复制那些片段，使被复制的片段所占用的存储空间翻倍。

> **深度思考**
> 大多数情况下，Final Cut 会导入整个片段。唯一可以导入部分片段的时候是当视频格式需要在导入前转码成优化媒体格式的。

150 播放片段的多种方式

你可以使用触控板、鼠标或键盘。

这些技巧适用于任何可以播放片段或缩略图的窗口。

- 要向前播放片段，请单击"查看器"下的向右箭头。
- 要向前播放片段，请按空格键。
- 要反向播放片段，请按 Shift + 空格键。
- 要浏览片段，请启用浏览条（按 S），然后拖动片段或缩略图。
- 要逐帧播放片段，请按左 / 右箭头键。
- 要使用键盘播放片段，请使用 J-K-L 键。
  - J 键向后播放。
  - K 键停止。
  - L 键向前播放。
  - 按 J 键两次，以双倍速度向后播放。
  - 多次按 J 键，速度会更快，最高可达 10 倍左右。

> 你可以使用触控板、鼠标或键盘播放片段。

第 3 章　资源库和媒体　　97

- 按 L 键两次，以双倍速度向前播放。
- 多次按 L 键，速度会更快，最高可达 10 倍左右。
- 按住 J 键和 K 键以慢动作反向播放。
- 按住 K 键和 L 键以慢动作向前播放。

151 导入带有图层的 Photoshop 文件

Final Cut 可分别导入每个图层。

当 Final Cut 导入 Photoshop 文件时，会将每个图层分别导入，但它们仍然是 Photoshop 片段的一部分。这意味着你可以单独调整每个图层，甚至禁用它，而不影响其他图层。

要查看不同的图层，请双击浏览器或时间线中的图像。这会在时间线上打开它，见图 3.30。顶部图像是在查看器中打开的多图层 Photoshop 文档，底部部分显示了图层。

你对在时间线上打开的 Photoshop 图像所做的任何更改都会与浏览器中的图像一起保存，并随编辑片段的时间线一起移动。要关闭在时间线上打开的 Photoshop 片段，请打开任何其他项目。

你可以对 Photoshop 文件执行以下操作。

- 在时间线中选择一个图层并按 V 键隐藏它。
- 为图层添加动画，例如使其滑入画面。
- 通过修剪边缘来更改图层出现的时间。
- 为图层添加转场，例如，使图层在特定时间淡入/淡出。
- 在时间线中选择一个图层并按 Delete 键删除它。
- 缩放图层。
- 重新定位图层

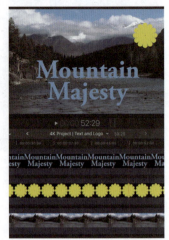

图 3.30　在查看器中显示的 Photoshop 文件及其在时间线上显示的图层

我经常创建未定位元素的分层 Photoshop 文件，如图 3.30 所示，这在 Final Cut 中为动画元素提供了更大的灵活性。你可以像处理任何其他片段一样，向 Photoshop 图层添加效果。

152 导入 PDF 文件

在将 PDF 图像导入 Final Cut Pro 之前先对其进行缩放。

当你将 PDF 文件导入 Final Cut 时，它会转换成 PNG 格式，这会在缩放图像时造成问题，因为 PDF 文件通常在缩放时能保持图像质量，PNG 格式则做不到这一点。

本质上，Final Cut 在将 PDF 页面缩放到适合项目帧大小后，会以 PDF 页面的 100% 大小创建 PNG 图像，而不是 PDF 本身的原始大小。这种转换意味着我们不能在不严重损失图像质量的情况下放大 PNG 图像的某个部。

要导入PDF并保持图像质量（见图3.31），请执行以下步骤。

（1）在预览中打开PDF。

（2）选择"文件">"导出"，将导出格式设置为PNG。

（3）将分辨率设置为400。

这样导出的PDF将以足够高的分辨率作为PNG图像，你可以根据需要进行裁剪（8.5×11英寸的PDF页面创建的图像是3400×4400像素）。你应该将PDF的每一页作为单独的文件导出。如果需要PDF中的更大图像，请提高分辨率。

图 3.31　将文件从预览导出为 PNG。请注意分辨率设置

> **深度思考**
> PDF 有两种类型：一种是位图，另一种是矢量图。照片、扫描件和 Photoshop 文档的缩放效果都不是很好。文本、Illustrator 文件或使用音乐符号软件创建的图像应能完美缩放。

153　导入媒体显示选项

这些图标可以启用几个有用的选项。

在"媒体导入"窗口的底部有两个图标，见图 3.32。左侧图标在"列表"和"缩略图"视图之间切换。但是，右侧的图标可以做更多的事情。

- 顶部滑块，类似于浏览器设置菜单，更改缩略图的高度。
- 底部滑块，类似于浏览器设置菜单，确定显示新海报帧的频率。

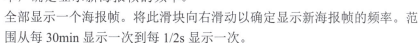

图 3.32　媒体导入窗口底部的编辑控制

全部显示一个海报帧。将此滑块向右滑动以确定显示新海报帧的频率。范围从每 30min 显示一次到每 1/2s 显示一次。

- 选择"波形"（Waveforms）后，将在所有包含音频的片段下方显示音频波形。
- "隐藏导入的片段"（Hide Imported Clips）会隐藏从此来源或文件夹中导入的所有片段。

154　如何在导入过程中查看时间码

通常情况下，"媒体导入"窗口不会显示时间码。

问题来了：制作人只是递给你一张纸，上面有他们希望你导入的所有片段的列表，按源片段时间码排列。那么在导入过程中如何查看时间码呢？

这很简单。

打开"媒体导入"窗口后，按 Control+Y 键显示略读器信息（见图 3.33）。当你略过一个片段时，会显示源时间码和片段名称。

图 3.33　按 Control+Y 键可以在媒体导入窗口浏览片段时显示文件名和时间码

> **深度思考**
> 要启用或禁用预览条（the skimmer），按 S 键。

155 创建收藏的导入位置

这是我最喜欢的导入快捷方式。

我的大部分媒体都存储在本地工作组服务器或连接的 RAID 上。在这两种情况下，媒体往往被深埋在多个文件夹中。在"媒体导入"窗口中不断导航到同一位置是一件很麻烦的事情。

图 3.34 将文件夹名称拖到"收藏夹"字样上方，创建收藏夹位置

幸运的是，Final Cut 允许我们为导入媒体创建收藏位置。

要做到这一点，在媒体导入窗口中，导航到你想要设为收藏的文件夹，然后将文件夹名称拖放到"收藏夹"这个词上面，它立即被添加到收藏夹列表中，见图 3.34。

要从收藏夹列表中移除某个位置，请右键单击该名称并选择"从侧边栏移除（Remove from Sidebar）"，请参阅图 3.35。

图 3.35 鼠标右键单击名称可从列表中删除收藏位置

管理媒体

导入后，就该审查和组织媒体了。Final Cut 提供了多种方法来实现这一点。

156 选择正确的媒体导入设置——第 1 部分

这些选择既令人印象深刻，又令人望而生畏。下面我们来看看该如何选择。

媒体导入面板列出了媒体的各种导入选项。

事实上，有太多的选择让人望而却步。究竟该如何选择呢？

如果选择错误，会有什么后果？

嗯，没什么，真的。你可能会浪费一些存储空间，创建一些你不需要的文件，或者把一些东西存储在错误的地方。但你选择的任何东西都不会永久性地损坏或毁坏任何东西。这让我松了一口气。不过，第一次就做出正确的选择还是可以节省时间和存储空间的。

现在开始。我们将分四个部分来做这件事，见图 3.36。

第一个选择很容易。你在 Final Cut 中导入或创建的所有内容必须存储在事件中。顶部的两个单选按钮允许你选择要使用的事件或创建一个新的事件。

然而，选择存储文件的位置是你在导入过程中做出的最重要的决定。

- **复制到资源库**。这是最安全的选项，会将媒体从其所在位置复制到库中，而不是移动。如果要从相机、MicroSD 或 SD 卡以

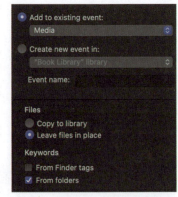

图 3.36 媒体导入设置列的顶部三分之一部分

及其他可移动设备传输介质，则需要使用此选项。该选项可防止媒体丢失或链接中断。不过，它也会使你的存储需求增加一倍，并且无法在不同库之间共享媒体，除非两个库同时在 Final Cut 中打开。

最后一点非常重要。无论是媒体导入窗口还是其他应用程序，都无法查看存储在库中的媒体。

但是，有以下三个很好的理由将文件复制到资源库中。
- 文件存储在资源库中，因此可以防止链接中断。
- 备份存储在单个 FCP 资源库文件中的文件更简单。
- 当资源库及其媒体都存储在单个资源库中时，传输或归档资源库及其媒体更容易。如果你是 Final Cut 的新用户，建议在学习该程序时使用此选项。

- **将文件保留在原位**。这是最灵活的选项，前提是你已经将所有媒体复制到硬盘驱动器上再进行导入。此选项意味着 Final Cut 仅导入该媒体的链接，而不是实际文件。这减少了存储需求，支持资源库之间的媒体共享，并简化了媒体管理，因为你可以使用 Finder 查看存储上的实际文件。

有唯一的缺点，而且是一个大缺点——如果你移动这些文件，重命名它们，或重命名包含它们的文件夹，会打破所有到这些文件的路径名称，这些路径名称被称为"链接"。重新链接是可能的，但需要时间并且可能很棘手。

> 决定文件存储位置是你需要做出的最重要的导入决策。

157 选择正确的媒体导入设置——第 2 部分
关键字让查找媒体变得更容易。

本章稍后将介绍关键字，它是快速组织和查找所需片段的好方法。在导入过程中，Final Cut 可以自动创建关键字，见图 3.37。

- Finder 标签是分配给文件的，而不仅是媒体片段，通过鼠标右键单击 Finder 中的文件名称并选择标签，Finder 标签菜单（见图 3.38）出现。你可以在这里分配颜色和标签到一个片段。Final Cut 会将这些转化为导入过程中的关键词。你的体验可能不同，但我发现 Finder 标签不起作用，所以不用它们。

- 然而，文件夹名称还是很有用的。尽管通常不建议在 Finder 中重命名媒体片段，但我经常重命名包含这些片段的文件夹。当选择"文件夹名称"选项时，这些文件夹名称在导入过程中会被转换成关键词。这是一个我经常使用的功能。

图 3.37 媒体导入设置中的关键词部分（上）

> **深度思考**
> 你可以用 Spotlight 搜索 Finder 标签，搜索框中输入标签：标签名称。
> 例如，你可以输入标签：广角镜头。

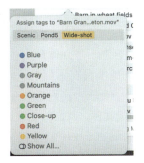

图 3.38 右击 Finder 中的任何片段以显示 Finder 标签窗口

158 选择正确的媒体导入设置——第 3 部分

继续我们的讨论。

图 3.39 显示了下一组设置。同样,其中一个决定很容易做出,而另一个决定却很重要。

- **分析视频**(Analyze Video)。有关详细信息,请阅 Apple 的帮助文件。我从未发现这些设置有用。"在视频中移除下拉"(Remove Pulldown in Video)指的是胶片传输。"平衡色彩"(Balanee color)不起作用。"查找人物"(Find people)耗时太长,即使能用,手动记录片段也会有更好的效果。因此,简而言之,请不要选中这些选项。

图 3.39 "媒体导入"设置的中间部分

- **转码**(Trans code)。这是一个重要的决定。我建议始终选择"创建优化媒体"

(Create optimized media)。这会将源媒体转换为 ProRes 422,以提高编辑性能。如果媒体格式不需要优化,该选项将显示为灰色。

很多时候,你并不需要代理文件。但对于帧尺寸大于 4K 或多机位编辑,代理文件会有所帮助。如果编辑更重要,请选择 ProRes Proxy(50%)。如果更看重小文件,则选择 25% 的 H.264。但请注意,旧系统在播放 H.264 文件时可能会出现丢帧问题。此外,帧大小百分比越小,图像质量越低。

> **深度思考**
>
> 默认情况下,如果不优化媒体,Final Cut 会根据摄像机源媒体的格式匹配项目设置。默认导出设置为 ProRes 422。

159 选择正确的媒体导入设置——第 4 部分

结束我们的讨论。

这些媒体导入设置的最后部分相对容易总结,见图 3.40。我的偏好已经在图片中选择。

- **修复音频问题**(Fix audio problems)。该功能可拨打音频增强器,改善音频效果。我不使用这个功能。我认为音频清理应该在混音过程中进行,而不是在导入时对片段进行处理。如果需要,你可以在以后的编辑过程中添加这些音频增强功能(请参阅技巧 331,调整自动音频增强功能)。

- **单声道和群组立体声音频分离**(Separaie mono and group stereo audio)。这是一大优点。我们录制的大部分内容都不是立体声,而是双声道单声道,不同的演员在不同的

图 3.40 媒体导入设置的底部三分之一部分

音轨上,或者采访者在一个音轨上,而嘉宾在另一个音轨上。该选项可将这两个音轨分离成双单声道文件,从而简化编辑工作。该功能我经常使用。

- **删除无声通道**(Remove silent channels)。这仅适用于导入两个以上声道的音频文件。有些摄像机和录音机可以录制 16 个音轨或更多音轨,如果其中有任何音轨是空的,且选择了此选项,Final Cut 就会删除空的声道,以免空音

- **分配音频角色**。自动是一个不错的选择，这也是我每周都会使用的功能（参见技巧 334，理解角色）。
- **分配 iXML 数据**。这仅适用于使用广播 WAV 格式并在录制过程中应用标签到轨道的音频文件。如果音轨被标记，Final Cut 会创建并分配一个音频子角色以匹配标签。保持选择此选项，没有害处。
- **关闭窗口**。如果你只从一个文件夹导入一个事件中，请选择此选项。如果你从多个文件夹导入或将文件发送到多个事件中，请取消选择此选项，以便媒体导入窗口不会在每次单击"导入选定内容"（Import Selected）时关闭。

160 在导入过程中分配自定义音频角色（Audio Roles）

角色（Roles）对于音频混合和输出特别有用。

角色是 Final Cut 独有的功能，在组织项目和混合音频时非常有用。当你导入一个片段时，Final Cut 会自动将其分配给以下 5 个默认角色之一。

- 标题；
- 视频；
- 对话。
- 效果；
- 音乐；

大多数情况下，由于我们导入的是源素材，所以这五个选项就足够了。但你可能想要为 Photoshop 图形、Motion 项目或最终混音分配自定义角色。这就是"分配音频角色"（Assign Audio Role）的作用所在，见图 3.41。

创建自定义角色后，它就会出现在该菜单中。例如，我正在导入一个项目的最终音频混音。该菜单为导入的音频片段分配了一个自定义角色，然后我就可以在最终导出项目时启用该角色。

图 3.41 使用"分配音频角色"菜单分配自定义角色

> **深度思考**
> 苹果公司的"使用手册"指出："当你选择'分析并修复音频问题'的导入选项导入片段时，只有严重的音频问题会被纠正。如果片段包含中等程度的问题，这些问题在片段导入后，会在"音频检查器"的音频增强部分的音频分析旁边以黄色显示。要纠正这些问题，你需要在"音频检查器"中自动增强音频。"音频增强内容会在第六章"音频"中介绍。

161 录制 FaceTime 摄像头

前提是你启用了安全设置，允许这样做。

打开"媒体导入"窗口后，你可以将 FaceTime 摄像头直接录制到 Final Cut 中，前提是你已经更改了安全设置。

启用 Final Cut 录制摄像机，步骤如下。

（1）选择"系统偏好设置"（Security & Privacy）>"安全与隐私"（Privacy）>"摄像头"（Camera），然后选择 Final Cut Pro 的复选框，见图 3.42。

图 3.42 选择蓝色框，让 Final Cut 记录你的 FaceTime 摄像头

> **深度思考**
> 录制摄像头非常适合记录临时轨道或为未来场景创建占位符。

（2）打开"媒体导入"窗口，在"媒体导入"选项卡中选择 FaceTime HD，FaceTime HD 摄像头进行录制，见图3.43。

（3）单击右下角的蓝色"导入"按钮开始录制。

（4）单击"停止导入"停止录制。

此新片段的文件名带有时间戳，并存储在你在"媒体导入"窗口选择的事件中。

162 导入媒体后创建代理文件

代理文件是多机位编辑或大帧尺寸媒体的重要组成部分。

图 3.43 选择要录制的摄像机。然后单击"导入"按钮开始录制

> **注** 代理文件中的音频与源文件或优化媒体中的音频相同，通常是高质量和未压缩的。

代理文件是经过优化以实现高效编辑的小文件，它们旨在简化粗剪和多机位编辑。根据设计，它们的图像质量不如优化或摄像机源媒体。

你可以在导入时创建代理文件（请参阅技巧 158，选择正确的媒体导入设置——第 3 部分），这是创建多机位项目时的最佳选择，因为使用代理 wenj1 意味着可以同时播放和编辑更多摄像机，或者在编辑大帧尺寸视频时也是如此。

> 使用代理可减少存储带宽并简化复杂的编辑。

但是，你也可以在导入后创建代理文件，操作如下。

（1）选择你想要为其创建代理的事件或片段。

（2）选择"文件"＞"转码媒体"（Transcode Media），见图3.44。

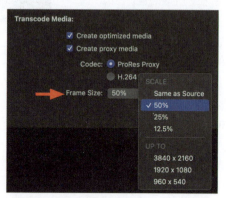

图 3.44 要创建代理，请选中相应的单选按钮。减小帧大小可减小文件大小

> **深度思考**
> 在导入后，你可以使用相同的流程创建优化的媒体。优化后创建的媒体始终使用 ProRes 422 编解码器和未压缩音频。

我建议使用 ProRes Proxy 作为编码格式，并将帧大小设置为 50%。减小帧大小会减小媒体文件的大小，但也会降低图像质量。

如果你希望将文件传输给另一位合作编辑，H.264 是一个不错的选择。这些文件约为 ProRes Proxy 媒体大小的 10%。然而，H.264 需要一台较新的计算机，例如 2017 年或之后制造的计算机，以确保平滑编辑。然而，H.264 不是一个适合多机位工作的好编码格式。

163 快速媒体格式检查

这是查看片段存在哪些媒体格式的快速方法。

很容易就会忘记某个片段存在哪些媒体格式。查找步骤如下。

（1）选择你在浏览器或时间线中感兴趣的片段。

（2）转到"信息检查器"，向下滚动到底部，见图 3.45。

绿灯表示文件格式存在，红灯表示不存在。

图 3.45　上图显示此片段缺少优化媒体和代理媒体。媒体转码（Transcode Media）按钮可简化创建缺失媒体的过程

（下图显示所有格式都已存在，而"媒体转码"按钮被隐藏。）

> **深度思考**
> 你可以直接从信息检查器中通过单击"转码媒体"按钮创建优化媒体或代理媒体。它显示的屏幕与"技巧162，导入媒体后创建代理文件"中显示的屏幕相同。

创建或不创建优化媒体或代理媒体，除了它们占用的存储空间外，并没有什么害处。这些指标只是让你知道哪些存在，哪些不存在。

164 如何识别损坏的链接文件

Final Cut 竭尽全力跟踪所有文件。

多年来，Final Cut 在跟踪文件名更改方面变得更加可靠，以确保片段不会断开链接。实际上，如果 Final Cut 正在运行，并且你在 Finder 中意外更改了文件名，大多数情况下，Final Cut 会更改并更新其数据库。

但有时它会失去跟踪（Final Cut 无法找到的文件称为"离线"文件）。离线文件会在浏览器列表中显示红色和黄色的图标，如图 3.46 所示。需要重新链接以恢复连接（请参见技巧 165，重新链接丢失的媒体），查找丢失的媒体，请参见技巧 181，查找缺失的媒体。

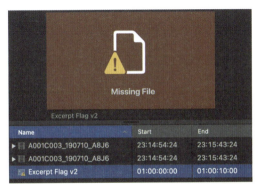

图 3.46　该图标表示文件丢失。浏览器列表中的文件名也会用黄色警告标记

165 重新链接丢失的媒体

Final Cut 使重新链接或替换媒体文件变得快速且简单。

糟糕！你在 FCP 中打开了项目，看到那些红色的丢失文件图标。或者你需要用完成的文件替换临时媒体文件。不要慌张！只要大概知道原始文件的位置，并且你没有在 Finder 中重命名它们，重新链接媒体应该很简单。

以前，Final Cut Pro 需要你精确定位丢失的媒体文件以重新链接。现在，只需选择一个包含丢失文件的文件夹（或包含丢失文件的文件夹的上一级文件夹），FCP 会自动在该位置内搜索文件。

重新链接媒体文件，步骤如下。

（1）在浏览器中选择丢失的文件，或选择一个事件，或选择资源库。

（2）选择"文件">"重新链接文件"。弹出"重新链接文件"（Relink Original Files）对话框（见图 3.47）。你可以选择重新链接所有丢失的文件或替换所有选定的文件。

> **注** 文件搜索速度取决于你距离丢失文件的远近。如果硬盘中充满了成千上万的文件，搜索时间会比选择包含丢失文件的文件夹要长。

> **深度思考**
> 你可以使用相同的"重新链接文件"对话框来替换事件或资源库中所有现有的媒体文件，前提是新文件具有相同的名称。例如，如果你通过电子邮件收到了代理文件以开始编辑，然后一两天后高分辨率文件到达硬盘，选择你想要在 Final Cut 中替换的文件，然后使用此对话框，选择"重新链接">"全部"。单击定位全部并导航到请求的文件。FCP 将在保留所有编辑点、转场和效果的同时切换到新文件。

图 3.47 "重新链接文件"对话框

（3）单击"全部查找"按钮，然后选择保存丢失文件的驱动器或文件夹。

（4）选择"重新链接文件"。

丢失的文件将重新链接。

如果文件存储在多个文件夹中，一旦找到第一个丢失的文件，FCP 会很快找到其余所有文件，前提是你没有将文件移动到 Finder 中的不同文件夹中。如果有，只需继续查找丢失的文件。你不需要找到所有文件来重新连接找到的文件。

166 创建渲染文件

FCP 会根据需要自动创建渲染文件。

如果你从未应用过转场、缩放过片段或应用过特效，可能永远不需要渲染文件。然而，如果你在时间线上以任何方式更改源媒体文件，Final Cut 会创建渲染文件，这些文件只是根据应用的设置或效果计算得出的新媒体文件。渲染文件还会在 Final Cut 无法实时播放片段时被创建。

如今的计算机性能非常强大，我们通常可以在不等待 FCP 渲染的情况下

> 渲染文件是指根据时间线中应用于源媒体的设置来计算新媒体。

实时播放应用了特效的片段。然而，对于更复杂的特效或为了获得最佳图像质量，等待 FCP 渲染是有必要的。如果 FCP 开始报告掉帧，等待 FCP 渲染就是必要的。

Final Cut 会在需要渲染时通过在时间线顶部显示白点来提醒你（见图 3.48）。这些白点出现时，渲染会在你暂停播放时自动开始——除非你在"偏好设置"＞"播放"（见技巧 71，优化播放偏好设置）中更改了渲染时间设置，如图 3.49 所示。

图 3.48　时间线顶部的白点表示需要渲染的部分

图 3.49　在"偏好设置"＞"播放"中，你可以设定在播放或移动光标停止后，渲染开始的速度有多快。此外，渲染过程也可以被禁用，这可能对旧的计算机系统有所帮助

167 删除生成的媒体

删除不需要的渲染文件以恢复存储空间。

渲染文件会不断累积。每个视频片段的每一帧只有一个渲染帧，这意味着如果你不断渲染相同的文件，早期的渲染文件会被删除或替换。然而，如果你修剪了片段，时间线上不再显示的部分片段的渲染文件不会被删除。这意味着你可以继续修剪而无须总是重新渲染。此外，如果你删除了一个片段，其渲染文件不会被删除，以防你之后将该片段重新添加到时间线中。

因此，在大量编辑期间，每几天删除一次未使用的渲染文件是一个好习惯。我们可以从片段、项目和资源库中删除所有生成的媒体文件——优化媒体文件、代理媒体文件和渲染文件。然而，你可以选择只从事件中删除未使用的媒体（见图 3.50）。

我倾向于从事件中删除渲染文件，而不用担心项目或资源库。

（1）选择要删除文件的资源库 / 活动 / 项目。

（2）选择"文件"＞删除已生成的 [选定对象] 媒体。

（3）在显示的屏幕中，选择删除渲染文件。经过几秒钟的处理后，渲染文件将被删除。

为节省空间，请删除未使用的渲染文件。

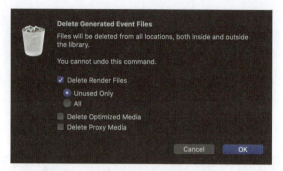

图 3.50　当你要删除渲染文件时，将出现此对话框

哎呀！

但如果删除了仍然需要的渲染文件怎么办？不用担心。Final Cut 会在下次需要时自动重新创建丢失的渲染文件。这意味着仅仅为了节省空间而删除渲染文件是无济于事的。所有丢失的渲染文件都会立即重建，因此并不会节省空间。

但是，删除未使用的渲染文件可以节省存储空间。此外，在项目完成后删除渲染文件也是一种很好的做法，因为它回收了仅在编辑期间需要的文件的存储空间。如果你将来重新打开项目，任何缺失的渲染文件都会被重新创建。

> **深度思考**
> 当删除生成的媒体文件时，尤其是从资源库中删除时，我发现 Final Cut 实际上不会恢复存储空间，除非你退出 Final Cut 并重新启动。

组织媒体

导入后如何组织媒体决定了以后需要时是否能快速找到所需的镜头。

168 快速规格检查

这是一种快速检查帧大小和帧速率的方法。

片段或项目最重要的三个技术指标是编解码器、帧尺寸和帧频。在创建项目和导入媒体文件时，编解码器方面已经处理得差不多了。因此，以下是检查项目或片段的帧大小和帧速率的快速方法：

（1）选择它。

（2）查看信息检查器的顶部，见图 3.51。

在这里，你会看到列出的片段或项目名称、帧大小、帧速率、音频配置和持续时间。

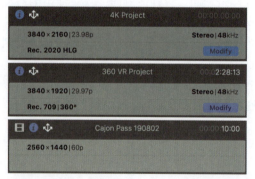

图 3.51　（从上到下）4K HDR 项目、360° 视频项目和单个片段

169 使用收藏来标记你喜欢的镜头

两个键盘快捷键可帮助快速组织片段。

找到你喜欢的片段，或者只是片段的一部分，将其标记为"收藏"。收藏的片段或范围会在浏览器顶部显示一个绿色条，见图 3.52。收藏是一种非常快速的方法，可以构建你想在项目中使用的精选片段卷轴。

- 选择一个片段，或者在浏览器中选择片段内部的一个范围。
- 按 F 键标记（或指示）所选范围为"收藏"。

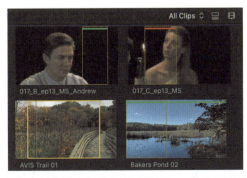

图 3.52　绿色条表示收藏，红色条表示已拒绝，金色框表示选中的项目

- 如果找到不喜欢的片段或范围，按 Delete 键将其标记为"拒绝"。拒绝的片段在顶部显示红色条。
- 要取消标记片段，请选择要恢复的部分并按 U 键。未标记的片段不包含条形框。

浏览器的默认显示设置是隐藏拒绝的片段。拒绝的片段会立即从浏览器中消失，但并未删除，只是被隐藏。更改浏览器顶部的菜单为"所有片段"（All Clips）（见图 3.53），可以重新显示任何被拒绝的片段或部分。

若要从 Final Cut 中实际删除片段，请按 Command+Delete 键。这不会将其从存储中删除，除非它存储在库中并且未在时间线上使用。

图 3.53　浏览器顶部的这个菜单决定了浏览器的片段显示选项

> **深度思考**
> 这个技巧对于标记你喜欢的片段是一个巨大的时间节省。作为一个快速的后续技巧，单击浏览器片段顶部的绿色或蓝色线条，来设置一个与之匹配的入点和出点范围。

170 查找未使用的媒体

这是一种快速查找可用内容的方法。

Final Cut 还可以跟踪未使用的媒体文件和重复的媒体文件（请参阅技巧 214，查找重复媒体文件）。要查看当前项目中使用了哪些媒体文件，即当前在时间线中打开的项目，请执行以下操作。

（1）选择浏览器。
（2）选择"查看">"浏览器">"使用的媒体文件范围"。

橙色条表示当前使用的媒体文件，见图 3.54。

要只查看未使用的媒体，请从浏览器菜单中选择"未使用"选项。

> **深度思考**
> 你还可以使用"搜索过滤器"对话框查找未使用的媒体（请参阅技巧 180 更多搜索选项）。

图 3.54 橙色条表示已编辑到当前时间线中的媒体。从浏览器菜单中选择"未使用"以仅查看未使用的媒体

171 为一个或多个片段添加备注

在检查器中添加注释比浏览器更可靠。

你可以在浏览器中使用备注字段（Notes Field）为任何片段添加备注。但是，我发现浏览器中的备注功能使用起来很笨拙，并不总是可用。一个更可靠的替代方法是使用"信息检查器"（Info Inspector），见图 3.55。

图 3.55 "信息检查器"中的片段备注字段

选择浏览器或时间线中的片段，然后打开"信息检查器"（快捷键：Command+4），输入你想要的备注信息。

你可以在浏览器的"列表视图"和"信息检查器"中查看这些备注。

> **深度思考**
> 通过在浏览器或时间线中选择多个片段，可以对它们应用相同的备注。然后，在"信息检查器"的备注字段中输入备注，这将把备注应用到所有选定的片段中。在进行查找操作时，所有注释的内容都会被搜索到（请参阅技巧 172，高效搜索框）。

172 高效搜索框

浏览器搜索框可搜索多个元数据字段。

浏览器右上方有一个小放大镜，单击它，搜索框就会打开，见图 3.56。

这是一个文本搜索字段。

图 3.56 单击放大镜图标，打开浏览器的搜索框

使用你输入的文本，Final Cut 会搜索所有文件名、备注、标记和"信息检查器"常规设置菜单中显示的可自定义文本字段，见图 3.57。搜索结果会显示在浏览器中。

要限制搜索范围，例如只搜索备注字段中的文本，请单击放大镜旁边的倒三角图标（见图3.58），然后选择你想要搜索的文本字段。

图3.57 使用"信息检查器"中的"常规"菜单（底部箭头）为浏览器中的一个或多个选定片段输入自定义数据

图3.58 单击放大镜旁边的V形图标，以限制搜索的文本字段

图3.59 每个条目都是一个面板，包含数十个元数据字段，其中许多字段可以自定义

173 元数据宝库

Final Cut可为每个片段跟踪数百个元数据项。

在信息检查器的左下角是"基本元数据按钮"，单击它会显示更多元数据菜单，见图3.59。在这些菜单中，常规菜单是最有用的。每个菜单显示"信息检查器"中几十个可自定义的元数据字段，以便组织你的媒体文件。选择"编辑元数据视图"来创建你自己的"自定义元数据"面板。

174 编辑元数据字段

"信息检查器"是添加自定义元数据最方便的地方。

虽然你可以在浏览器的备注字段中输入文本，但"信息检查器"提供了许多其他字段，你可以用来标记、分类和查找片段。你已经看到常规菜单如何提供自定义数据字段。然而，选择"编辑元数据视图"（见图3.60）会显示"元数据视图"（Metadata Views）窗口，其中包含数百个可以为每个片段启用的自定义元数据字段。

第3章 资源库和媒体　　111

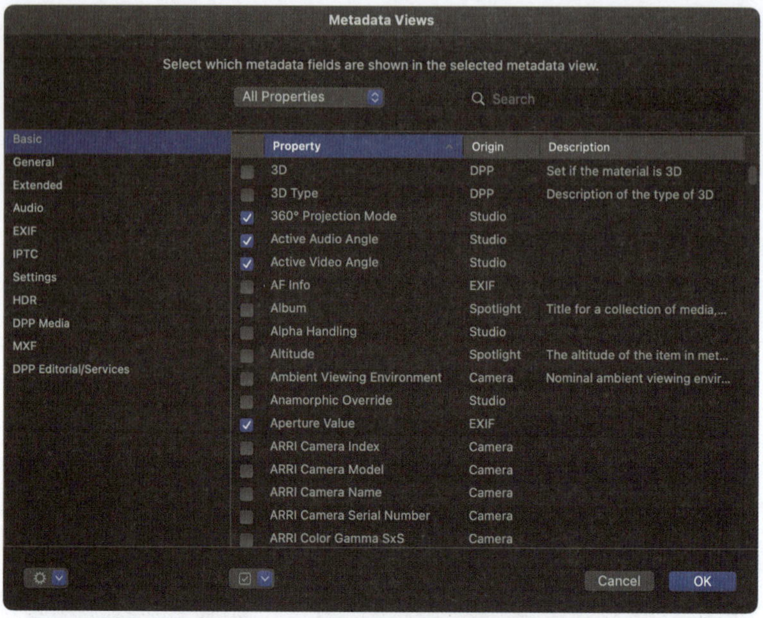

图 3.60　使用“编辑元数据”窗口创建可在资源库之间保存和共享的自定义元数据字段

深度思考

苹果公司的使用手册提供了关于这些字段是什么、如何组织它们以及如何创建自定义菜单的更多信息（见图 3.61）。

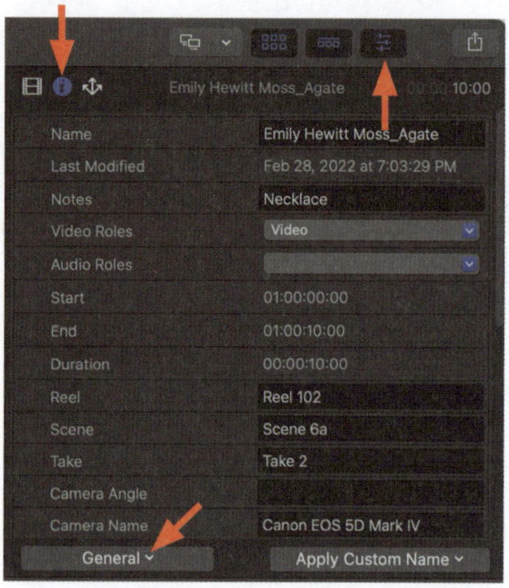

图 3.61　“信息检查器”（左上角箭头）中的常规面板（红色箭头下方）提供了数十个可自定义的文本字段

深度思考

正如你可以将单个关键字应用于多个片段一样，你也可以将多个关键字应用于多个片段。选择所需的片段，然后在“选择关键字”文本框中输入每个关键字或短语，并用逗号分隔。在按下 Enter 键之前，不会应用关键字。

(175) 关键词提供更灵活的组织方式

给片段或片段范围分配一个或多个关键词。

自定义元数据字段很有用，但输入起来也很费时，而且需要编辑人员像图书管理员一样思考。与创建收藏夹相比，关键字提供了更精细的媒体组织方式，并提供了多种不同的搜索方式。此外，添加关键字比添加自定义元数据更快更简单。

要应用关键字，请执行以下操作。

（1）在浏览器中选择一个片段范围、一个片段或一组片段，然后单击 Final Cut Pro 界面左上角的小钥匙图标或按 Command+K 键，将打开"选择关键字"（Keywords for selection）对话框，见图 3.62。

（2）输入一个单词或短语来对选定的片段进行分类。

在此屏幕截图中，我选择了两个包含花卉图像的片段范围，并将"Flower"关键字应用于两个选定的剪辑。

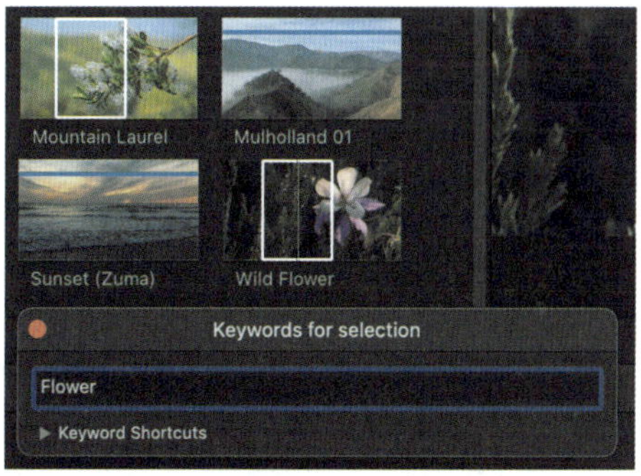

图 3.62 "选择关键字"对话框，位于浏览器下方

（3）按 Enter 键将关键词应用到片段上。

关键词不区分大小写，并且不能包含逗号。最好使用一个或两个单词作为关键词。

176 更快地添加关键词
通过键盘快捷键添加关键词

在技巧 175 中，学习了如何应用关键词以实现更灵活的组织。下面介绍如何更快地做到这一点。单击"浮动关键词"窗口中"关键词快捷方式"旁边的小箭头。这将显示"关键词快捷方式"面板，见图 3.63。首次创建的九个关键词将存储在此面板中。

图 3.63 "关键词快捷方式"面板

- 要将关键词应用于选定的片段、片段范围或片段组，可以输入快捷键或单击编号的快捷按钮。
- 要更改九个关键词之一的文本条目，删除现有的词并输入新词。此更改不会更改任何现有的关键词。
- 若要删除所有这些预设，按 Control+0 键或单击"移除所有快捷键"旁边的按钮。

虽然你可以添加的关键词快捷键数量是无限的，但 Final Cut 只存储 9 个。

> **深度思考**
>
> 首次向片段或片段范围添加关键字时，片段顶部会显示一个蓝色条。这是一个视觉指示器，显示至少应用了一个关键字以及片段的哪个部分。

177 创建关键词集合
集合是动态的，甚至比使用查找功能还要快。

当你向片段添加关键词时，它们也会被添加到资源库列表中作为一个关键词集合（单击事件名称旁边的三角形以显示它们）。

关键词集合是动态的。一旦你向片段添加关键词，集合就会自动更新。

- 单击一个集合，只会显示分配了该关键词的片段，见图 3.64。这种快速搜关键词集合使搜索几乎瞬间完成。

- 按住 Command 键单击（或按住 Shift 键单击）多个集合名称，只会显示包含至少一个所选关键词的片段（逻辑学家称之为 Boolean OR）。
- 要删除一个集合以及分配给个别片段的关键词，鼠标右键单击集合，在菜单底部选择"删除关键词集合"（快捷键：Command+Delete）。

我经常使用关键词集合。

图 3.64　单击关键字集合（如云），仅显示分配了该关键字的片段

178 两个关键字速度提示

更快地应用和修改关键词。

关键词集合也可以更快速地将关键词应用于片段或部分片段。选择你想要应用现有关键词的所有片段，然后将这些片段拖动到适当的关键词集合上。

搞定！关键词已添加。

如果你突然意识到某个关键词拼写错误，请不要担心。在关键词集合中选择它（见图 3.65），然后更改拼写。这将更改应用该片段或部分片段的关键词。

图 3.65　更改关键词集合的拼写会更改所有片段中的关键词

深度思考

如果删除关键字集合，则会删除应用于所有片段的关键字。

179 关键词实现非常强大的搜索功能

关键词收集搜索速度快。

搜索过滤器更快、更灵活。

现在我们讲一些令人兴奋的东西——一个非常快和强大的搜索。如果你想要搜索整个资源库，选择资源库列表中的资源库，如果你想要仅搜索一个事件，选择资源库列表中的事件。你不能搜索选定的一组事件。

（1）单击浏览器顶部的放大镜。

（2）单击搜索框右侧的小矩形图标（下方红色箭头），它看起来像电影板（见图 3.66）。

图 3.66　要显示搜索过滤器，单击放大镜图标，然后单击拍板图标

这将打开完整的"搜索过滤器"面板,见图 3.67(快捷键:Command+F)。单击加号图标并从菜单中选择关键字。这将显示分配给你所选内容的所有关键词——单个事件或整个资源库。

图 3.67 "搜索过滤器"面板显示了可以搜索的元数据列表(右图)

(3)选择要搜索的关键字,见图 3.68。
(4)(这是功能强大的部分)从"包括任何"菜单中,选择:

- **包含任何**。包括所有包含这些关键词中的任何一个的片段。
- **全部包含**。只包括那些包含了所有这些关键词的片段。
- **不包括任何**。排除所有包含这些关键词中的任意一个的片段。
- **全部都不包含**。排除所有每个都包含了所有这些关键词的片段。

注 通常,"包含任意"找到的片段数量最多,而"包含全部"找到的片段数量最少。

图 3.68 只选择要搜索的关键字,然后从菜单中确定搜索的范围

180 更多搜索选项

几乎无限的搜索可能性。

在搜索过滤器对话框中,返回到加号图标,在那里你会找到 12 种不同的标准。见图 3.69,这张合成屏幕截图展示了菜单,用于搜索你已经使用或尚未使用的媒体,以及特定的帧大小、媒体类型或媒体格式。

尽管对于较小的项目来说这可能有些过分,但对于拥有数千个片段的项目来说,这是一个救命的工具。

图 3.69 "搜索过滤器"对话框中一些额外搜索条件的合成图

181 查找缺失的媒体文件

在事件或资料库中查找任何类型的缺失媒体文件。

媒体文件缺失是将媒体存储在资料库之外的一个主要缺点。更糟糕的是，即使在较小的项目中，也很难弄清楚缺少了什么。搜索过滤器对话框可以提供帮助。

（1）单击加号图标（见图 3.70）选择"媒体表示"（Media Representation）。

（2）重复两次。如果你不使用优化或代理媒体，可以省略此步骤。

（3）从菜单中选择要查找的缺失媒体类型，见图 3.71。

 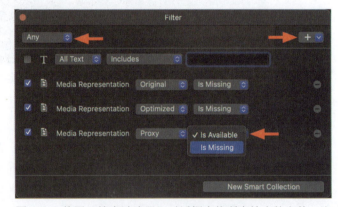

图 3.70　从加号图标菜单中选择搜索标准，例如"媒体表示"Media Representation

图 3.71　使用"搜索过滤器"对话框查找所有缺失的文件。注意选择了"注意任意"并且文本未被选中

> **深度思考**
> 如这里所示，你可以多次应用相同的搜索条件来微调搜索的范围。

（4）从顶部菜单将"所有"更改为"任何"，以查找符合这些条件的所有媒体。

（5）取消选择文本，以避免搜索文本字段。

（6）单击"新建智能收藏"，保存这些设置并开始搜索。

182 秘密搜索图标

以下是如何判断是否正在进行搜索的方法。

当你查看浏览器中的搜索框时,如果存在活动搜索,它会通过一个秘密图标代码给你提示,见图 3.72。

图 3.72　这些搜索框图标表示是否正在进行搜索

在图 3.72 中,这些小图标从上到下依次为:

- 活动的文本搜索。
- 活动关键字搜索。
- 活动使用的媒体搜索。
- 活动媒体类型搜索。
- 多标准搜索:媒体类型、角色和关键字。
- 单击圆圈中的 × 可取消搜索并清空搜索框。

183 智能收藏夹

智能收藏夹是动态保存的搜索。

单击"搜索筛选器"对话框底部的"新建智能收藏夹"按钮,见图 3.71,Final Cut 会将这些搜索条件保存到智能收藏夹中,见图 3.73。除了保存你的搜索设置外,智能收藏夹是动态的。例如,当你修改片段时,例如添加关键词或将它们添加到时间线中,它们会根据是否满足搜索条件显示或消失。

- 单击智能收藏夹以显示符合其条件的片段。在图 3.73 中,我正在搜索未使用的云或花朵片段(Unused Clouds & Flowers)。
- 重命名智能收藏集,就像重命名事件或项目一样。
- 双击智能收藏夹的名称以重新打开它,这样你就可以更改其搜索条件,然后在"搜索筛选器"对话框中再次保存它。
- 鼠标右键单击智能收藏夹将其删除(或按 Command+Delete 键)。删除智能收藏夹不会删除任何片段或关键字。

> 智能收藏夹是动态的、可修改的保存搜索。

图 3.73　一个重命名的智能集合,注意图标

184 可以在 Final Cut 中重命名片段

只要在 Final Cut 中重新命名，就不会出错。

任何导入 Final Cut 的片段都可以在 Final Cut 中重命名。

有时，重命名片段确实非常有帮助，你可以在 Final Cut 中随意重命名，只要你知道在哪重命名即可。任何导入到 Final Cut 的片段都可以使用任何适合你的名称进行重命名。在浏览器中重命名剪辑不会影响 Finder 中的名称，也不会破坏与其他库中该文件的任何链接。

但是，一旦导入片段，就不要在 Finder 中重命名它。

185 批量重命名片段

批量重命名可加快片段名称标准化的速度。

以下内容摘自苹果公司使用手册的摘要。

当你将媒体导入 Final Cut Pro 时，片段通常包含无意义的名称，例如相机分配的名称。虽然你可以单独重命名片段，但也可以在导入媒体后在浏览器中批量重命名一组片段。Final Cut Pro 提供了可自定义的命名预设，使重命名大量片段变得高效且简单。

使用命名预设重新命名一批片段，步骤如下：

（1）在 Final Cut Pro 浏览器中，选择要重命名的片段。

（2）如果检查器不可见，请选择"窗口">"在工作区中显示">"检查器"（快捷键：Command+4）。

（3）单击检查器顶部的"信息检查器"按钮，见图 3.74。

（4）在"信息检查器"中，单击"应用自定名称"弹出式菜单然后选取命名预设。

在浏览器中选择的片段将被重命名。

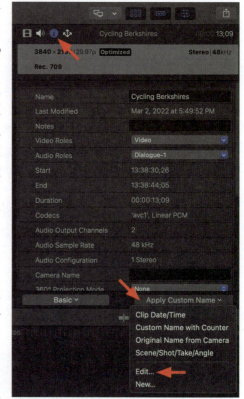

图 3.74　选择应用自定义名称来重新命名一批片段。单击"编辑"获取更多命名选项

> **深度思考**
> Final Cut 内置了强大的剪辑片段重命名功能。在"应用自定义名称"菜单中单击"编辑"按钮，然后阅读苹果公司的使用手册以获取使用说明。

自定义时间线

这些提示说明了如何根据你想要的工作方式自定义时间线。

186 自定义时间线

这只影响显示，不影响导出。

Final Cut 提供了多种方式来自定义时间线的外观。在时间线的右上角，单击看起来像电影胶片的图标,它在图 3.75 中是蓝色的,这是片段外观按钮。

- 顶部滑动条放大或缩小时间线。对我来说,使用快捷键更快:Command+ +(加号键)、Command+ -(减号键)和 Command+Z。
- 第二行的 6 个图标确定音频波形与图像的显示比例。最左边的图标仅显示音频波形;从右数第二个图标仅显示图像;最右边的图标将所有轨道的高度缩小为较细的线条,这样你就可以看到项目的整体组织。
- 第三行的滑动条决定了时间线的高度。
- 底部的五个复选框启用以下内容的显示:
  - **片段名称**。
  - **角度**。多摄像机角度名称。
  - **编辑角色**。参见技巧 238,时间线索引:角色。
  - **轨道标题**。这些仅在显示角色时适用。
  - **重复范围**。这显示了时间线上的重复媒体(见技巧 214,查找重复媒体)。

图 3.75 时间线自定义选项。单击时间线右上角的蓝色图标以显示此窗格

187 放大时间线的超快方法

按 Z 键,然后在时间线上拖动以放大某个区域。

你可以使用键盘快捷键放大时间线,这种方法更快。按住 Z 键的同时按住鼠标左键拖动鼠标到你想要放大的时间线部分,见图 3.76。

松开鼠标,完成了!

深度思考

要重置时间线,使整个编辑适合可见的时间线,请按 Shift+Z 键。

图 3.76 当拖动时,按 Z 键可以放大时间线上的特定部分

第 3 章 资源库和媒体　119

188 隐藏侧边栏

这是一种快速方式，可以让你看到更多的片段。

侧边栏位于界面的左上角，显示了音乐、声音效果、字幕和生成器的库以及类别，见图 3.77。

要隐藏侧边栏，请单击三个蓝色图标中的任意一个。要重新打开它，请再次单击相同的图标。

> **深度思考**
> 切换侧边栏的快捷键：Command+~（波浪号）。

图 3.77 通过单击三个蓝色图标中的任意一个来启用或禁用侧边栏。再次单击它，侧边栏会重新出现。

189 如果帧率不匹配怎么办

一个项目中只使用一种帧率。

在理想情况下，你拍摄视频的帧率应该与编辑项目时使用的帧率相匹配，同时这个帧率也应该与你最终交付给客户的帧率一致。但现实情况可能并不总是这样，因为可能会遇到不同帧率的视频素材需要在同一个项目中编辑。

在现实世界中，帧率会像兔子一样繁殖。那会发生什么呢？

一个项目只有一个项目帧率，就像只有一个项目编解码器一样。尽管你可以将不同编解码器和帧率的源片段混合到项目中，但在渲染和导出过程中，这些不同的片段会被转换成项目的编解码器和帧率。

项目帧率总是优先。Final Cut 会将非项目标准的帧率转换以匹配项目标准——无论是实时转换、渲染时转换还是导出时转换。

为了获得最流畅的效果，彼此是倍数关系的帧率转换效果最好。较快的帧率通常可以顺利降低，较慢的帧率在提高时往往会有些卡顿。大多数情况下，你只会在平稳的平移、倾斜或屏幕上的动作时注意到这种卡顿。

基本原则是拍摄你需要交付的帧率。如果无法做到，那么拍摄双倍帧率。如果帧率转换很关键，先在 Final Cut 中预览片段。如果看起来不错，那就太好了。如果不行，你需要在将其导入 Final Cut 进行编辑之前，使用其他软件转换片段的帧率。

每个项目只有一个帧率。项目帧率，就是这样。

190 如何更改项目的帧率

通常情况下，你可以使用项目设置。有时，这些设置不起作用。

默认情况下，Final Cut 会根据编辑到项目中的第一个片段的帧率来设置项目的帧率。大多数情况下，这种方法效果很好。但如果你没有具有正确属性的片段怎么办？那么，你可以创建一个自定义项目，或者你可以使用这种方法来解决。

当你知道想要使用的帧率和帧尺寸时，将任何全屏生成器编辑到一个空项目中，这将显示图 3.78 所示的弹出窗口。

使用菜单创建你需要的设置。当你单击"确定"时，生成器会被编辑到时间线上。

现在，继续编辑一些其他的片段。此时，你可以移除生成器。一旦至少有一个片段被编辑进项目中，帧率设置就会被锁定。

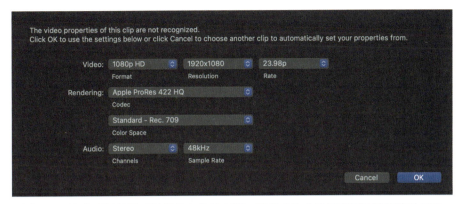

图 3.78　这个项目设置对话框仅在你将字幕、图形或生成器编辑到空时间线时出现

191 修正编辑片段的宽高比

这个技巧不会重新构图，它只是调整大小。

大多数情况下，Final Cut 能准确感知片段的宽高比。然而，有时，特别是使用非标准宽高比的旧标准清晰度（SD）片段时，它就感知不到。以下是解决这个问题的方法。

（1）在"浏览器"或"时间线"中选择你想要修正的一个或多个片段。

（2）打开"信息检查器"。

（3）在"信息检查器"的左下角，将弹出式菜单从"基础"更改为"设置"。

（4）要将选定的片段更改为 16:9 的宽高比，请在"设置"窗口中将"变形覆盖"（Anamorphic Override）从"无"（None）设置为"宽屏"（Widescreen），见图 3.79。

（5）要将选定的片段更改为 4:3 的宽高比，请在"设置"窗口中将"变形覆盖"（Anamorphic Override）更改为"标准"（Standard）。

图 3.79　标准（Standard）将宽高比转换为 4:3；宽屏（Widescreen）将其转换为 16:9

> **深度思考**
> 　　如今，编辑 Zoom 视频很常见。许多 Zoom 视频的帧率都是 25 fps，专为发布到网络上而设计。在这种情况下，应以 25 帧/秒的帧率编辑视频。不要转换帧率。网络可以轻松处理任何帧率，因此请按照视频拍摄时的原始帧率进行编辑。无论帧率如何，编辑过程都是一样的。

> **深度思考**
> 　　这不会重新构图片段。它只是简单地转换宽高比。
> 　　变形覆盖（Anamorphic Override）仅适用于 4:3 原生标准清晰度（SD）片段，它不会出现在 16:9 原生片段上，也不会出现 1440×1080p 的片段上。因此，这可能是你只在少数特定类型的媒体上看到的功能。

资源库和媒体的快捷键

类别	快捷键	它的作用
导入	Command+I Control+Y	打开媒体导入窗口 显示浏览条信息
组织	F Delete U Command+K Shift+Command+K Control+1 ~ 9 Command+F Option+Command+N	将片段或范围标记为收藏夹 将片段或范围标记为拒绝 将片段或范围重置为未标记 打开关键词对话框 创建新的关键词集合 应用关键词标签（九个选项） 打开"搜索过滤器"对话框 创建一个新的智能集合
操作	Shift+Command+R	在 Finder 中显示选中项目

章结总结

　　故事在我们的脑海中或剧本中已经清晰可见。我们的设备已经准备就绪，库和项目已经创建。媒体文件已导入并组织好。现在，有趣的部分开始了：编辑。

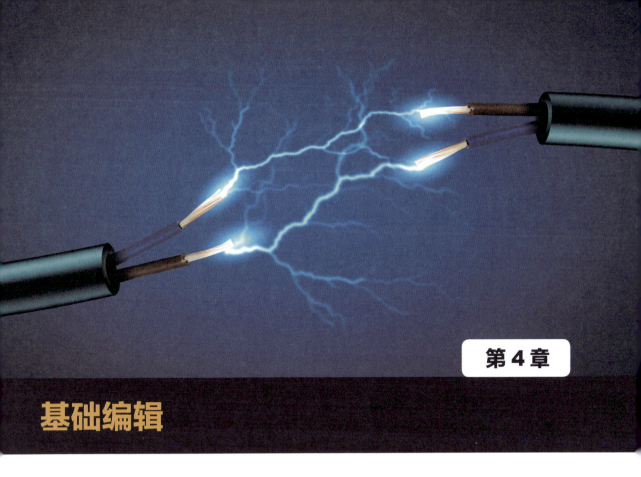

第 4 章

基础编辑

引言

　　编辑是创意火花最先点燃的工作。编辑决定每个片段的显示部分以及其在时间线中的位置。修剪调整两个剪辑片段接触的位置，称为编辑点。修剪对讲故事至关重要，因为它可以调整一个镜头与下一个镜头之间的流畅程度。通常情况下，即使是简单的项目，修剪的时间也要多于编辑的时间。

　　在本章中，我们终于进入了实际的编辑工作。由于涉及的内容太多，我们将把编辑和修剪分为两部分：本章为基本技巧，下一章为高级技巧。

- 标记片段
- 编辑片段
- 编辑工具
- 修剪片段
- 时间线索引
- 快捷键

> **本章定义**

编辑决定片段顺序和持续时间。修剪可调整两个片段的接触位置。

- **编辑**（Editing）。编辑决定使用哪些片段，它们的顺序和持续时间。
- **修剪**（Trimming）。修剪调整两个片段接触的位置。
- **无过渡编辑**（Through Edit）。这是在编辑过程中没有移除任何部分，直接从一段视频过渡到另一段。
- **摄像机**（Camera）。摄像机代表观众的眼睛。每次改变镜头，都会将观众移到一个新的位置。要温柔地对待观众，并小心不要让他们迷失方向。
- **主故事线**（Primary Storyline，又称磁性时间线）。这是时间线中间的黑色条。它设计用来提高速度并最小化错误，是你放置每个场景主要剪辑的地方。
- **层**（Layer）。其他非线性编辑系统称之为轨道。苹果公司更喜欢使用"层"的术语。层是水平层，用于在主要故事情节之上或之下放置片段。在 Final Cut 中，层的数量没有限制。
- **连接片段**（Connected Clip）。这是在更高（或更低）层上的片段，它与主要故事情节上的片段"连接"。连接的视频片段位于主要故事情节之上，而连接的音频片段位于其下。连接片段总是根据项目设置进行渲染。
- **故事线**（Storyline）。这是在更高（或更低）层上的一组连接片段，被视为单个片段。它可以包含音频或视频，但不能包含多层次的片段。
- **B 卷**（B-Roll）。这是一个古老的电影术语，描述放置在更高层上的视频片段，用来说明主故事线上的片段正在讨论的内容。
- **下游**（Downstream）/ **上游**（Upstream）。时间线通常被描述为从开始（左边）流向结束（右边）的水流。下游指的是从播放头（浏览条）到右边的所有片段。上游指的是从播放头（浏览条）到左边的所有片段。
- **吸附**（Snapping）。当启用此选项时，它会将播放头（或浏览条）吸附到编辑点和标记上。当吸附到编辑点时，播放头（浏览条）总是停在入点上。
- **入点**（In）。这是片段开始播放的地方，通常不是片段的开始。
- **出点**（Out）。这是片段结束播放的地方，通常不是片段的结束。
- **范围**（Range）。这是由入点和出点定义的片段或时间线上的部分。
- **控制柄**（Handles）。这指的是在片段的入点（In Point）之前和 / 或出点（Out Point）之后额外的音频和视频片段。这些额外的片段用于修剪和制作转场效果。
- **编辑点**（Edit Point）。这是时间线中两个片段接触的地方。一个编辑点有三个"边"或边缘：入点（In）、出点（Out）以及即是入点又是出点的"边"（In and Out）。
- **波纹修剪**（Ripple Trim）。这调整了编辑点的一侧，即入点或出点。波纹修剪总是会改变项目的持续时间。
- **滚动修剪**（Roll Trim）。这同时调整编辑点的两侧。滚动修剪从不改变项目的持续时间。
- **时间线元素**（Timeline Element）。这是时间线上事物的简称：片段、标题、生成器。

标记片段

标记片段是开始编辑过程的第一步,这决定了编辑到时间线时每个片段的开始和结束。

192 播放快捷键

播放片段有多种方式。

播放任何片段的最简单方法就是按空格键。

- Shift+**空格键**:反向播放片段。
- J 键:反向播放片段。
- J+J 键:以 2 倍速反向播放片段。
- J+J+J 键:以 4 倍速反向播放片段。
- L 键:正向播放片段。
- L+L 键:以 2 倍速正向播放片段。
- L+L+L 键:以 4 倍速正向播放片段。
- J+K 键:以慢动作反向播放片段。
- L+K 键:以慢动作正向播放片段。

以下是更多可在时间线中使用的播放快捷键方式。

- / 键:播放选中的内容。
- Shift+？键:使用在"首选项">"播放"中设置的持续时间,将播放头从当前位置移回前贴片(Pre-roll)持续时间的位置,播放通过编辑点,然后在后贴片(Post-roll)持续时间结束时停止。之后,播放头返回到原始位置,这通常用于复查通过编辑点的连续性。
- Shift+Option+I 键:从浏览器片段或时间线的开头播放到结尾。
- Shift+Option+O 键:从当前播放头(浏览条)位置播放到选定区域或时间线的末尾。
- Shift+Command+F 键:以全屏模式显示并播放时间线(按 Esc 键退出)。
- Command+L 键:切换播放循环的开启或关闭。启用后,播放头会从片段或选定范围的末尾跳回到开头。直到播放继续,你才会看到这个快捷键的效果。

> 使用鼠标、触控板或轨迹球浏览片段,以及使用键盘播放片段。

193 吸附(Snapping)——精确的秘密

这个功能可以"吸附"播放头(浏览条)到入点或标记处。

你可以通过单击时间线右上角的吸附图标(见图 4.1 中的 4)来启用吸附功能(快捷键:N),默认情况下吸附功能是关闭的。

启用后,它会将播放头或浏览条"吸附"到任何编辑点的入点、任何标记范围的入点或出点,或任何标记的位置。

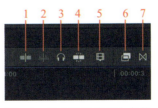

图 4.1 单击时间线右上角的吸附图标 4,以启用吸附功能(有关其他控件的定义,请参阅技巧 96,时间线控制图标)

> 即使"定位"工具处于激活状态,吸附功能也能起作用。

吸附功能在浏览器和时间线上都有效。它确保在进行插入或覆盖编辑时，播放头能正确地定位在时间线片段的入点。

194 标记片段设置入点和出点

标记片段可以减少你修剪所需的时间。

> **注** 在播放浏览器片段时，在所需位置按 I 键或 O 键，即可"即时"选择。

标记片段意味着设置入点和 / 或出点，此标记区域称为范围。在浏览器中标记片段，将播放头或浏览条移动到你希望片段开始播放的位置，然后按 I 键。接着，将播放头（浏览条）移动到你希望结束播放的位置，并按 O 键。如果未设置入点（In），则 Final Cut Pro（FCP）默认从片段的开头开始；如果未设置出点（Out），FCP 默认到片段的结尾结束。

Final Cut 在浏览器中通过用一个黄色的方框来表示这个区域，称为范围，见图 4.2。那个黄色方框并不表示你正在编辑的图像，而是表示你正在时间线中编辑的片段的持续时间。

你也可以使用"选择"（箭头）或"范围"工具在"浏览器"片段上拖动来选择片段的范围。如果片段扩展到第二行，可拖过断点，或通过按 Shift 并单击鼠标左键来扩展。用 Option 拖动可将现有范围替换为新范围。

图 4.2 显示了一个选中的范围（上图），浏览器剪辑的数字框指示其持续时间

> **深度思考**
>
> 当你使用关键词（请参阅技巧 175，关键词允许更灵活地组织）或收藏（请参阅技巧 169，使用收藏来标记你喜欢的镜头）标记浏览器剪辑的范围时，包含它的浏览器剪辑在剪辑缩略图顶部显示一个蓝色（关键词）或绿色（收藏）栏。单击栏，瞧！，该范围立即标记为"入点"和"出点"。

以下是一些其他有用的快捷方式。

- X 键：选择整个片段。
- Option+X 键：移除标记的范围。
- Shift+I 键：将播放头跳转到入点（In）。
- Shift+O 键：将播放头跳转到出点（Out）。
- 单击并拖动其中一条黄色垂直线以调整入点或出点。

195 在同一个片段中选择多个范围

你不必一次只创建一个范围。

范围是片段中具有入点和 / 或出点的部分。虽然在同一片段中使用多个范围是很正常的事，但 Final Cut 有一个独特的功能：你可以在一个片段中同时选择多个范围，前提是这些范围不重叠。

- 要创建单个范围，可在浏览器片段上拖动播放头或浏览条。
- 要创建多个范围，可使用"范围"工具或输入"入点"和"出点"来创建第一个范围。然后按住 Command 键 拖动在同一片段中选择的其他范围，见图 4.3。
- 要选择单个范围，请单击范围。
- 要选择一个片段中的多个范围或跨多个片段选择多个范围，按 Command 键并单击鼠标左键。

图 4.3 （上图）显示了在单个片段中选择的多个选中范围。下图中的片段没有范围

- 要取消选择所选的范围，请按 Command 键并单击鼠标左键该范围。
- 要删除选定的范围，请按 Option 键并单击该范围。

196 浏览器片段图标

下面是这些奇怪的片段图标的含义。

一旦你标记了一个片段，片段角落会出现新的图标，见图 4.4。当播放头（浏览条）停在适当的帧上时，这些帧标记在浏览器和查看器中可见，但这些图标不会导出。

> **深度思考**
> 只需逐一编辑，就能将同一片段的多个部分编辑到时间线中。此小窍门的特别之处在于可以同时选择同一片段中的多个范围，然后将它们作为一组，编辑到时间线中。

图 4.4　片段图标

图 4.4 第一列分别是播放头停放在浏览器剪辑的入点（上图）和出点（下图）上。

图 4.4 第二列分别是播放头停放在时间线剪辑的入点（上图）和出点（下图）上。

图 4.4 第三列分别是播放头停靠在时间线的第一帧（上图）、最后一帧（中间）和时间线的末端（下图）。

编辑片段

片段标记后，编辑将决定其在时间线中的顺序。

197 磁性时间线并不难用！

一旦你了解了它的作用，它就会给你带来难以置信的帮助。

在 Final Cut Pro 中，没有什么比磁性时间线更遭人诟病了。但一旦你了解了它，它就会成为一个神奇的工具。在 Final Cut Pro (X) 之前，所有视频编辑系统都存在一个大问题，那就是时间线上 1~2 帧的间隙所造成的黑色快速闪烁。除非你将时间线放大，否则这些闪烁根本无法看到。这个问题非常棘手，以至于 Final Cut Pro 7 甚至增加了一个特殊的快捷键来查找和删除这些间隙。

Final Cut Pro (X) 修复了这个问题。当片段素材进入主故事线（即时间线中间的黑色通道）时，它们会自动移动位置，使编辑点始终相接。这让编辑速度变得更快，因为在进行编辑前，你不再需要完美定位播放头或浏览条。

磁性时间线旨在防止出现问题并加快编辑速度。

> **深度思考**
>
> 使用"主要故事情节"的最佳方法是将主要片段放入其中,这些镜头决定了一个场景的走向。对于访谈,它是谈话的头部镜头;对于音乐视频来说,它就是音乐轨道;对于动作片来说,就是主镜头。然后,其他所有镜头都与这个"主要"片段相连。为什么?因为默认情况下,"主故事线"中的片段不会意外改变位置。

> Final Cut Pro 中的四个编辑选项是追加、插入、覆盖和连接。

> **深度思考**
>
> 主要故事情节支持无限数量的剪辑片段(这在某种程度上取决于 RAM 的大小)和最长 24 小时的时间线的持续时间。

> 拖动剪辑片段很容易。键盘快捷键则快得多。

编辑到更高层(苹果公司不喜欢称其为轨道)的片段总是与主故事线中的片段相连。这可以加快编辑速度,因为如果你移动主故事线中的谈话片段,与之相连的所有 B-Roll 和音效片段都会同步移动。

与其他任何非线性编辑软件(NLE)相比,这两项操作上的改变使编辑更快、更安全。不过,正如你将在本章中学到的,有许多技术可以暂时中止这种磁性行为,从而准确地创建你想要的编辑效果。

198 Final Cut Pro 支持四种编辑选项

四种编辑选项分别是:追加、插入、覆盖和连接。

Final Cut 支持四种类型的编辑:追加、插入、覆盖和连接。这四种编辑方式决定了如何以及在何处将片段从浏览器编辑到时间线中。

- **追加(快捷键:E)**。这会将选定的浏览器片段或片段组放置在时间线中所有现有片段末尾的"主要故事情节"中。它忽略播放头或浏览条的位置。追加编辑不会更改、移动或替换任何现有片段。
- **插入(快捷键:W)**。这会将选定的浏览器片段或片段组插入主故事线的播放头(浏览条)位置,并在插入片段的持续时间内,将所有片段推动到下游编辑点的右侧。插入编辑不会更改或替换任何现有片段。
- **覆盖(快捷键:D)**。这会将选定的浏览器片段或片段组编辑到播放头(浏览条)所在位置的主故事线中,并替换当前在主要故事情节中与传入片段持续时间相同长度的任何片段。覆盖编辑不会移动任何现有片段。
- **连接(快捷键:Q)**。这会将选定的浏览器片段或片段组放置在主故事线上方(用于视频)或下方(用于音频)的下一个最高层,以确保不会替换、覆盖或移动任何现有片段。

199 编辑图标、工具和快捷方式

是的,你可以拖动一个片段,但这些快捷方式更快!

当需要将一个镜头从浏览器移动到时间线时,你有以下三种选择。

- 拖动它。
- 使用编辑图标 / 按钮。
- 使用键盘快捷键。

拖动是可行的。拖动很容易,但不是很精确,速度也不快。

如图 4.5 展示了五个编辑图标(其中一个是隐藏的)。图标的编号对应于图 4.5 中的说明编号。

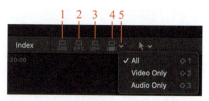

图 4.5 编辑图标:1. 连接,2. 插入,3. 追加,4. 覆盖,5. 菜单

1. 为连接编辑;
2. 为插入编辑;
3. 为追加编辑;
4. 为覆盖编辑;
5. 为"倒 V 形菜单"(Chevron Menu)允许用户选择编辑音频、视频或两

者的 Chevron 菜单。

倒 V 形菜单的设置会保持，直到你更改它，它不会自动重置。

虽然这些编辑图标对新手编辑者很有帮助，但我更喜欢快捷方式。我是个"键盘迷"。这些快捷键意味着我在编辑时可以一只手握鼠标，另一只手操作键盘。

- E 键：追加编辑。
- W 键：插入编辑。
- D 键：覆盖编辑。
- Q 键：连接编辑。
- Shift+1 键：编辑片段的音频和视频。
- Shift+2 键：仅编辑片段的音频。
- Shift+3 键：仅编辑片段的视频。

200 什么是连接片段？

连接片段是不在主要故事情节上的片段。

片段要么在"主要故事情节"中，要么与"主要故事情节"相连。这些连接在"主要故事情节"的片段顶部显示为浅蓝色圆点，代表所连接片段的"入点"。连接到"主要故事线"片段的片段数量没有限制，项目中的层数也没有限制。

连接片段的最大优势在于它们始终与主要故事线片段保持同步。这意味着，如果你有 B-Roll、音效，或者音乐提示与主要故事情节片段相连，然后你认为将主要故事情节片段移动至项目中的其他位置会更合适，只需简单地移动这个主要故事情节片段。与之相连的所有片段都会跟着移动，不会失去同步。

一个片段要么位于主故事线上，要么与之相连接。

201 什么是片段连接？

所有片段都是垂直连接的，但可以移动连接位置。

所有不在主要故事线上的片段都与主要故事线片段相连，见图 4.6。毋庸置疑，这些片段被称为连接片段。这种连接意味着，如果主要故事线片段移动，与之相连的所有片段也会随之移动。

这些连接通过主要故事线片段顶部的浅蓝色圆点表示，除非选择了连接的片段，在这种情况下，你会看到一条淡淡的蓝线。默认情况下，连接点设置在所连接片段的入点。

大多数情况下，这个连接位置都没问题。但有时，你可能需要将连接点移动到不同的主要故事线片段上。要这样做，请按住 Option+Command 键，然后单击连接片段内的任意位置，连接点会移动到你单击的位置。

图 4.6　层上的片段始终连接到主要故事情节上的片段

深度思考

字幕、标题和视频片段，以及包含音频和视频的片段，都位于主要故事线的上方。纯音频片段则位于主要故事线的下方。

第 4 章　基础编辑　129

202 什么是故事情节？

故事情节是一组连接片段和转场效果的集合。

自 FCP 首次发布以来，苹果公司已对故事情节功能进行了改进。现在，故事情节被视为一个单一实体的片段和转场效果的集合，见图 4.7。故事情节可包含音频或视频片段。

图 4.7　两个独立的连接片段（左）和一个连接的故事情节（右）。连接的故事情节只有一个连接点，并且顶部有一个灰色条。每个单独的片段都有一个时间线的连接点，顶部没有条

一个连接的故事情节将一组片段视为它们位于主要故事情节上。

- 片段边缘接触。
- 片段之间不允许有空隙，除非作为间隔片段插入。
- 拖动一个片段会打乱其他片段的顺序。
- 支持添加转场效果。

故事情节最常见的情况是添加转场效果（请参阅第 7 章，转场和文本）。不过，当你想将一个或多个片段进行分组时，就会使用连接的故事情节。故事情节只能对同一层的片段进行分组。（要对多个层上的片段进行分组，请使用复合片段。请参阅技巧 245，什么是复合片段？）

- 要创建故事情节，选择你要分组的片段，然后选择"片段">"创建故事情节"（快捷键：Command+G）。如果片段之间有间隙，Final Cut 会在它们之间添加一个间隔片段。
- 要拆分现有的故事情节，请选择"片段">"拆分片段项目"（快捷键：Shift+Command+G）。
- 要移动故事情节，请拖动顶部条。
- 要重新排列或修剪故事情节中的片段，请选择它并拖动片段，就像拖动主要故事情节中的片段一样。
- 要删除故事情节中的片段，请选择该片段并按 Delete 键。

在添加转场效果时，你会发现自己用得最多的就是故事情节。

203 移动主要故事情节片段

移动片段，保留连接。这是一个重要的决定。

通常情况下，如果你删除了一个"主要故事情节"片段，与之相连的所有片段也会被删除（它们实际上并没有被真正删除，而是从时间线上被移除

了）。然而，如果你有一个片段连接到一个主要故事情节片段，可以移动或删除主要故事情节片段，而不改变其周围连接片段的位置。

诀窍是在你做任何操作之前，先按住键盘上的重音符（`）键不放（这个键在美国键盘上就在 Esc 键下方，与波浪符号（~）是同一个键），你会在鼠标光标旁边看到一个奇怪的橙色地球图标，见图 4.8。现在，你可以在不移动连接片段的情况下，移动或移除主要故事情节片段！所有右侧的片段会向左移动来填补空缺。

图 4.8 按住重音符（`）键并拖动可以移动主要故事情节片段，而不会移动附着在其上的片段

204 限制片段移动

拖动剪辑片段时，按住 Shift 键。

通过在时间线上横向拖动片段来移动片段，可以调整故事的时间线。然而，当你将片段从一层垂直拖动到另一层时，最不希望发生的就是片段改变水平位置，因为这会改变其时间线。

所以这里有一个秘诀：在时间线中向上或向下拖动片段时，按住 Shift 键，以防止片段左右移动。

205 更改片段持续时间

如果你知道自己需要什么，这比拖动更快。

大多数情况下，我们通过拖动片段的边缘来改变片段的持续时间，这就是所谓的修剪。不过，还有一种更快捷的方法，只要你知道所需的持续时间。这改变转场效果、字幕或静态图像的持续时间十分有效。你还可以用它来更改多个选定的时间线片段的持续时间。具体方法如下。

（1）选择要更改的元素。

（2）按 Control+D 键。这将把检视器下的时间码字段切换为"持续时间"模式。

（3）输入所需的持续时间（不要使用标点符号），然后按 Return 键。

此快捷键可同时更改多个选定片段，每个片段的持续时间相同。如果某个片段缺乏足够的持续时间，Final Cut 会将其出点延长至片段末尾，但不会改变片段速度或创建新媒体。

> **深度思考**
>
> 重音符/波浪符号键的位置根据键盘语言的不同而有所变化。在一些国际键盘上，它位于 Shift 键附近。

Final Cut 会根据项目的帧率自动计算出正确的持续时间，并相应调整元素的持续时间。在我编辑每个项目时，都会经常使用这种技术，特别是用于转场效果。

> **深度思考**
>
> Final Cut 可为你添加标点符号并自动进行计算。例如，在以 30 fps（每秒 30 帧）的项目中：
> - 你输入 30，Final Cut 就会输入 1:00（1 分钟）。
> - 你输入 120，Final Cut 就会输入 4:00（4 分钟）。
> - 你输入 45，Final Cut 就会输入 1:15（1 分钟 15 秒）。
> - 你输入 123456，Final Cut 就会输入 12:36:08（12 小时 36 分钟 8 秒）。

206 使用三点编辑实现更高精确度

这些编辑旨在提高速度和精确度。

关于如何将片段编辑到时间线中，一般有以下两种方式。

- 将素材拖到时间线上，然后确定如何处理它。
- 想好如何处理素材，然后将其编辑到时间线上。

归根结底，它们花费的时间可能是一样的，只是取决于你想在哪一步进行思考。这个技巧更倾向于第二种编辑方式。

三点编辑是指时间线中某个范围的持续时间决定了浏览器中剪辑片段的开始和结束位置。在已编辑好的项目中，你需要插入一个镜头，但又不改变整个序列的持续时间，这时就需要使用三点编辑。这些编辑既精确又快速。具体如下。

（1）在浏览器中为片段设置一个入点。

（2）使用"范围"工具在时间线中设置"入点"和"出点"（你不能只选择一个片段）。

（3）按 D 键执行覆盖编辑。这将把浏览器中的片段编辑到时间线中的选定范围，使浏览器片段的入点与时间线范围的入点相匹配，然后用浏览器片段替换时间线范围的其余部分。

（4）按 Q 键执行相同的编辑，但将新片段放在更高的层上。

三点编辑的好处在于精确性。你可以精确控制编辑片段的开始和结束位置，而无须更改项目的持续时间。

207 创建逆序时间编辑

逆序时间编辑突出片段的结束部分。

逆序时间编辑是三点编辑的一种变体。当你更关心片段的结束位置而非开始位置时，就会使用它。体育赛事就是典型的例子，你更想看到选手冲过终点线，而不是他们的起跑位置。

逆序时间编辑是指在浏览器中的片段的出点与时间线上某个范围的出点相匹配。然后，Final Cut Pro 会自动计算出应该放置入点的位置。它不会将片段反向播放；它仅仅是基于出点而非入点来确定编辑点。具体方法如下。

- 在浏览器中的片段中设置一个出点。
- 在时间线中设置一个出点，或使用"范围"工具同时设置入点和出点。

侧边栏：

三点编辑可精确控制已编辑片段的开始和结束位置，而不会改变项目的总持续时间。

> **深度思考**
>
> 如果浏览器片段的长度不足以填满时间线的持续时间，则此编辑将失效。此外，没有必要使用四个点来创建剪辑。如果时间线中有入点和出点，Final Cut 会忽略浏览器中的出点。

> **深度思考**
>
> 在时间线中设置出点时，总会设置一个范围。当执行编辑时，时间线范围的持续时间将决定浏览器片段的持续时间。浏览器的入点将被忽略。如果浏览器片段的长度不足以填满时间线的范围，则编辑会失效。在这种情况下，缩短时间线范围的持续时间。

- 按 Shift +D 键，可将片段逆序时间编辑到时间线中。或按 Shift +Q 键，将片段逆序时间编辑到更高层。

208 使用替换编辑替换时间线片段

Final Cut 支持五种不同的替换编辑。

昨天，你在时间线中编辑了一个片段。今天，你意识到它的持续时间是对的，但放错了片段。替换编辑拯救了你。替换编辑总是用浏览器中的片段来替换时间线中的片段。你不能用一个时间线片段替换另一个时间线片段。

要创建一个替换编辑，你无须选择时间线片段。在浏览器片段中标记（设置入点和出点），然后将其拖到要替换的时间线片段上方。这时会弹出一个菜单（见图 4.9），显示替换选项。

- **替换**。这将用浏览器片段替换时间线片段，并使用浏览器片段的持续时间（快捷键：Shift+R）。

- **从开始替换**。这将用浏览器片段替换时间线片段，并使用时间线片段的持续时间（快捷键：Option+R）。
- **从结束替换**。这将用浏览器片段替换时间线片段，方法是将浏览器片段的出点编辑为时间线片段的出点，然后使用时间线片段的持续时间设置浏览器片段的入点。除了替换时间线片段外，这基本上是一种逆序时间编辑（可使用快捷方式，但未指定按键）。

图 4.9 替换编辑的五个选项。将浏览器片段拖到时间线片段上以显示此列表

- **适应性重时替换**。这将在"技巧 210，何时使用适应性重时替换"中讨论。
- **替换并添加到试演**。这将在"第 5 章，高级编辑"中讨论（请参阅技巧 244，在时间线中创建试演）。

209 使用替换编辑来替换音频

在一秒钟内查找并修复丢失的音频。

你昨天在项目中编辑了一个片段，却发现不小心删除了音频。突然间，你今天真的非常需要这段音频。在这种情况下，撤销将不起作用。错误发生的时间太久了。替换编辑来救场。

下面为快速解决音频丢失问题的方法。

（1）将播放头（浏览条）放置在要修复的时间线片段中的任意位置，甚至不要选择该片段。

（2）按 Shift +F 键。这会在浏览器中创建时间线片段的匹配帧。

（3）按 Shift +1 键。这样可以确保在时间线中同时编辑音频和视频。一旦按 Shift+1 键，就无须再次按下。Final Cut 会在每次编辑中保持这一设置不变。

（4）按 Option+R 键。这会将时间线片段替换为浏览器中的片段，但与时间线片段的持续时间相匹配。

你可以在半秒内替换丢失的音频！

替换编辑是一种快速替换意外删除音频的方法。

第 4 章 基础编辑　　133

210 何时使用适应性重时替换

贴合填充编辑总是会改变输入片段的速度。

替换编辑的一种变体是"适应性重时替换"选项，也称为适应填充编辑。该选项用于创建速度效果，或当 B-Roll 片段太短而无法填满时间线片段时。这与"从开始替换"选项类似，但它需要为浏览器片段指定持续时间。与"技巧 208，替换编辑替换时间线片段"中讨论的三种替换编辑（替换、从开始替换、从结束替换）不同，此操作会改变浏览器片段的速度，使新片段的持续时间与原始时间线片段的持续时间相匹配。

图 4.10 将浏览器片段拖到时间线片段的顶部，即可显示此菜单

（1）为要使用的浏览器片段设置入点和出点。持续时间很重要。

（2）将浏览器片段拖到要替换的时间线片段顶部，见图 4.10。（可使用快捷方式，但未指定按键）

（3）在菜单中选择"适应性重时替换"（Replace with Retime to Fit）。Final Cut 会改变浏览器片段的速度，使其与时间线片段的持续时间精确匹配。适应性重时替换选项总是改变新片段的速度。

211 标记

标记是视频编辑中的黄色便签。

我喜欢标记，见图 4.11。这些愉快的小旗子散布在整个项目中，可用作导航信标、作为待办或已完成任务的列表，甚至是 QuickTime 电影和 DVD 的章节标记。无论是在时间线还是浏览器中创建标记，过程都是一样的。

图 4.11 四种标记类型：1. 标记，2. 章节，3. 待办事项，4. 已完成的待办事项

（珠宝图片 ©2022 EmilyHewittPhotography.com）

> **深度思考**
>
> 标记已粘贴到片段上，而不是时间线上。如果你替换编辑，附加在原始片段上的标记将被移除。没有办法将标记附加到时间线上。

- 要创建标记，请将播放头（浏览条）放在你想要的位置，然后按 M 键。
- 要修改一个标记，请双击标记图标，打开"标记"对话框。
- 要移动一个标记，右击该标记并选择"编辑">"剪切"。将播放头（浏览条）移至新位置，然后选择"编辑">"粘贴"。或将播放头（浏览条）放在标记上，然后按 Control+，（逗号）键或 .（句号）键，一次将标记向左或向右移动一帧。
- 要将播放头跳转到一个标记处，请按 Control+；（分号）键或 Control+'（撇号）键。
- 要删除一个标记，可以双击该标记，并单击"标记"对话框中的"删除"按钮，或者右击该标记并从菜单中选择删除。当修改标记时，将显示"标记"对话框，见图 4.12。

图 4.12 "标记"对话框。顶部的按钮可创建标记：1. 标记，2. 待办事项标记，3. 章节标记

（珠宝图片 ©2022 EmilyHewitt Photography.com）

212 创建章节标记

章节标记不仅适用于 DVD，还适用于 QuickTime 导航。

在我的许多 QuickTime 和 MP4 电影中都有章节标记，见图 4.12。它们在 QuickTime 播放器和其他视频播放器中创建了小导航缩略图，用于跳转到影片中的特定场景。使用章节标记，你并不需要制作 DVD。

（1）如果已存在标记，双击该标记，以打开"标记"对话框。如果没有，将播放头（浏览条）放在你想要的位置，然后按 M 键。

（2）再次按 M 键打开"标记"对话框。

（3）单击最右边的图标（图 4.12 中的 3）创建一个章节标记。

章节标记通常在视频播放器中显示一个海报帧。圆形橙色圆点（见图 4.13）选择用于海报的框架。它位于标记后 16 帧处，以避免将溶解效果的中间部分显示为海报帧。若要选择合适的帧，请将圆点拖动到要使用的帧上，该帧不必位于同一片段中。

图 4.13 橙色标记是章节标记。圆形橙色圆点选择该标记的海报帧。拖动圆点以更改帧

（珠宝图片 ©2022 EmilyHewittPhotography.com）

注 尽管 Final Cut 支持选取章节海报框架，但 QuickTime Player 会忽略它。相反，它会在标记下显示框架。

深度思考
存在一个添加章节标记的快捷方式，但未指定任何键。

213 间隔（Gaps）和时间线占位符（Timeline Placeholders）

间隔和占位符有多种用途。

间隔是一个不透明的纯黑色片段，默认持续时间为 2s，但持续时间可以根据你的需求设置。我使用间隔来分隔场景，添加短暂的停顿，或者仅仅作为一个指示，表明某些内容缺少。要添加间隔，选择"编辑" > "插入生成器" > "间隔"（快捷键：Option+W）。这会在播放头（浏览条）位置插入一个两秒的间隔片段。你可以像调整其他任何片段一样调整间隔的持续时间。

占位符与间隔相似，都是编辑到时间线上的可变持续时间片段，可用于模

深度思考
这些占位符不是真正的"故事板"工具。例如，你不能移动其中的人物。但它们对于直观地思考缺失的镜头和基本构图非常有用。

第 4 章 基础编辑 135

拟缺失的镜头。占位符的内容可在检视器中调整。
- 若要添加一个新的占位符，请选择"编辑">"插入生成器">"占位符"（快捷键：Option+Command+W）。
- 要修改现有的时间线占位符，请选择时间线上的片段。单击"检视器"顶部的"生成器"图标（红色箭头），见图4.14。在出现的面板中，选择你希望出现在占位符中的对象。

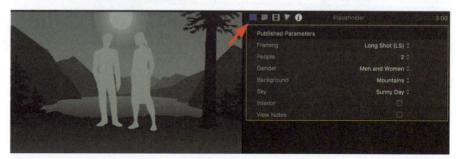

图4.14　生成器的检视器中的占位符内容选项

214 查找重复媒体

这是一种快速查找项目中多次使用的镜头的方法。

苹果公司最近增加了一项功能，可以快速查找项目中重复的媒体。苹果公司称这些为"重复范围"，该功能默认为关闭。要显示项目中重复使用的媒体，请执行以下操作。

（1）打开时间线右上角的片段外观按钮（见图4.15），然后选择"重复范围"（Duplicate Ranges）复选框。

使用相同媒体的片段会在时间线上以散列标记的形式标记在片段顶部，见图4.16。

（2）打开时间线索引，单击Chevron按钮（红色箭头），并选择显示具有重复范围的片段，见图4.17。

在"时间线索引"中选择一个片段，将会在时间线中选择该片段，并将播放头移动到该片段的入点。

图4.15　使用"编辑外观"菜单显示重复的媒体

图4.16　使用相同媒体的片段，上方用散列标记表示

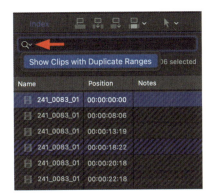

图 4.17 "时间线索引"显示共享媒体的片段。选择片段时，其他共享媒体的片段会以蓝色（右侧）突出显示

编辑工具

编辑工具用于选择、修改、修剪或移动时间线上的片段。

215 工具面板

这些是你需要的编辑和修剪工具。

与大多数工具集一样，此工具集是隐藏的。单击时间线顶部带有 V 形的箭头图标以显示它，见图 4.18。

- 选择（Select）（快捷键：A）。（我们称为箭头工具）用于移动和选择材料的工具。
- 修剪（Trim）（快捷键：T）。用于滚动和滑动修剪。
- 定位（Position）（快捷键：P）。关闭磁性时间线，以独立移动片段。
- 范围选择（Range Selection）（快捷键：R）。在时间线或浏览器中设置入点和/或出点范围。这是"选择"工具的专用形式。
- 刀片（Blade）（快捷键：B）。剪切片段。
- 缩放（Zoom）（快捷键：Z）。放大或缩小时间线。
- 抓手（Hand）（快捷键：H）。在不移动任何片段的情况下移动时间线。

图 4.18 单击 V 形以显示时间线工具选项板

216 定位工具的力量

定位工具会禁用磁性时间线。

定位工具（快捷键：P），见图 4.19，通过禁用时间线的磁性属性，将任何片段移动到任何地方，甚至留下间隔。从本质上讲，当定位工具处于活动状态时，Final Cut 会像其他所有非线性编辑器一样进行编辑。

- 拖动片段时，该片段不会弹回。取而代之的是，在前一个片段的结尾和你正在移动的片段之间插入一段黑色视频片段，称为间隔。

图 4.19 定位工具将覆盖磁性时间线

> **深度思考**
>
> 要暂时切换到定位工具，请按住 P 键。松开后，Final Cut 会恢复到以前使用的工具。

- 修剪片段时会留下一个间隙。
- 将一个片段拖到另一个片段上时，新片段的边缘会覆盖旧片段。
- 移动片段时，创建的任何开放空间都会被填充为间隔。

定位工具提供了关于片段移动时行为方式的选择；启用磁性时间线或将其关闭。

217 范围选择工具无法选择任何内容

范围选择工具可在时间线或浏览器中设置入点和出点。

范围选择工具（快捷键：R），见图 4.20，是"选择"工具的一种特殊形式。它的作用只是在时间线或浏览器中设置一个入点和出点。从工具面板中选择范围工具。

图 4.20 范围工具设置入点和出点

范围选择工具用于浏览器，但更常用于时间线（虽然可以使用 I 键和 O 键设置入点和出点，但范围选择工具更简单，只需拖动即可）。

选择不同的入点和出点。时间线范围可以小到片段中间的几帧，也可以跨越多个片段。范围通常不会在片段的边缘结束，但也有可能（见图 4.21）。范围选择可用于以下用途。

- 导出部分时间线；
- 在范围内调节音频水平；
- 在范围内调整关键帧；
- 创建三点编辑和逆序时间编辑；
- 删除片段的部分内容，或时间线中不包含整个片段的部分。

要删除范围选择，请使用"箭头"工具在黄色范围边界框外单击。

> **深度思考**
>
> 临时切换到范围选择工具，请按住 R 键，然后绘制范围。当你松手时，Final Cut 会恢复到之前的工具。不过，我们不能通过拖动或使用键盘快捷键来移动已有的范围。

图 4.21 跨越两个片段的时间线范围。请注意入点和出点上的调整手柄

218 使用刀片工具剪辑片段

刀片工具和快捷键都可以工作，但它们的工作方式不同。

刀片工具（快捷键：B），见图 4.22，可以切割片段。按 Command+B 键也可以切割片段。但它们的切割方式不同。

从工具面板中选择刀片选择工具。刀片选择工具可以在任何位置切割单个片段，无论片段是否被选中。如果按 Shift 键，刀片选择工具会切割你单击的所有片段，包括字幕。

138　Final Cut Pro 实用手册

按 Command+B 键可切割一个或多个片段，但仅限于播放头（浏览条）的位置。
- 如果未选中任何片段，按 Command+B 键将切割"主要故事情节"片段。
- 如果选中了部分或全部片段，则只切割选中的片段。
- 如果所选片段已禁用（V），它仍会切割该片段。

刀片选择工具在切割位置选择方面更加灵活。按 Command+B 键仅在播放头（浏览条）位置切割选定的片段，效率更高，选择性更强。

图 4.22 "刀片"工具切割片段

> **深度思考**
> 选择刀片工具的快速方法是按住 B 键，切割片段后松开，Final Cut 会恢复到你上一次使用的工具。刀片工具可切割字幕。按 Command+B 键则不行，除非字幕已被选中。

219 缩放工具

这是一种更快地改变时间线比例的方法。

缩放工具（快捷键：Z），见图 4.23，可改变时间线的比例，但不会影响任何片段。
- 要放大，请选择缩放工具并在时间线上单击。
- 要放大时间线的特定部分，可将缩放工具拖到要查看的区域。
- 要缩放，请在时间线上按住 Option 键并单击"缩放"工具。
- 选择另一个工具后，按住 Z 键，然后单击或拖动来调整时间线的大小。Final Cut 会放大时间线。然后，当你松开 Z 键时，它会选择前一个工具。

图 4.23 缩放工具调整时间线的比例

> **深度思考**
> 这三个缩放快捷键在时间线和检视器中均可使用：
> - 按 Command++（加号）键放大。
> - 按 Command+-（减号）键缩小。
> - 按 Shift+Z 键可将时间线或检视器调整到窗口大小。

220 抓手工具

抓手工具是一个移动工具。

抓手工具（快捷键：H），见图 4.24，可移动时间线而不移动时间线上的任何东西。它是唯一不能以某种方式选择或修改片段的工具。

（1）从工具面板中选择抓手工具。
（2）在时间线上拖动它。时间线会移动，但片段不会移动。
（3）更快的方法：按 H 键。
（4）拖到你想去的地方，然后松手。Final Cut 会切换回你使用的上一个工具。

图 4.24 抓手工具在不移动片段的情况下移动时间线

> **深度思考**
> 在时间线上左右移动的另一种方式是拖动时间线最底部的小浏览条。我觉得抓手工具更容易使用。

221 隐藏的删除键

这对于笔记本电脑键盘特别有用。

全尺寸键盘有两个删除键：大的一个标有 Delete，小的一个标有 Del。大键向左删除文本，小键向右删除文本。

但如果你使用的是笔记本电脑则 Del 键并不存在。这就需要使用隐藏的 Delete 键，见图 4.25。

- 一如既往，按 Delete 键删除左侧文本。
- 按 Fn+Delete 键删除右侧文本。

我经常用这个功能。

图 4.25　笔记本电脑键盘上的两用 Delete 键

> **深度思考**
> 按 Delete 键可从时间线上删除所选片段。Fn+Delete 键会以相同时长的间隔替换所选片段。

222 时间线片段菜单

与浏览器和检视器一样，时间线也有一个隐藏的菜单

右击任何时间线片段以显示其隐藏的（上下文）菜单，见图 4.26。这些选项中的大多数都涉及编辑或修剪。我们将在其他提示中介绍它们。

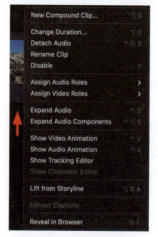

图 4.26　右击任何时间线片段以显示此上下文菜单

修剪片段

修剪可调整两个片段的接触位置。编辑是故事的基础，修剪则让故事更完美。修剪比编辑花费的时间要多得多，因为它就是那么重要。

223 修剪的基础知识

下面介绍如何修剪编辑点。

编辑点是两个片段接触的地方，它有三个边缘：输出片段的"出点"、输入片段的"入点"以及同时是"入点"和"出点"的边缘。

要修剪编辑点，请执行以下操作之一。

- 选择"箭头"（选择）工具（快捷键：A）并拖动"出点"或"入点"，见图 4.27。这是一种波纹修剪，因为它调整了编辑点的一侧，所以它的效果会波及整个时间线。

- 选择"修剪"工具（快捷键：T），并在编辑点拖动"出点"和"入点"，称为滚动修剪，因为它同时调整了编辑点的两侧，所以它会将编辑点滚动到新位置。

图 4.27　通过使用"箭头"工具拖动，来修剪出去片段的出点

当你拖动时，编辑点上方的数字会显示当前时间码（左侧）以及所选帧或编辑点在修剪过程中的移动量。除拖动外，你还可以使用几个键盘快捷键来进行修剪。将播放头（浏览条）放在要调整的编辑点上，然后执行以下操作。

- 按左方括号键（[）选择出点。
- 按右方括号键（]）选择入点。
- 按反斜线（\）可同时选择入点和出点。
- 按逗号（,）将所选编辑点向左移动一帧。
- 按句号（.）将所选编辑点向右移动一帧。
- 按 Shift +, 键将所选编辑点向左移动 10 帧。
- 按 Shift +. 键可将选定的编辑点向右移动 10 帧。

在时间线上选择编辑点，步骤如下。

（1）按加号（+）键将时间码显示切换到数据输入模式，并告诉 FCP 你打算将选定内容向右移动。或者——按减号（–）键将时间码显示切换到数据输入模式，并告诉 FCP 你打算将选择向左移动。

（2）输入你希望所选对象移动的秒数和/或帧数。

（3）按 Enter 键应用移位。只要选定的编辑点有足够的手柄，且未被其他非选定的片段阻挡，它就会立即移动。例如：

- 输入 +16，然后按 Enter 键，将选择内容向右移动 16 帧；
- 输入 -8，然后按 Enter 键，将选择内容向左移动 8 帧。

> **深度思考**
> 如果在时间线中选择了一个或多个片段，则这些快捷键也会移动这些片段，只要它们没有被另一个片段遮挡。

224　手柄对修剪至关重要

手柄是片段两端的额外视频。

手柄是"入点"之前或"出点"之后的额外音频或视频。它们对于修剪和转场至关重要，因为如果需要将"入点"提前或将"出点"延后，就需要额外的媒体来完成。

Final Cut 会提醒你片段的末端（入点或出点）是否有手柄，见图 4.28。如果所选片段的末端为黄色，则表示编辑点之外还有额外的帧。如果边缘为红色，则表示片段结束。

图 4.28　红色括号表示没有手柄；黄色括号表示有手柄

> **深度思考**
> 不过，黄色括号并不表示有多少手柄，可能只有一帧。没有手柄时，可以将片段剪得更短，但不能剪长。

225 修剪片段的首尾

有时，你只需要一些快速而简单的操作。

如果最后期限再紧迫一些，它几乎就贴在你面前了。你所需要做的只是修剪时间线片段的开头和结尾，然后将其导出。没有时间去拖动任何东西。为了追求极致的速度，使用浏览条在修剪点上方悬停，不要单击任何东西。

从修剪到导出，整个过程只需几秒，导出在后台进行。表 4.1 列出了这些快捷键。

表 4.1 修剪片段首尾的快捷键

快捷键	它的作用是什么
Option +[	将片段的开始修剪到播放头（浏览条）
Option +]	将片段的结尾修剪到播放头（浏览条）
Option+\	将片段修剪到选定的范围（这需要使用"范围"工具来设置范围）
Command+E	将片段导出到默认目的地

226 隐藏的"精准编辑器"

"精准编辑器"是一个了不起的教学工具。

如果你不熟悉编辑和修剪，"精准编辑器"（Precision Editor）是一种学习和培养修剪技能的交互式方式。要打开它，请双击任何编辑点，见图 4.29。编辑点随即打开，位于传出片段的顶部。

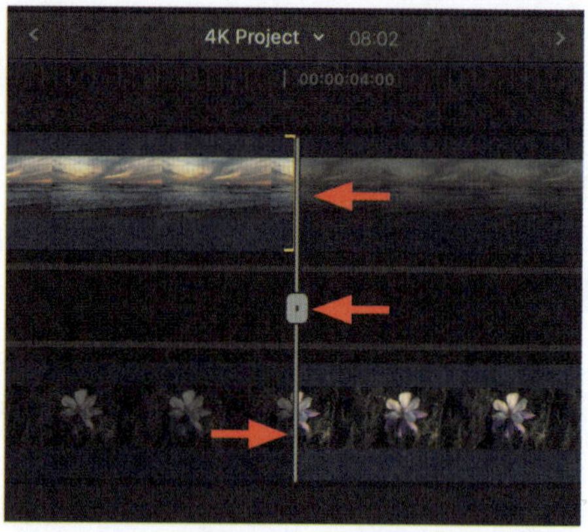

- 要调整出点，请拖动顶部编辑点（顶部箭头）。这会创建波纹修剪。
- 要调整入点，可拖动底部编辑点（底部箭头）。这也会创建波纹修剪。

图 4.29 在"精准编辑器"顶层中选择"出点"

- 若要同时调整入点和出点，请在层之间拖动灰色框控件（中间箭头）。这将创建滚动编辑。
- 每个片段末尾的较暗区域表示"入点"之前或"出点"之后的手柄量或额外视频的数量。
- 选定的片段边缘为黄色，表示片段具有手柄；红色边缘表示没有手柄。
- 要退出"精准编辑器"，请按 Esc 键，或双击中间的滚动修剪图标（中间箭头）。

> **深度思考**
> 对精准编辑器一个很大的限制是，它无法将音频与视频分开修剪。因此，我将其用作教学工具，但不用于实际剪辑。

这是一个很好的教学工具，用于学习修剪过程中发生的事情以及手柄对于有效修剪的重要性。

227 "修剪编辑"窗口

对你在时间线上的操作提供反馈。

只有当你启用"偏好设置">"编辑">"显示详细的修剪反馈"时，才会出现"修剪编辑"窗口，见图 4.30。

使用"选择"（箭头）或"修剪"工具抓住剪辑边缘并拖动时，将出现"修剪编辑"窗口，见图 4.31。

图 4.30　偏好设置 > 编辑（Preferences > Editing）

图 4.31　"修剪编辑"窗口。左侧是出点，右侧是入点

窗口左侧显示编辑点的出点；右侧窗口显示编辑点的入点。当你拖动编辑点的选定部分时，该窗口会显示正在发生的变化。

如果"显示详细修剪反馈"没有在"编辑">"偏好设置"中被选中，Final Cut Pro 只会显示你正在调整的帧。我更喜欢看到两个窗口，这就是为什么我打开这个首选项的原因。使用修剪编辑窗口修剪要容易得多（请参阅技巧 70，优化编辑偏好设置）。

228 超快修剪捷径

这个键盘快捷键是一个高速修剪工具。

有时，你只想快速地将选定的编辑点移到其他地方。

（1）选择要移动的编辑点的一侧。

（2）将播放头（浏览条）放置在你想要的位置。

（3）按 Shift +X 键。这种技术称为扩展编辑。选定的编辑点会跳转到播放头，前提是你正在修剪的片段上有足够的手柄，而且移动不会被其他片段阻挡。我经常用它来调整字幕持续时间、滚动修剪和调整层。

> 按 Shift+X 键是移动选定编辑点的最快方法。

229 分割编辑：编辑工作的主力军

分割编辑：音频和视频编辑点出现在不同时间。

毫无疑问，对我来说，最重要的修剪是分割编辑，见图 4.32，这是指音频和视频编辑点出现在不同的时间，分割编辑一般在主要故事情节中创建。

"技巧 305，分割修剪单独编辑音频"详细介绍了如何做到这一点。我在此提及，是因为它与编辑和修剪有关。

230 启用片段预览功能

片段预览是快速查看时间线片段的一种方式。

图 4.32 将音频编辑滚动到视频编辑右侧进行拆分编辑

关闭预览（快捷键：S）。将鼠标光标放在时间线片段内并拖动。没有任何反应。

按 Option+Command+S 键。现在在时间线片段内拖动鼠标光标。看看你多快能在检视器中看到那个时间线片段的内容。

为什么要这么做？想象一下，你有多个片段垂直堆叠，其中一个效果遮挡了大部分片段（顺便说一下，这是一个非常典型的效果）。即使片段被另一个在更高层上的片段遮挡，片段预览也能显示该片段。

如果你的时间线片段只有一层，就没有必要使用这种技术。

> **深度思考**
> 查看被上层片段阻挡的下层片段的唯一方法是选择所有上层片段，然后按 V 键关闭它们的可见性。要使这些片段再次可见，选择它们并再次按 V 键。

231 如何使用音频片段预览

片段预览使高速音频审核成为可能。

在"第 2 章，Final Cut Pro 界面"中首次接触到预览。音频片段预览是片段预览的一种特殊形式，这是一种快速审查单个音频片段的方法，而不会听到其上方或下方的其他音频片段。它让你能够专注于特定片段的声音。

（1）选择"查看">"片段预览"，或按 Shift +S 键。

（2）将鼠标光标拖过时间线上你想听的片段。重复同样的按键，即可关闭片段预览。

> **深度思考**
> Final Cut 会改变预览时音频的音调，使其听起来速度快，但不会发出刺耳的声音。

232 滑动修剪优化 B-Roll

滑动修剪：在不改变位置或持续时间的情况下调整内容。

另一个我离不开的隐藏修剪工具是"滑动"工具，这个工具可以调整镜头的内容，将其提前或延后，而不会改变片段在时间线中的位置或片段的持续时间。它就像墙上的一扇窗，你无法改变窗口的大小或位置，但通过移动位置，你可以改变视角。

（1）选择修剪工具（快捷键：T）。

（2）在你想要调整的片段中间单击。

（3）向左或向右拖动。"修剪编辑"窗口会打开，并在左侧显示滑动片段的入点，在右侧显示出点。

我经常用它来找到最适合特定持续时间和位置的 B-Roll 片段。

我在编辑过程中设定片段的时间。一旦进入时间线，我就会使用滑动修剪来调整内容，直到找到最适合我的故事的内容。

> 滑动修剪可调整片段内容，而不会改变其位置或持续时间。

144　Final Cut Pro 实用手册

时间线索引

时间线索引是 Final Cut 独有的功能，它以可搜索的列表形式跟踪和组织时间线中的所有元素。

233 时间线索引

这是一个强大的导航和组织工具。

时间线索引是 Final Cut 独有的功能，也是组织时间线中所有元素的强大工具。苹果公司将其描述为基于列表的时间线视图。我经常使用它来查看片段、标记、关键词、标题和角色，以及选择片段和浏览时间线。当你播放一个项目时，时间线上的播放头和索引中的水平播放头会同步移动。

要打开索引（见图 4.33），请执行以下操作之一。

- 单击时间线左上角的索引按钮。
- 按 Shift +Command+2 键。

下面是你可以在时间线索引中进行的操作。

- 查看当前打开项目中的所有片段列表，按时间顺序排序。
- 单击任何片段名称或其他元素，播放头就会跳转到该片段，并将其显示在检视器中。
- 在时间线上选择一个或多个片段或其他元素。
- 重命名片段——选择它，输入新名称，然后单击 Return 键。
- 按名称或名称的一部分搜索片段、标题、标记或其他时间线元素。
- 删除元素可在时间线中删除该元素。
- 查看和添加注释。（但是，我发现选择片段，然后在信息检查器中添加注释更容易。请参阅"技巧 171，为一个或多个片段添加备注"）
- 查看活动的多摄像头角度。
- 查看、重新分配和编辑角色。

图 4.33 时间线索引。单击"索引"一词以打开

234 时间线索引：自定义

像浏览器一样修改时间线索引中的列。

时间线索引将时间线中的所有元素整理成一个列表，就像电子表格一样。

- 要更改列宽，请拖动两列标题之间的分隔线。
- 要移动列，可拖动并重新排列标题。
- 要显示更多列，请右击一列，见图 4.34。此功能不适用于角色标签，因为它不使用列。

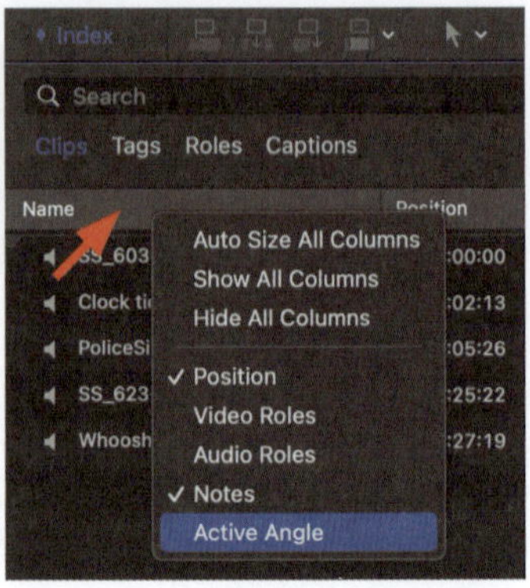

图 4.34　右击列标题以显示隐藏的时间线索引列

235 时间线索引：导航

时间线索引比滚动浏览时间线更快。

时间线索引是为提高速度和组织性而设计的。它是一种快速查找片段（音频、视频或标题）的方法，例如检查拼写或应用效果。

在图 4.35 中，如果仔细观察左侧边缘，会看到一个微弱的播放头（红色箭头指向它）。这与时间线播放头的移动相呼应，因为时间线索引本质上就是时间线本身，只是以列表的形式重新呈现。

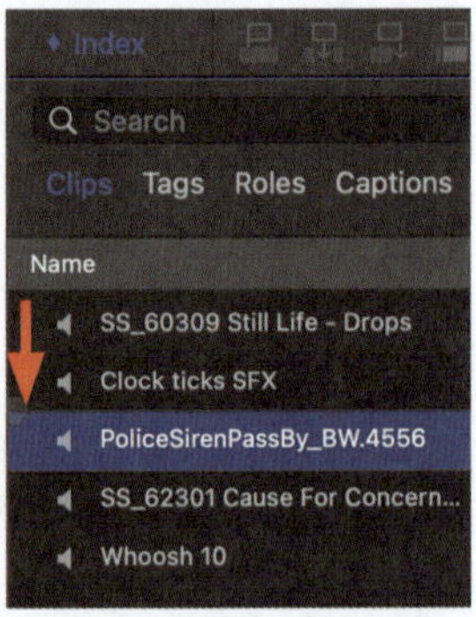

图 4.35　单击任何一行文本可以将播放头移动到该元素并选择它

- 要查找一个元素，请在搜索框中输入文本。
- 要跳转并选择一个片段，请单击任意一行文本。
- 要选择一系列片段，请按住 Shift 键单击多行文本。
- 要选择任何单击的任何片段，请按住 Command 键单击多行文本。
- 要删除片段，请选择一行或多行文本，然后按 Delete 键删除。一旦选中某个内容，就可以很容易地添加效果、移动该组，或删除它。

> **深度思考**
>
> 在时间线索引中更改标题的文本只会更改其名称；它不会更改标题本身的实际内容。要更改内容，需要选择并直接更改文本片段本身。同样，你不能使用时间线索引来拼写检查标题。

236 时间线索引：片段

查找、排序、重命名和浏览片段。

（1）打开时间线索引并单击片段，见图 4.36。

（2）在底部，选择查看所有片段或将其筛选为视频、音频或标题。

我发现在项目结束时，“标题”选项非常有用。我可以快速地从一个标题跳转到下一个标题，以验证格式和拼写。这种高速审查比滚动并浏览时间线并检查标题要快得多。

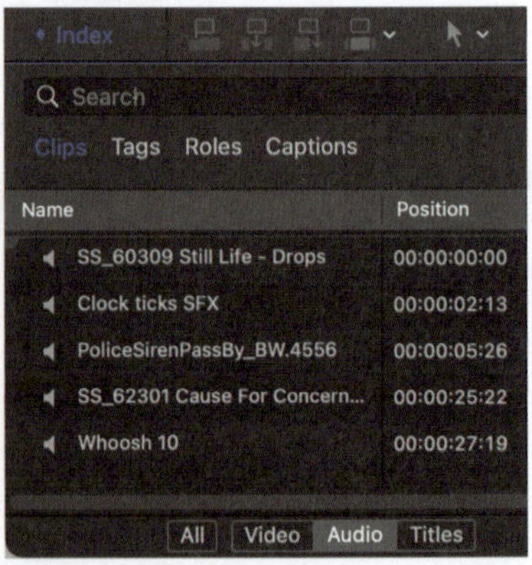

图 4.36　时间线索引中的片段面板，已选择音频片段

237 时间线索引：标签（Tags）

这是时间线索引中最有用的部分。

时间线索引的标签部分（见图4.37）对我来说最有用。这里显示所有标记（Markers）和关键词。下面的编号列表与图4.37中的编号呼应。

1 为所有标签；[1]
2 为所有标准（蓝色）标记；
3 为所有关键词；
4 为通过分析创建的所有关键词（例如，查找人）；
5 为待办事项标记；
6 为已完成的待办事项标记；
7 为章节标记。

图4.37　1.所有标签，2.标准标记，3.关键词，4.分析关键词，5.待办事项标记，6.已完成的待办事项，7.章节标记

我的所有视频都包含用于导航的章节标记。与标题类似，在最终导出前，我也会使用此面板查找并查看每个标记。此外，在"技巧240，时间线索引：标记"中，我将介绍如何使用待办事项标记来创建编辑清单。

238 时间线索引：角色（Roles）

角色对于音频来说非常有用，但它们并不容易理解。

当苹果公司在Final Cut中引入角色概念时，我觉得它们既陌生又令人生畏。但在此后的几年里，我花了很多时间学习如何使用它们，现在它们几乎已成为我所有项目的一部分。时间线索引简化了角色的使用，见图4.38。

"第6章，音频"详细介绍了如何使用角色。

例如，我每周编辑网络研讨会时都会使用角色。我在Final Cut中进行编辑，然后将音频发送到Adobe Audition进行音频清理和优化。混合后的音频以立体声的形式导出，然后导入Final Cut，并为其分配最终混合（Final Mix）角色。使用时间线索引的这

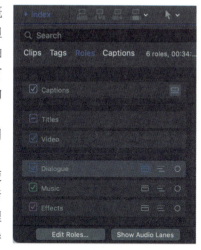

图4.38　时间线索引中的"角色"面板

一部分，我只需单击，就能禁用所有对话和特效片段，并启用最终混音。无须弄乱图层或单个片段，效果极佳。

239 时间线索引：字幕

使用时间线索引查找和编辑字幕。

时间线索引在查找和审查项目中的每个字幕时都非常有用，见图4.39。操

注：[1] 标签（Tags）包含标记（Markers）和关键词（Kegwords）。

作方法与片段面板中的操作方法相同。

图 4.39 "时间线索引"中的"字幕"面板

不过，我真正喜欢这个面板的地方在于，能够双击一个字幕在时间线上打开它进行编辑。这在标题中是做不到的，但在标记中却可以做到。不过，你不能使用时间线索引来更改字幕的时长。字幕的持续时间只能在时间线上更改。

240 时间线索引：标记（Markers）

这里有一些你可以用标记做的额外技巧。

虽然不能从时间线索引中复制和粘贴标记（见图 4.40），但以下是你可以做的一些操作。

- 选择一个或多个标记并删除它们。
- 按类别显示标记：章节、标准、待办事项和已完成的待办事项。
- 双击标记可打开它进行编辑。
- 为标记添加注释，注释与标记文本不同。

你甚至可以在时间线上建立一个编辑清单，然后将其显示在时间线索引中，见图 4.41。要查看待办事项，请单击左侧红色箭头所指的图标。

单击其右侧的图标可查看所有已完成的待办事项。单击时间线索引中某项待办事项标记左侧的图标，将其标记为已完成。

> **深度思考**
>
> 要查看特定类型的标记，请单击此面板底部的其中一个按钮（参见技巧 237，时间线索引：标签）。

图 4.40 四种不同的标记及其图标（从上到下）：章节、标准、待办事项和已完成的待办事项。注意场景 2 下方的水平播放头

图 4.41 使用时间线索引建立待办事项列表。在待办事项（左箭头）或已完成的待办事项（右箭头）之间进行选择

148　Final Cut Pro 实用手册

基础编辑的快捷键

类别	快捷键	作用
标记	I	在播放头（浏览条）处设置出点
	Shift+I	跳转到出点
	Option+I	删除出点
	O	在播放头（浏览条）处设置出点
	Shift+O	跳转到出点
	Option +O	删除出点
	X	为整个片段设置入点和出点
	选项 +X	同时删除入点和出点
编辑	E	将选定片段追加到时间线末尾
	W	将选定片段插入播放头位置
	D	在播放头位置覆盖选定片段
	Q	在更高一层上编辑选定片段
	Command+V	将片段粘贴到播放头的"主要故事情节"中（浏览条）
	Option +V	将片段粘贴到播放头的"主要故事情节"层上方（浏览条）
	Option +Command+ 向上箭头	将主要故事情节中选定的片段提升到更高的层
	Option+Command+ 向下箭头	将选定的连接片段覆盖到主要故事情节中
	Command+G	将上层片段整合为一个有关联的故事情节
	Shift+R	用浏览器片段替换时间线片段，使用浏览器片段持续时间
	Option +R	用浏览器片段替换时间线片段，使用时间线片段持续时间
	Option +W	播放头插入间隔
	Command+B	在播放头（浏览条）剪切所选片段，不剪切字幕除非被选中
	M	添加标记
	Option +M	添加标记并打开标记对话框
	Control+ [逗号 / 句号]	向左 / 向右移动播放头（浏览条）下的标记一帧
修剪	Shift+X	将编辑点扩展到播放头的位置
	[-] - \	选择左侧、右侧或两个编辑点进行修剪
	[逗号 / 句号]	将选定的编辑点或片段向左 / 向右移动一帧
	Shift+[逗号 / 句号]	将选定的编辑点或片段向左 / 向右移动 10 帧
	Shift+ 拖动	拖动时间线片段时，将移动限制在向上或仅向下
	Shift+ 刀片工具	在单击的位置剪切所有时间线片段，包括字幕
选择与导航	S	切换开启 / 关闭片段预览功能
	N	切换开启 / 关闭吸附功能
	V	切换开启 / 关闭时间线上片段的可见性
	Shift+Command+2	显示 / 隐藏时间线索引，方便浏览和选择片段
	Control+; / '	将播放头跳转到上一个 / 下一个标记
	Command+ 向上箭头	在时间线的下一层选择片段
	Command+ 向下箭头	选择时间线下一层的片段

篇章总结

　　本章是知识点很密集的一章。本章介绍了编辑和修剪的基础知识。在下一章中，我们将学习 Final Cut Pro 中的高级编辑和修剪技巧。

第 5 章

高级编辑

引言

本章探讨了多种高级技术,这些技术是对基础编辑和修剪的补充,包括一些仅在 Final Cut 中有的技术。你可能不会经常用到,但了解它们的内容和工作原理还是很有帮助的。为什么呢?因为它们可以节省时间、简化编辑,并让你的项目看起来更出色。

- 巧妙的技术
- 复合片段
- 多机位编辑
- 隐藏式字幕
- 色彩基础知识和视频范围
- 快捷键

> ### 本章定义
>
> - **角度**（Angle）。在多机位剪辑中，指的是单一轨道上的一个层次，可以包含多个视频片段。
> - **试演**（Audition）。一组供你预览以挑选出最终放入时间线的单个视频片段。主要用于时间线上的预览，但可以在时间线或浏览器中创建或查看。
> - **下三分之一**（Lower-third）。在画面底部显示的文字，作为图像的一部分永久展示，这种永久性标题具有极高的格式自定义性。
> - **隐藏式字幕**（Closed Captions）。一种可以开启或关闭的文本显示方式。虽然格式选择有限，但它支持多种语言。Final Cut 能够创建、定时、格式化字幕，并将它们作为单独文件输出或直接嵌入视频中。
> - **复合片段**（Compound Clip）。类似于一个"迷你项目"，是一种组织工具，将时间线上一个或多个层的片段组合成一个单一的"嵌套"结构。你可以将复合片段存储在其他复合片段内。复合片段的设置不需要与项目设置匹配。
> - **多机位片段**（Multicam Clip）。一组两个或更多视频片段，通过共同的同步点连接，并被组织成单一的片段。多机位片段主要用于编辑表演效果。FCP 支持在多机位片段中最多包含 64 个不同的摄像机角度，但同一时间只能显示一个角度。多机位片段通常与最终音频混合使用，并且可以包含具有不同帧尺寸、帧率和编解码器的片段。
> - **灰度**（Grayscale）。指图像中的黑白明暗层次，从纯黑到纯白的一系列渐变。图像中每个像素点都有自己的灰度值。
> - **视频示波器**（Video Scopes）。在播放过程中实时显示每一帧的灰度和颜色值的技术分析工具。FCP 提供了三种示波器：波形监视器、矢量示波器和直方图（它还提供了 RGB Parade，这是波形监视器的一种变体）。

这些技巧你不一定全部都需要，但每一项都能为你节省时间。

> ### 巧妙的技术

本系列突出了专业技巧，如修改源片段、智能适应和试演（Auditions），这些技巧可以解决棘手的编辑问题。

🄸 修改源片段

在将片段编辑到时间线之前，为片段添加特效。

通常情况下，在编辑前调整片段可以节省很多时间。例如，如果你计划使用同一片段中的多个部分，并且不想在之后浪费时间对单个片段进行调色。那么使用"打开片段"是一个快速修改片段的方法。选择浏览器中的片段，然后选择"片段">"打开片段"，将开始操作。

打开片段（Open Clip）是在编辑开始之前修改片段的快速方法。

这将打开时间线上的片段，就好像你已经将其编辑在那里，但它还不在任何项目中。添加你想要的任何效果，例如颜色校正。完成后，打开任何项目到时间线中。这些更改都会保存到浏览器片段中，并且将在其编辑到时间线时随其一起移动。

> **进一步操作**
>
> 如果你需要修改一个时间线片段，该片段之前在浏览器中应用了效果，选择时间线片段并选择"片段">"打开片段"。在那里你可以移除/重置效果。无论是对浏览器源片段还是其他任何时间线迭代所做的更改，都不会影响已经编辑到时间线中的该片段的其他修改。

242 使用智能适应（Smart Conform）重构片段

智能适应可以转换选定片段的宽高比。

智能适应可提取现有剪辑片段或片段组，并智能裁剪以适应不同的长宽比。例如，将 16:9 拍摄的媒体转换为 1:1 用于 Instagram，或 9:16 用于垂直广告，或垂直广告的 9:16。工作原理如下。

（1）以正确的宽高比（例如 16:9）编辑一个项目后，以所需的宽高比创建一个新项目，例如纵向（使用 9:16）。重要的是，新项目的帧大小不能与现有项目一致。

（2）从当前项目中，复制想要转变长宽比的片段。复制的动作不会改变当前项目。

（3）将复制的片段粘贴到新项目中。

（4）在新项目中选择这些片段，然后选择"修改">"智能适应"。

Final Cut 会应用"空间符合"，并选择性地裁剪每个片段，以包含它认为是关键内容的信息。要查看原始片段，如图 5.1 所示，启用 Transform 屏幕控件（左下方的红色箭头），然后单击界面右上角的 Dual Boxes 图标（上方红色箭头）。这将显示当前取景，以及整个图像，以便您可以根据需要轻松调整取景。

在视频检查器中选取"变换">"位置"设置来调整水平（X）位置。或者，更常见的是，在播放过程中添加关键帧来移动水平位置。

> **深度思考**
>
> 智能适应通常能做出良好的决策，但往往需要关键帧来微调水平位置。

图 5.1 一个垂直项目中的 16×9 图像，启用了智能适应功能

243 试演预览的可能性

在剪辑之前，将试演片段分组进行预览和比较。

试演将片段组织成组，以便在编辑前进行预览和比较。试演将片段分组，这些组在时间线上很容易复查，以选择在编辑中使用哪一个。试演可以：

- 包含不同的片段，以比较不同的拍摄镜头。
- 包括同一个片段多次，每个片段都有不同的效果，以查看哪种效果最好。
- 包括音频、视频或两者都有。
- 包含不同时长的片段。

以下是在浏览器中创建试演的简单方法。

（1）如果你只想使用片段的一部分，在浏览器中标记该范围。

（2）Command-click（按住 Command 键单击）选择你想要添加到试演的浏览范围。

> 试演是一种快速灵活的预览多种剪辑的方式。

（3）选择"片段" > "试演" > 创建（快捷键：Command+Y）。一个新的试演片段将出现在浏览器中，左上角有一个聚光灯图标。

（4）将新的试演片段编辑到时间线中。

在片段之间切换，步骤如下。

（1）在时间线上选择试演，然后按 Y 键。这时候出现"挑选"窗口，见图 5.2。

（2）播放时间线，以及"选取"窗口中的片段。

（3）单击中心图像两侧的片段，再次播放时间线。

现在播放的是新片段。时间线的持续时间也会改变，以反映新的片段。

图 5.2　时间线中试演片段上方的试演选取窗口。单击两侧的灰色图像可切换预览

试演保留交替剪辑，不会影响时间线中的其他片段。在不查看试演中的片段时，试演的功能与单个片段类似。你可以修剪试演，在试演和其他片段之间应用转场效果，甚至添加关键字和标记。

（4）查看试演中的片段，决定哪一个是最适合你的项目。

（5）单击"完成"。

这将隐藏不需要的片段，并将所选片段保留在时间线上。同时还会保留持续时间，以及应用于试演的任何关键字、标记或效果。

244 在时间线中创建试演

以下是在时间线中创建试演的快速方法。

假设你有一些片段要编辑到一个项目中，但有一个片段不太对劲。嗯……应该用哪个片段来代替呢？试演可以帮助你选择。

要直接在时间线中创建试演，拖动一个或多个浏览器片段在时间线上方，见图 5.3。

- 添加到试演。这将创建一个包含时间线和浏览器片段的试演片段，而不会更改时间线中显示的图像。

图 5.3　将浏览器片段放到时间线片段的顶部，以显示此菜单

- 替换并添加到试演。这将用你在浏览器中选择的第一个片段替换时间线片段，然后创建一个试演，按 Y 键打开试演以供编辑。
- 要拆分时间轴上的试演片段，请选中该片段，然后选择"片段">"分解剪辑项目"（快捷键：Shift+Command+G）。

复合片段

复合片段是微型项目，可以做常规项目做不到的事情。它们是时间线组织、重复元素和视觉效果的有用工具。

245 什么是复合片段？

复合片段是一组片段集合，被分组后作为单个片段处理。

复合片段（见图 5.4）本质上是一个具有自己设置和属性的项目，可以放置在其他项目中。它将多个片段组合成一个实体，并且可以容纳音频、视频、静态图像，甚至其他复合片段，并放置在一个或多个图层上。它可以在浏览器或时间线中创建，但最常在时间线上创建。

它功能强大、灵活、深入，令人惊叹。你可以将它们编辑到项目中、修剪、改变速度、添加效果和转场。它们是动态的，改变任何复合片段的内容，该复合片段的所有更新也会随之改变。

图 5.4　复合片段图标：浏览器（顶部）；时间线（底部）

（珠宝图片 ©2022 EmilyHewittPhotography.com）

一旦创建，你就可以像处理任何片段一样处理它们。

你可以使用复合片段做什么？

- 通过将所有片段合并为一个复合片段，简化时间线上的复杂部分或整个项目。
- 将视频片段与一个或多个音频片段合并，以避免不同步地移动元素。
- 将多个浏览器片段组合成一个单一的复合片段。
- 使用与项目本身不同的设置创建项目部分。它们不需要不同，但关键是它们可以不同。
- 创建在时间线中单独难以创建的特殊效果。

若要创建复合片段，请在浏览器或时间线中选择要分组的片段，然后选择"文件">"新建">"复合片段"（快捷键：Option+G）。如果要在时间线中创建复合片段，则片段可以位于不同的图层上。

创建新的复合片段时，可以选择存储该片段的事件。我更喜欢为复合片段创建一个特定的事件——这样更容易找到它们——并将它们存储在那里。

> **深度思考**
> 复合片段的图像大小、帧速率、音轨和渲染设置可以与项目不同。它们无须不同，但关键词可以不同。将复合片段编辑到时间线中时，复合片段会自动渲染以匹配项目设置。

第 5 章　高级编辑　　155

246 使用复合片段来组织片段

复合片段非常适合组织复杂的时间线。

复合片段的一个常见用途是组织时间线。如图 5.5 所示为一个复杂的多层时间线部分。

（1）选择要分组的片段。
（2）选择"文件">"新建">"复合片段"（快捷键：Option+G）。
（3）为复合片段命名，选择要存储它的事件，并单击"确定"。
（4）双击复合片段可编辑其内容。

- 若要修改复合片段的设置，请在浏览器中选择它，转到"信息检查器"，然后单击"修改"。复合片段设置类似于用于创建项目的设置。
- 若要关闭复合片段，请在时间轴中打开另一个项目，或使用"时间轴历史记录"箭头。
- 若要反汇编复合片段，请选择"片段">"拆开片段项目"（快捷键：Shift+Command+G）。

这些片段将合并为一个片段，并显示在时间轴中。在播放过程中，复合片段的播放方式将与创建复合片段之前的片段完全相同。

> 注 复合片段的持续时间在时间轴中设置。你无法从复合片段内部调整复合片段的"输入"或"输出"。

> 深度思考
> 复合片段存储在库中，可用于该库中的所有项目。但它们不会在库之间自动共享。

图 5.5 （上图）复合片段选择的时间线片段。（下图）复合片段。注意下方片段左上角的复合片段图标（红色箭头）

247 复合片段是动态的

更改任何复合片段，其所有更新也会随之更改。

除了组织能力，复合片段还有一个秘密力量：它们是动态的。这使得它们与项目不同，因为我们不能将一个项目嵌套在另一个项目中。但我们可以将复合片段添加到一个或多个项目中。

例如，假设你创建了一个过渡缓冲器来分隔项目的不同部分。将该缓冲器转换为复合片段，然后根据需要多次将其编辑到你的项目中。哎呀，音频错

> 复合片段是动态的。改变一个，它们全部都会改变。

了，标题里还有一个错别字。

双击浏览器或时间线上的复合片段，将其在时间线中打开，进行更改。一旦你关闭复合片段，时间线上的所有更新会立即同步。

248 制作独立的复合片段

独立的复合片段不会相互影响。

默认情况下，所有复合片段都是动态的。改变其中一个，其所有更新都会改变。大多数情况下，这正是你想要的。但有时，你可能想在复合片段中使用视频，但每次使用时都要更改文本。

通常情况下，你不能这样做，除非你知道这个秘密。

在时间轴中编辑复合片段的第二次更新。然后，让这个复合片段独立。

（1）在时间轴上选择复合片段。

（2）选择"编辑片段" > "引用新复合片段"。

> 使复合片段独立以防止意外的更改。

会发生两件事：一个复合片段的副本出现在浏览器中（名称相同，但末尾加上"副本"），并且时间线中的复合片段被这个独立的副本替换。

现在，当你对独立副本进行更改（你可以重命名）时，原始复合片段及时间线上任何其他更新都不会改变。

249 注意：复合片段音频

在复合片段中使用单声道音频时要小心。

复合片段不能输出单声道音频，只能输出立体声或 5.1 环绕声。如果复合片段中的音频是立体声或环绕声，一切都很好。

然而，如果复合片段包含一个单声道音频片段，将其添加到立体声项目中会导致音频级别降低 6dB。

这可能看起来有些奇怪，但在立体声混音中对单声道音频的处理是正常的。防止这种情况最简单的方法是确保你的复合片段中的音频通道数量与你的项目中的音频通道数量相匹配。

> **深度思考**
> 这种音频级别变化被称为全景法则或全景规则。你可以在 Google 上搜索它。"第 6 章，音频"中将详细地讨论音频。

250 注意：复合片段隐藏标记

复合片段内的标记在时间线中不可见。

如果你在一个或多个片段中添加任何类型的标记（普通、待办事项或章节），然后将其编辑到时间线中，当你关闭该复合片段并将其编辑到时间线中时，这些标记及其注释将不可见。

最简单的解决方法是在时间线中打开复合片段，然后使用"时间线索引" > "标记"（见图 5.6）来记录每个标记的位置。最后，在时间线或浏览器中手动将它们添加到复合片段中。

但是，这仅在复合片段的时间码与项目时间码匹配时有效。

当时间码不匹配时，以下是解决方法。

图 5.6 使用"时间线索引"确定标记位置

（1）复制复合片段内的片段。

（2）退出复合片段并将其暂时粘贴到时间线中复合片段上方（快捷键：Option+V）。

（3）选择复合片段并开启吸附，将播放头移动到各个片段中的标记位置。

（4）右击标记，选择复制。

（5）选择时间线上的复合片段，然后按 Command+V 键粘贴标记。

（6）当所有标记复制完成后，删除顶层片段。

251 在复合片段之间创建过渡

与普通片段不同，你可以将复合片段变长！

当你创建一个复合片段时，Final Cut 会忽略复合片段外的任何媒体并锁定持续时间。这意味着，复合片段的入点和出点即为媒体的开始和结束。换句话说，复合片段没有手柄。

虽然我们可以随时将复合片段修剪得很短来创建句柄，但有时我们并不需要它更短——我们需要它更长。当我们双击一个复合片段在时间线上打开进行编辑时（见图 5.7），两端的白线定义了复合片段的持续时间。问题是我们无法拖动这些白线来延长片段。

图 5.7 两端白线定义复合片段的持续时间

> **注** 我应该提一下，如果你预期要使用转场效果与复合片段，最简单的解决方案是在创建复合片段时使其比你需要的更长，这样当你需要时就有手柄可用。

以下是解决方法（出点容易调整，入点则不是）。要改变出点，步骤如下。

（1）双击复合片段以打开它进行编辑。

（2）将主故事线末端的片段向右拖动，以延长视频超出出点。现在，当你在时间线上拖动复合片段的出点时，你将拥有额外的手柄。关键是要在复合片段的主故事线上延长片段，而不是在上层的剪辑上。

但是，入点的位置不能提前移动。相反：

（1）在时间线上修剪复合片段的入点，以创建你需要的手柄。

（2）打开复合片段，并使用修剪工具滑动第一个片段的内容，以显示你需要的图像（见技巧 232，滑动修剪优化 B-Roll）。

> **深度思考**
> 当你创建一个复合片段时，也正在创建一个主片段。每次你将该复合片段编辑到时间线中时，你正在编辑该主剪辑的链接副本。你对原始复合片段所做的任何更改都会反映在时间线上它的所有实例中。

252 创建超大复合片段

当复合片段大于项目时，可能会产生有趣的效果。

复合片段是一个"迷你项目"。与相连的故事情节不同，复合片段不需要与项目设置相匹配。这为产生有趣的效果提供了机会。例如，创建一个非常大的复合片段，然后让它缓慢地穿过项目的框架，就像水平滚动显示电影名称的文本一样。

秘诀是创建一个超大的复合片段。以下是操作步骤。

（1）确保浏览器中未选择任何内容。

（2）选择"文件">"新建">"复合片段"（快捷键：Option+G）。

（3）给它起个名字。

（4）单击左下角的"使用自定义设置"（Use Automatic Settings）（自定义设置不需要与任何特定纵横比匹配）。

（5）将视频菜单设置为自定义，见图5.8。

（6）输入一个较大的水平尺寸，如图5.8所示的10000。

（7）确保帧频与项目帧频一致。

（8）设置其他需要的参数。

（9）单击"确定"（OK）。

> 注 我在"第8章，视觉效果"中更详细地介绍了效果。

> 复合片段是一个迷你项目。

图5.8　这些自定义复合片段设置仅在创建空复合片段时可用

双击复合片段，在时间线上打开它，然后添加你希望它包含的任何元素。在我的示例中，要让文字飞越屏幕，还需要对复合片段的水平（X）位置设置进行关键帧操作。

> 复合片段可包含文本、片段、生成器、特效，甚至音频。

> **深度思考**
> 在创建复合片段时，默认情况下复合片段会继承任何选定片段的帧大小和帧速率。因此你需要创建一个空的复合片段来更改帧大小。

253 为复合片段应用特效

特效可应用于复合片段内部或外部。

图5.9展示了一个非常宽的复合片段（10000×1080 PX），其中包含文字，

该片段被编辑成 1080p 项目中的一个图层，覆盖在"主要故事情节"中的沙漠图像上。（文字和标题将在"第 7 章，转场和文本"中介绍）。

复合片段中的文字应用了混合模式（Stencil Alpha），以在文字中插入渐变色。然后，为复合片段本身添加"效果">"风格化">"阴影"，使文字从背景中脱颖而出。

我在这里展示这种效果，仅仅是为了拓展你对复合片段可能性的思考。

图 5.9　分屏显示复合片段的内容（左）和时间线中应用的最终效果（右）

> **深度思考**
>
> 创建整个项目的复合片段，可以轻松应用全局调整，例如广播安全（请参阅技巧 480，应用"广播安全"效果）或调整主音频音量级别。另一种实现全局变化的方法是使用调整层（请参阅技巧 456，创建调整图层）。

多机位编辑

随着摄像机的价格越来越低，使用多台摄像机拍摄作品变得越来越流行。Final Cut Pro 为编辑多机位项目提供了功能强大且易于使用的工具。

254 多机位片段用于编辑

多机位就像导演现场表演，而不是用于制作效果或混音。

多机位片段相当于现场制作的导演，你可以选择观众在任何时候看到的摄像机。许多剪辑师认为，多机位是用来制作多个图像同时出现在屏幕上的项目。其实不然。

注：多机位不用于切换实时事件。所有视频都需要先录制，然后才能进行编辑。

多机位编辑更类似于编辑现场制作的内容，而不是电影拍摄（除了它不是现场直播的）。

- 多机位编辑可显示多台摄像机同时从不同角度拍摄的同一场景，因此你可以决定在任何特定时刻在时间线上查看哪一台摄像机。
- 多机位编辑不会产生分割画面、多重图像或类似效果。它只是在不同镜头之间进行选择的一种方式。
- 多机位编辑不会创建音频混音。你每次只能从一个角度听到音频。事实上，大部分多机位编辑都是在音频混合之后进行的。
- 多机位不用于编辑在一台摄影机前多次拍摄的场景，如传统的单摄影机电影制作。
- 如果你需要编辑一段较长的表演，最好将一段较长的多机位片段分成较小的片段，例如一首歌或一个场景，这样可以使编辑过程易于管理。
- 不要使用多机位在时间线上同时显示多个图像。取而代之的是垂直堆叠不同的片段，然后调整图像大小，以便同时看到多个图像。

最好将多机位编辑想象为从多个同时视频输入源编辑现场节目，音频则来自一个音频混音台。然而，多机位的好处在于能够同时查看所有角度，你喜欢哪一个，就编辑哪一个，可以改变主意，直到你对结果感到满意。

> **深度思考**
> 编辑斯科特·纽厄尔写道：多机位编辑对我来说至关重要，我无法强调使用代理文件进行多机位编辑的重要性。同样重要的是，在编辑之前进行色彩校正。

255 多机位片段需要大量的带宽

多机位片段中的片段越多，所需的存储空间就越大。

一个多机位片段同时播放多个视频片段。尽管在角度查看器中播放的视频流已经优化以实现流畅播放，并且没有使用原始片段的全部带宽，但多机位片段仍然需要高速存储设备以及与计算机的快速连接。尽管片段的显示由 CPU 处理，但实际的播放性能取决于你的存储速度。一个能够轻松编辑 4K 单摄像机视频的系统在编辑 4K 多机位时可能会遇到困难。

表 5.1 比较了编辑不同帧大小的 ProRes 422/30 所需的带宽。请记住，"角度查看器"依靠 CPU、GPU 和流媒体引擎的组合来编辑多机位片段，它不会使用全部带宽。其他编解码器需要的带宽各不相同，但你可以理解：存储带宽很重要。带宽的快速增加是我建议使用代理文件编辑多机位片段的关键原因。

表 5.1　多机位编辑的带宽要求

MULTICAM STREAMS	1080P PRORES PROXY	1080P PRORES 422	UHD* PRORES 422
2	11.25 MB/s	36.75 MB/s	147.25 MB/s
4	22.5 MB/s	73.5 MB/s	294.5 MB/s
8	45 MB/s	147 MB/s	589 MB/s
12	67.5 MB/s	220.5 MB/s	883.5 MB/s

* 超高清被视为 4K 图像：3840×2160 PX。真正的 4K 是 4096×2160 PX。来源：AppleProRes 白皮书（2020 年 1 月）

> **深度思考**
> 虽然旋转硬盘可以快速传输数据，但旋转硬盘内的磁头从一个片段跳转到另一个片段所需的时间（称为寻道时间或延迟）却限制了多机位播放。因为如果多机位片段中的摄像机数量增加，你可能需要将媒体文件移动到大容量高速固态硬盘上，以便在编辑过程中流畅播放。

256 在开始之前准备多机位片段

给相机片段贴上标签，使编辑过程井井有条。

你不需要给多机位素材贴标签，但贴标签有助于保持条理清晰。通常，片段名称可能含义模糊，因此添加更易读的文本有助于实际编辑过程中的操作。在浏览器中，选择每个多机位素材，然后转到"信息检查器"，添加摄像机角度和名称，见图 5.10。摄像机角度名称会自动显示在"角度编辑器"和"角度查看器"中，见图 5.11。这些名称可以使用任何文字，只要能帮助你在编辑过程中保持对不同摄像机的正确理解即可。

注：一旦创建了多机位片段，摄像机角度的名称只能在角度编辑器中更改，而不能在检查器中更改。

图 5.10　在信息检查器中为视频片段添加可选的摄像机名称和角度

图 5.11　在角度查看器中自动显示摄像机角度名称

> **深度思考**
>
> 你还可以在"多机位角度编辑器"中选择片段，然后在"信息检查器"中添加名称。在图 5.11 中，除了名称外，我还根据演员的视角来定位角度，而不是片段或角度名称（请参阅技巧 260，更改多机位剪辑的显示顺序）。

257 轻松同步多机位片段

只要有音频，同步多机位片段并不难。

尽管在创建多机位片段时有多种同步选项，但这里有一种简单的方法。然而，这需要你在每个摄像机上录制基本相同的音频。要自动创建多机位剪辑，步骤如下。

（1）在"浏览器"中选择要组合成多机位片段的片段。

（2）选择"文件">"新建">"多机位片段"。

（3）在图 5.12 所示的对话框中，填写常规的名称和事件字段。

（4）单击"确定"。

只要每台摄像机都录制了相同的音频——无论是来自音频混音台还是摄像机麦克风——当你单击"确定"（OK）时，FinalCut 会通过对齐每个片段中的音频来同步所有角度。

> 使用音频同步多机位片段非常简单，但前提是在制作过程中，每台摄像机都录制了相同的音频。

图 5.12　多机位剪辑的自动设置面板

根据每个片段的数量和长度，同步可能需要几秒钟到几分钟的时间，请耐心等待。还需注意的是，多机位设置是基于其中片段的文件格式。

但是，如果一台或多台摄像机不包含音频，或者摄像机包含不同的视频格式，或者摄像机设置与项目设置不匹配，系统就会崩溃。在这种情况下，你需要使用高级设置，这将在下一条技巧中介绍。

258 高级多机位同步

如果自动多机位设置不起作用，以下是你应该采取的步骤。

使用音频同步多机位片段的好处是简单易行。但现实情况往往会干扰这一过程。

- 取消选择"使用音频同步"可禁用自动同步。

对于更复杂的情况，请单击自定义设置按钮（见图 5.12）以显示自定义设置，见图 5.13。

在角度同步中：

- **自动**。使用音频进行同步。只有在所有摄像机都录制了相同音频的情况下才可使用。

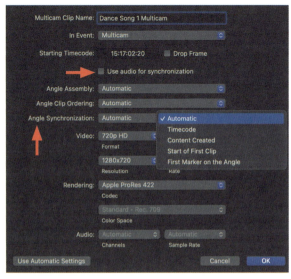

图 5.13　自定义多机位同步设置。时间码和第一标记是最快的同步选项

- **时间码**。这是同步多机位片段最快、最精确的方法。不过，它要求所有摄像机都记录相同的时间码。此外，你还需要一个时间码发生器、时间码分配系统以及能在制作过程中录制外部时间码的摄像机。
- **内容创建**。它根据片段的内容创建日期和时间进行同步。它的准确性仅达到 ±1 秒。不要使用它。
- **第一个片段的开始**。这假定所有摄像机同时启动。但它们永远不会同时启动。不要使用这个。
- **【每个】角度上的第一个标记**。这也是一种非常快速的同步编辑方式，对于低预算制作来说，是最好最简单的选择。

与其投资购买价格昂贵的时间码设备，还不如投资购买便宜的场景板（见图 5.14）。安排一名制作助理，让所有摄像机都能看到场景板，开始录制并拍打场景板。在大型制作中，可以使用相机闪光灯，但不要照到摄像机镜头。在最糟糕的情况下，可以用非常显眼的方式录制某人拍手的动作。任何能为所有摄像机提供清晰同步的东西都可以。

然后，在你创建多机位片段之前，在浏览器中设置每个片段中的场景板落下时的第一个标记。然后你可以在"角度编辑器"中验证同步点，如有必要，

> **深度思考**
>
> 角度组装菜单决定了在构建多机位片段时的编辑顺序。如果你在"信息检查器"中对摄像机角度或摄像机名称进行了编号，选择角度组装中的适当选项将按照该顺序组织多机位角度。

进行调整（请参阅技巧 259，多机位角度编辑器）。

图 5.14　一个典型的电影场景板。在每个多机位片段中的拍板声处设置标记

259 多机位角度编辑器

角度编辑器是调整多机位片段的地方。

一旦同步编辑完成，双击多机位片段以在"角度编辑器"中打开它，见图 5.15。在这里，你可以在编辑开始前微调（调整）多机位片段的内容（一个"角度"在时间线上的作用类似于一个图层）。

- 如果你使用标记来指示入点和出点，它们可能会有一帧或两帧的偏差。选择角度中的片段，然后按，（逗号）键或.（句号）键可将片段向左或向右移动一帧。按 Shift+，[逗号]/.[句号] 键以十帧为增量进行移动。我经常需要微调对齐，以获得最准确的同步。
- 单击"视频监视器"按钮 1，选择要在编辑开始前在查看器中查看的视频片段。这就是所谓的监控角度。一次只能监视一个视频片段。视频监视器对编辑没有影响。蓝色表示激活。
- 单击"音频监视器"按钮 2，确定在编辑开始前听到哪些音频片段。虽然可以监听多个片段的音频，但在编辑过程中和编辑后，一次只能听到一个音频片段。音频监控对编辑没有影响。蓝色表示激活。
- 单击向下的箭头 3 以显示多机位上下文菜单，其中包含更多选项。

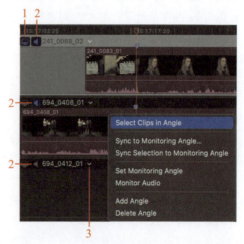

> **深度思考**
> 在编辑过程中，你可以随时更改堆叠顺序，而不会弄乱任何东西。

图 5.15　多机位角度编辑器：1."视频监视器"按钮，2."音频监视器"按钮，3. 箭头。菜单的内容显示在右侧

260 更改多机位片段的显示顺序

片段按照它们在角度编辑器中的堆叠顺序显示。

注意在图 5.11 中,两个特写镜头在第一排紧挨着。这使得编辑他们的对话更容易。然而,多机位片段最初并非是这样构建的。

片段在角度查看器中始终按照它们在角度编辑器中的堆叠顺序显示。要更改堆叠顺序,拖动角度的缩略图(红箭头)上下移动,见图 5.16。我经常在编辑过程中更改镜头的分组,以便将相关的镜头彼此相邻放置。

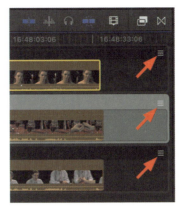

图 5.16 拖动缩略图(红箭头)以更改角度编辑器中剪辑的堆叠顺序

261 设置多机位片段以进行编辑

编辑很简单,设置却很麻烦。

编辑多机位片段很容易,但在"角度查看器"(见图 5.17)中设置它常常令人困惑。像对其他片段的操作一样,在浏览器中修剪多机位片段,然后将其编辑到时间线中(你当然也可以,在时间线上修剪它)。

有关多机位编辑的所有详细信息,请参阅 Final Cut Pro 帮助文件。以下是让你开始的关键步骤。

(1)按 Shift+Command+7 键(或选择"显示">"在检视器中显示">"角度")来显示多机位"角度查看器"。

(2)"角度查看器"打开后,会显示多机位片段中的前四个片段。要查看更多片段(如果有的话),请单击"片段浏览切换器"(见图 5.17 中的下方红箭头)。

(3)在准备编辑多机位片段时,单击波形按钮(见图 5.17 中的上方红箭头)选择它,然后单击包含你想要使用的音频的角度图像。FCP 会在其周围画一个绿色框。

注: 如果你需要在编辑过程中同时切换音频和视频,请单击左上角的左按钮(见图 5.17 中的红箭头)。这样会同时剪切音频和视频,活动角度会被黄色框包围。

图 5.17 默认情况下,多机位"角度查看器"显示多机位片段中的前四个图像。左上方的三个图标可选择(从左到右):编辑音频和视频、只编辑视频、只编辑音频。

(4)单击中间的仅视频编辑图标,然后选择你想要在编辑中使用的第一个

第 5 章 高级编辑 165

视频片段。Final Cut 会在该片段周围画一个蓝色框。只要中间的图标保持选中状态，你就可以随意编辑视频，而不会影响到音频。

这一点很重要，原因在于多机位片段不会创建音频混合音轨。相反，大多数多机位编辑是在针对一个音频片段中存储的完全混合的音频轨道进行的。在设置视频片段之前，先选择并设定好音频片段，以确保多机位编辑只影响视频内容。

262 更改多机位查看器显示

默认显示 4 个角度，最大可以显示 16 个角度。

默认情况下，"角度查看器"（见图 5.17）仅显示你的多摄像头片段中的前 4 个角度。但如果你有更大的屏幕，可以一次显示多达 16 个角度。单击右上角的设置倒三角以显示图 5.18 中的菜单。

你还可以使用此菜单在图像上叠加显示片段时间码，以及相机角度或片段名称。这些信息是在"信息检查器"中输入的（见技巧 256，开始之前准备多机位编辑）。

如果你的系统上有两个监视器，可以将查看器切换到第二个监视器（见技巧 60，使用两台计算机显示器扩展界面）。这样，查看器和角度查看器都会显示在第二个监视器上。通过将这些移动到第二个显示设备上，多摄像头中的各个片段会更大，更容易看清楚。

图 5.18 "角度查看器"设置菜单，多机位编辑的一部分

263 编辑多机位片段

编辑就像单击一样简单。

打开"角度查看器"，开始播放多机位片段。当看到喜欢的镜头时，在"角度查看器"中单击它的图像。这会在时间轴上切割多机位片段，并将下游镜头更改为你单击的那个，见图 5.19。

不需要实时做出决定。将播放头放在想要进行更改的位置，然后单击你想要使用的角度。FCP 会切割多机位片段并更改角度。除非，在稍后回顾一个镜头时，而决定另一个角度更好。将播放头放在想要更改的时间线镜头上，然后按住 Option 键并单击新的角度。

这样会切换镜头，而不会剪切它（本质上，这执行了一个替换编辑，没有多余的步骤）。

单击多机位角度以剪切并更换镜头。按住 Option 键并单击以更换镜头而不进行剪切。

图 5.19　单击图像，可以在多机位不同角度之间进行切换。按住 Option 键并单击，可以切换镜头而不进行剪切

> **深度思考**
>
> 为了保障效率，使用键盘进行编辑是最好的选择。按键盘上的数字可以选择并切换到该角度（例如，按 2 以剪切到角度 2）。按 Option+[数字] 键以切换到不同的角度而不进行剪切（例如，按 Option+3 键将当前镜头切换到角度 3）。

264 多机位编辑点

仅支持"卷动式修剪"。

多机位编辑点可以像时间线中的任何其他片段一样进行修剪。使用"箭头"（选择）工具，选择编辑点然后进行拖动，或者使用键盘来调整编辑点的位置。

但是，请注意图 5.20，这部分只能进行卷动式修剪——入点和出点都被选中。这是因为如果你只修剪一侧（波纹修剪），它会使多机位片段失去同步性。为了防止这种情况，Final Cut 只允许卷动式修剪。

图 5.20　可以通过卷动式修剪来调整任何多机位编辑点的时间，同时保持音频和视频的同步。不允许使用波纹修剪

265 不要"压平"多机位片段

Final Cut 有更好的方法。

Final Cut 中的多机位片段与 Adobe Premiere Pro 中的多机位片段之间的一个区别在于，在 Premiere 中编辑完成后可以将多机位片段"压平"。

在时间线上的片段播放时，压平（Flatten）可以显著减少存储带宽的需求，尤其是在你完成编辑多机位片段之后。

Final Cut 不提供该选项，相反 Final Cut Pro 会自动压平。

- 如果"角度查看器"可见，并且你正在编辑多机位片段，那么所有角度都会进行流式传输。
- 如果"角度查看器"已关闭，并且你正在时间线中播放多机位片段，则仅会流式传输可见的角度。

这意味着一旦编辑完成，Final Cut 就会像多机位片段已被"压平"一样处理它们。但是，如果你需要重新编辑多机位片段，只需打开角度编辑器，多机位片段中的所有片段都会保持链接、在线，并准备好进行编辑。

> Final Cut 会自动"压平"多机位片段。

266 将多个片段放入一个多机位角度

这是创建蒙太奇的另一种方式。

多机位编辑点可以像时间线中的任何其他片段一样进行修剪。使用"箭头"（选择）工具，选择编辑点然后进行拖动，或者使用键盘来调整编辑点的位置。

我们很容易将多机位片段想象为每个角度一个片段。然而，实际操作中并非如此。如图 5.21 所示，可以在角度之间交替使用多个片段，以棋盘格的形式排列它们。然后编辑多机位片段，根据需要切换镜头。最后，编辑完成后，在时间线中选择已编辑的多机位片段，并按 Command+T 键。

> **深度思考**
> 一个多机位角度中可以存储的片段数量没有限制。
> 你可以在一个多机位片段中添加多达 64 个角度，尽管你的存储设备可能不支持所需的带宽。

瞧！所有片段之间立即出现溶解效果。

这种方法的另一种用途可能是在采访上方添加 B-Roll 镜头，但是，坦白地说，在时间线上直接编辑 B-Roll 和切出镜头会更容易。

图 5.21　一个多机位角度（轨道）可以包含多个片段

❽ 在构建后修改多机位片段

多机位片段即使在编辑后也可以更改。

有一种快速且简单的方法可以在编辑完成后修改多机位片段。在时间线上（而不是浏览器），双击多机位片段，将在"角度编辑器"中打开它（请参阅技巧 259，多机位角度编辑器）。

"角度编辑器"的一个隐藏功能是，你可以从多机位片段中删除现有的片段，用另一个片段替换它，或者添加一个角度以便将遗漏的片段添加到多机位片段中，例如，添加在首次组装多机位片段时遗漏的镜头。

> 多机位片段始终可以修改，即使在编辑之后也可以。

请执行以下操作。

（1）单击向下的箭头，见图 5.15。

（2）选择"添加角度"，这将创建一个新的角度。

（3）从浏览器拖动你想要添加的片段，并手动同步它。你也可以使用此过程来添加音频片段或图形。

> **深度思考**
> 当你在多机位片段中添加或删除片段时，这些变动也会自动应用到时间线中已编辑的多机位片段以及使用相同多机位片段的其他项目。此外，你还可以选择回到多机位编辑模式，将这些片段整合到时间线编辑中。

❽ 为多机位片段添加效果

这个技巧最常用的用途是色彩校正。

你可以在开始编辑之前或之后向多机位片段中的单个片段添加效果。

这样做最常见的用途是进行颜色校正，如图 5.22 所示。在多机位剪辑中对源片段进行色彩校正，时间线中所有由此产生的镜头都会立即进行色彩分级。这样可以节省大量时间。

> **注**：比较视图可以帮助在对多机位剪辑进行调色时匹配镜头（请参阅技巧 111，比较检视器）。

（1）双击多机位片段以在"角度编辑器"中打开它。

（2）选择你想要进行色彩校正 / 分级的摄像机角度中的片段。

（3）按 Control+Command+1 键来隐藏浏览器。

（4）按 Command+7 键来显示视频示波器。

（5）打开"颜色检查器"并调整片段的颜色，直到你满意为止。

要向片段添加除色彩分级之外的效果，请打开"效果浏览器"，并将你想要的效果拖动到"角度编辑器"中的片段上。第 8 章详细介绍了效果。

图 5.22 矢量示波器（左）、波形监视器和它们正在分析的图像（右）

> **深度思考**
>
> 斯科特·纽厄尔编辑了大量的多机位片段。他在一条注释中补充道："多个摄像机很少能完全匹配，糟糕的颜色匹配会破坏多机位场景的真实性。它会让人一眼就看出'是用多个摄像机拍摄的'，并将你的注意力从场景中发生的事情上转移开（至少对我来说是这样的）。"

269 访问多机位片段内的音频通道

你不能在多机位片段中混合音频，但你可以访问通道。

（1）双击多机位片段以在时间线中打开它。

（2）选择包含你想要访问的音频通道的片段。

（3）在"音频检查器"（见图 5.23）中，将"音频配置"从默认的"立体声"更改为"双声道单声道"。这将显示片段中的所有单个音频通道。

（4）关闭多机位片段并返回到时间线。

（5）选择你想要访问的多机位片段部分。

图 5.23 "音频检查器"图标（顶部红色箭头）。要显示单个音频通道，请将"立体声"更改为"双声道单声道"（右下角红色箭头）

第 5 章　高级编辑　169

（6）选择"片段">"展开音频组件"（快捷键：Control+Option+S）每个音频通道都会在视频片段下单独显示，见图5.24。你可以在时间线上对每个单独的通道进行修剪、静音或调整音量。

（7）要关闭展开的片段，请选择"片段">"折叠音频组件"。在编辑过程中，你可以随时调整这些音频通道。

图5.24 可以对片段的单个音频通道进行修剪和调整。但是，你无法听到来自多个片段的音频

> **深度思考**
> 如果你将一个多机位片段编辑到一个完成的音频上，你的编辑工作会变得更轻松。多机位剪辑的视频效果非常棒，但即使能够从多机位片段中进行音频混音，你也不能这样做。你只能听到时间线中当前激活片段的音频。

隐藏式字幕

字幕对于许多专业制作来说属于刚需，对其他非专业的创作者来说也很有用。不过要搞清楚的是，字幕不是标题。技巧270~技巧276将解释你需要了解的内容，以便更好地使用它们。

270 并非所有字幕都如出一辙

字幕格式多种多样，但没有一种看起来像标题那样好。

字幕是"定时文本"，是屏幕上可见的文本，与音频或视频同步出现和消失。它们用于字幕（语言翻译）和隐藏式字幕（为听力受损者提供的文本）。字幕可以在观众的控制下打开或关闭。如果提供了多种语言的字幕，观众可以选择语言。字幕出现在屏幕上的所有其他元素之上。

Final Cut 支持三种不同的字幕格式：CEA-608、SRT 和 iTT。所有这三种格式都是为了提高可读性而设计的。一次只能显示一个字幕（语言），并且字幕可以随时打开或关闭。美国联邦通信委员会关于隐藏式字幕的规则包括关于字幕准确性、位置和同步性的细节，它们并没有涉及格式问题。实际上，字幕并不是为了样式设计。

- CEA-608（也称为 SCC 和 EIS-608）。这是原始的字幕格式。它们嵌入视频流中。这是唯一可以嵌入的字幕格式。

> **深度思考**
> 编辑杰里·汤普森评论道："我总是为所有交付成果创建 CEA-608 版本、iTT 版本和 SRT 版本。我通常首先创建 CEA-608 版本，选择时间线上的所有字幕，右击，并选择'将字幕复制到新格式'。然后只需浏览一遍并根据需要进行调整。现在你已经准备好了几乎所有的交付物。"

如果感觉这些理解起来吃力，我建议直接创建 SRT 字幕并将其视为纯文本。

它们以十六进制格式存储，每行只允许 32 个字符，每帧最多 4 行。对格式或位置调整的支持非常有限。嵌入的 SCC 文件仅支持一种语言。

- SRT（SubRip Text）。这可能是最受欢迎的字幕格式，大多数在线服务和广播公司都支持。它始终作为"外挂字幕文件"导出，该文件与视频文件分开。因此，SRT 支持多种语言，每个外挂字幕文件支持一种语言。SRT 支持基本的格式更改，包括字体、颜色、位置和文本格式。但是，对于这些样式更改没有明确的标准。即使你对字幕应用了这些样式，也不能保证你使用的播放软件会知道如何解译它们。最好不要对 SRT 字幕进行格式化。

- iTT（iTunes Timed Text）。根据苹果公司的帮助文档，"iTT 标准具有格式、颜色和位置选项，包括更广泛的字母表，使其成为具有非罗马字符语言的最佳选择。iTT 字幕作为单独的文件导入或导出，但它们不能像 CEA-608 字幕那样嵌入输出媒体文件中。"这种字幕格式支持最多的格式，但支持的平台最少。

如果觉得麻烦，我建议直接创建 SRT 字幕并将其视为纯文本。

> **深度思考**
>
> Final Cut 的帮助文件提供了更多关于字幕的信息。此外，这里有两个为在英国创建字幕的编辑提供的链接：
> - bbc.github.io/subtitle-guidelines/
> - http://www.capitalcaptions.com/services/closed-captioning-services/close d- captions-legal-obligations/

271 导入字幕的两种方法

创建字幕最简单的方法就是直接导入。

虽然你可以在 Final Cut 中单独创建字幕，但实际工作中，字幕大多是将你的节目音频直接转录成文本而创建的。然后，你只需要导入字幕并确保时间同步正确即可。

> 创建字幕的最简单方法是在 Final Cut 外部创建好，然后导入。

转录过程会询问你的一个问题，即你需要什么格式的字幕。字幕格式之间不容易转换，所以请确保你订购的格式是发行商要求的格式。

要导入字幕文件，请选择"文件"＞"导入字幕"。

你还可以使用 XML 文件导出和导入字幕。但是，XML 文件包含整个项目，包括字幕、媒体和时间线。在导入字幕文件时，你只是在导入字幕本身并将其放置在时间线上。

272 使用时间线索引启用字幕

通过单击，启用或禁用语言。

一次只能显示一个字幕轨道（称为语言子角色）显示的字幕称为活动字幕。然而，无论字幕轨道是否处于活动状态，你都可以编辑或修改任何字幕。

字幕从时间线索引的"角色"选项进行控制，见图 5.25。

- 要启用/禁用显示所有字幕，请勾选左上角的"字幕"复选框。
- 要显示字幕子角色，请勾选名称左侧的复选框（如图 5.25 中的西班牙语）。

图 5.25 通过使用时间线索引来启用或禁用字幕

- 要选择该语言子角色，请单击语言名称。你可以选择字幕轨道而不显示它。

你一次只能显示一个字幕轨道。

- 要在时间线中显示或隐藏该字幕子角色，请单击右侧的小监视器框。你可以在不从项目中删除的情况下隐藏额外的语言。

273 从正确的角色开始

字幕需要角色。

在创建第一个字幕之前，请为其创建正确的角色。选择"修改">"分配字幕角色">"编辑角色"，见图 5.26。从该菜单中，选择你需要的字幕格式。

选择"系统偏好设置">"语言和区域"。语言由字幕角色设置，而不是由单个字幕设置。

添加新字幕时，还要将其分配给相应的字幕角色，如图 5.27 所示。

> **深度思考**
> 一旦创建了字幕，就不能将其转换为不同的字幕格式。不过，你可以在字幕之间复制和粘贴文本。

图 5.26　在创建单独的字幕之前，使用"修改">"分配字幕角色">"编辑角色"来创建角色。角色决定了字幕的格式（Captions Formats）

图 5.27　单击字幕角色（Caption Role）按钮创建新角色。单击语言按钮（Language）为字幕轨道选择语言

274 修改字幕

大多数情况下，要像对待片段一样对待字幕。

创建（"编辑">"字幕">"添加字幕"）或导入字幕文件后，就可以添加、修改、修剪或删除单个字幕。片段和字幕的唯一区别是，使用相同语言的字幕不能重叠、太短或太接近。幸运的是，如果出现问题，FCP 会将违规字幕片段的颜色更改为红色，向你发出警告。

> **深度思考**
> 不同的字幕格式对字幕的字符、位置、持续时间和结束位置有不同的限制。如果字幕不符合规格，Final Cut 将向你发出警告。

- 要添加字幕，请将播放头放在要添加字幕的位置，然后选择"编辑">"字幕">"添加字幕"。
- 要编辑字幕内容，请双击字幕片段，见图 5.28。
- 要将字幕指定为不同的语言，请单击字幕顶部名称旁边的楔形标记。
- 要调整字幕出现的时间，可在时间线上水平拖动字幕。

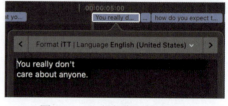

图 5.28　双击字幕可修改文本

- 要调整其持续时间，可修剪边缘。
- 要删除字幕，请选择该字幕，使其被金色方框包围，然后单击“删除”。

275 轻松编辑 SRT 字幕

SRT 字幕很容易在 Final Cut 之外轻松编辑。

SRT 字幕存储在一个简单的文本文件中，见图 5.29。你可以在任何文本编辑程序中打开这些文件。我使用的是“应用程序”>“实用工具”>“文本编辑”。你也可以使用 BBEdit。

数据格式非常具体。

- **字幕编号**。这个唯一的顺序编号，位于字幕的第一行。
- **时间码**。这表示字幕的开始和结束，最后一组数字用逗号隔开，代表毫秒，而不是帧。
- **字幕文字**。这是一行或两行文本。请注意，该文本文件不包含任何文本格式。

只要文本行不太长，你就可以轻松地在此文本文件中直接更正拼写、修正标点符号错误或移动字幕之间的单词。

注 如果对 SRT 字幕进行格式化，你会看到使用 HTML 样式格式化的说明。一般来说，越是避免格式化，字幕的兼容性就越好。

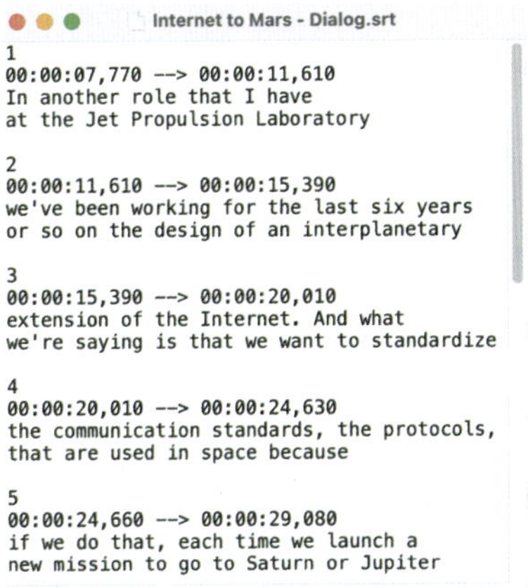
Internet to Mars - Dialog.srt

```
1
00:00:07,770 --> 00:00:11,610
In another role that I have
at the Jet Propulsion Laboratory

2
00:00:11,610 --> 00:00:15,390
we've been working for the last six years
or so on the design of an interplanetary

3
00:00:15,390 --> 00:00:20,010
extension of the Internet. And what
we're saying is that we want to standardize

4
00:00:20,010 --> 00:00:24,630
the communication standards, the protocols,
that are used in space because

5
00:00:24,660 --> 00:00:29,080
if we do that, each time we launch a
new mission to go to Saturn or Jupiter
```

图 5.29　这是一个典型的 SRT 字幕文件。请注意其简单、死板的格式，包括奇怪的箭头

276 字幕翻译提示

SRT 字幕也易于翻译。

此提示最初由 Carsten Ress 提供，并发布在我的网站上。

Carsten 正在寻找一种方法，将字幕（封闭字幕格式）以文本形式从 FCP 导出，然后将其发送到翻译部门，再以字幕形式导入，步骤如下。

（1）从 Final Cut 导出字幕为 SRT 文件（虽然扩展名为 .SRT，但你可以用任何文本编辑器打开该文件）。

译员用译文替换了文本，字幕编号和时间码未做任何改动。

（2）将翻译好的 SRT 文件导入新的语言角色。

字幕可以在保留原计时的情况下进行翻译。

使用 TXT 文档时要小心，因为格式上的微小改动（例如添加附加文本）都可能导致重新导入字幕时出现错误信息。

深度思考

虽然你可以在此文件中修正定时，但使用 Final Cut 中的工具修正定时会更容易，以确保你没有违反任何字幕定时规则。

此外，Spherico.com 还制作了一系列字幕插件，可以导入、导出和转换字幕。如果你想将字幕刻录到视频文件中，并提供更多格式选项，这些插件也能帮到你。

色彩基础知识和视频范围

了解色彩和视频范围将对你的视觉效果质量产生巨大影响，本节将介绍色彩和视频范围。

第 8 章将介绍如何使用这些工具。

277 灰度比色彩更能激发情感

SDR 灰度值由区域定义。

图像中的亮度等级称为灰度值，定义了每个像素的明暗程度。这些等级由波形监视器显示，大致分为七个区域，见图 5.30。对于 SDR 视频，这些级别是：

1 为**超白**。为数值大于 100 IRE。

2 为**白色**。数值等于 100 IRE。

3 为**高光**。数值在 66~100 IRE。

4 为**中间调**（也称为中灰，或简称中调）。数值在 33~66 IRE。

5 为**阴影**。数值在 0~33 IRE。

6 为**黑色**。数值正好等于 0 IRE。

7 为**超黑**。数值低于 0 IRE。

超白和超黑都是非法级别。虽然你可以将包含这些色阶的媒体内容发布到网络上，但它们不被允许出现在广播、有线电视、数字影院、DVD 或商业流媒体等媒体中。调整这些色阶是色彩校正 / 调光过程的一部分。无论媒体如何传播，练习控制这些色阶都是一个好习惯。

> **深度思考**
> Carsten 补充道："这种变通方法很微妙。在我上一个项目中，译员使用了 SRT 文件不支持的双引号（""）。这导致导入时出现错误信息。确保没有'非法'字符，以避免在将 SRT 文件导入 Final Cut 时出现错误信息。使用错误的引号会导致所有字幕都无法导入。"

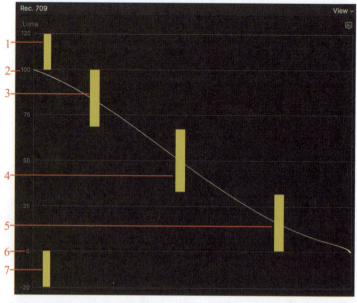

图 5.30　在波形监视器中显示的 SDR（Rec. 709）灰度值，并将其分为七个区域。虽然这里显示的是 IRE 值，但对于毫伏特（millivolts）的概念是相同的

在描述图像和色彩时，我们会经常使用这些术语（HDR 有类似的范围，

但数值不同）。

> **深度思考**
> 这里有一个简单的方法来思考图像中的灰度值：
> - 阴影赋予图像丰富性。
> - 高光提供活力。

278 颜色像柚子

色调、饱和度和亮度在 3D 中是最容易想象的。

灰度是二维的。色彩是三维的。当我们的眼睛看到一种颜色时，它会说："啊蓝色！"但对于视频，我们需要比这更高的精度。所有数字图像和视频都使用 RGB（红、绿、蓝）值来定义颜色，每个值有三个组成部分。

- **色调**。一种颜色的色度，例如红色、青色、紫色等。
- **饱和度**。一种颜色的纯度，其中灰色是不饱和的，鲜红色为完全饱和的。
- **亮度**（也称 luma 或 brightness）。像素的明暗程度。这些就是"技巧 277，灰度比色彩更能激发情感"中讨论的灰度值。

最简单的方法就是想象一个葡萄柚，见图 5.31。从上到下连一条线。然后，沿着这条线，将每种灰度从上边的纯白色开始，平滑地流向下边的纯黑色。现在，每种灰度的亮度值都是由它在这条垂直线上的位置决定的。

饱和度从中心线向外辐射。饱和度，即颜色的数量，随着与中心线距离的增加而增加。

最后，色调被定义为一个角度。在葡萄柚插图中，红色在左上方，蓝色在右边，绿色在左下方。这三种三原色各相距 120°，这也与 Vectorscope 中颜色的显示方式一致。

现在，我们可以用三个数字来精确描述每种颜色。
1 为柚子周围的角度（色调）；
2 为与中心的距离（饱和度）；
3 为从上到下的高度（亮度）。

我们将其称为 HSL，表示色调、饱和度和亮度。

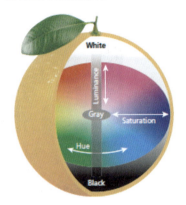

图 5.31 将颜色想象成一个包含三个轴的葡萄柚：色调（葡萄柚周围的角度）、饱和度（与中心的距离）和亮度（向北或向南的距离）

279 与灰度一样，颜色也是通过区域来定义的

颜色按原色和次生色分组。

如果我们将"技巧 278 颜色像柚子"中介绍的柚子从赤道切开并观察内部，就会看到图 5.32 所示的色彩范围。

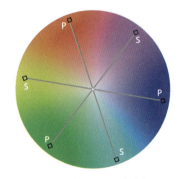

图 5.32 三原色（P）和次生色（S）。如何模拟柚子的内部？当我们观察 Vectorscope 时，将再次看到这种颜色组织结构

> **深度思考**
> 这里有两条色彩规则值得牢记。
> - 数字色彩是加色法。等量的红、绿、蓝组合在一起等于白色。这就是照相机在进行白平衡时所要做的工作：它会均衡白卡上的红、绿、蓝三色数值。
> - 要移除某种颜色，可添加其相反的颜色。你将在第 8 章中学习如何应用这些规则。

亮度与页面垂直，因此每种灰色色调都是圆心的一个点。饱和度随着与圆心距离的增加而增加。色调随角度变化。

有三种原色（P）：红色、绿色和蓝色。还有三种次生色（S）：青色、洋红色和黄色。次生色与它们的原色正好相反。

280 视频示波器介绍

在 Final Cut 中的三种示波器中，有两种是真正重要的。

Final Cut 有三种主要的视频范围，见图 5.33。其中每一个都会分析并显示查看器中显示的当前帧中每个像素的值。

- **波形监视器**。在 Luma 模式下，波形监视器显示灰度值。
  - **RGB 波形图**。这是波形监视器的一种变体，但通常被描述为一个独立的视频示波器。它按红、绿、蓝三原色通道显示颜色值。

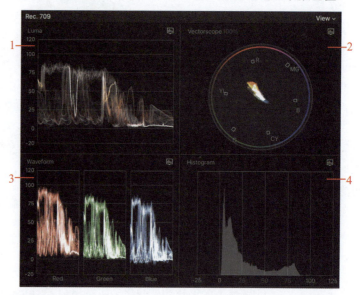

图 5.33　FCP 视频示波器：1. 波形监视器，2. 矢量示波器，3.RGB 波形图，4. 直方图

- **矢量示波器**。在 YUV 模式下，可显示色调和饱和度值。
- **直方图**。它与 Photoshop 中的直方图一样，显示从暗（左）到亮（右）的灰度范围。

选择"显示" > "在视器中显示" > "视频观测仪"（快捷键：Command+7）来显示或隐藏示波器。每个示波器的亮度可以在示波器显示右上角的"显示"菜单中调整（请参阅技巧 284，视频示波器视图菜单）。

注 RGB 波形示波图是波形监视器的默认显示。但将波形监视器更改为亮度（Luma）显示会更有帮助（请参阅技巧 285，视频示波器图标）。

281 波形监视器

波形监视器显示图像的灰度值。

波形监视器是两个重要的视频示波器之一。它显示在检视器中显示的帧中每个像素的灰度值，但不显示颜色。

不过，默认情况下，波形监视器显示的是 RGB 波形示波图，这不是很有用。相反，使用视频示波器图标，将其更改为亮度分量 Luma（请参阅技巧 285，视频示波器图标）。在观察波形监视器时，与其他任何示波器不同，我们可以使用"在图像左边"或"在中间"这样的术语。我们可以从左到右来指代图像。但我们不能使用"向上"或"向下"，因为这两个词定义了示波器中的亮度级别。

较暗的像素位于下方，较亮的像素位于上方。观察图 5.34 中的屏幕截图，我们可以说：

- 图像中央比两边更亮。
- 左边有比右边更亮的东西。
- 数值不得超过 100 IRE。
- 数值不得低于 0 IRE。
- 右侧的蓝色条比左侧的红色条暗。

但是，我们无法确定图像是什么。波形监视器通过亮度而非内容来描述图像。

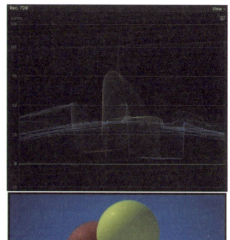

图 5.34　波形监视器（上）显示气球图像（下）中每个像素的灰度值

282 矢量示波器

矢量示波器显示图像的颜色值。

矢量图与波形监视器的功能相同，但性质相反。波形监视器显示灰度值。矢量示波器显示检视器中显示的每个像素的颜色值。这在技术上相当于我们在"技巧 278，颜色像柚子"中第一次看到的葡萄柚的赤道，见图 5.35。

灰色位于中心。饱和度从中心向边缘增加。色调根据矢量示波器周围的角度变化，红色位于大约 11:30 方向（接近顶部）。然而，矢量示波器并没有告诉我们任何关于灰度值的信息。这就是我们将矢量示波器与波形监视器结合使用的原因。在这张图片中，矢量示波器显示了气球图像中的颜色。下部红色箭头指向垂直于矢量示波器的灰度值单点。上部红色箭头显示的是肤色线，即皮肤下红色血液的颜色（我们将在第 8 章中详细介绍

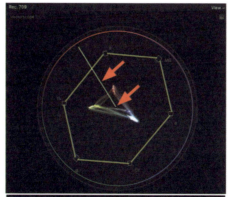

图 5.35　Vectorscope 显示气球图像中每个像素的颜色值。黄线是我添加的，用来表示目标之间的色彩饱和度限制

肤色线的使用）。当你观察示波器时，随着你从中心向外延伸，饱和度增加，而色调随着角度的变化而变化。

通过矢量示波器，我们可以这样说：

- 图像中有一团红色。
- 图片中有两团蓝色，一大一小。蓝色大块一般是蓝天出现的地方，与蓝色小块是不同颜色的蓝色。
- 黄色也很多，但几乎没有品红、绿色或青色。

不过，与波形监视器一样，我们无法使用矢量波形图来描述内容，尽管我们的眼睛会告诉我们，当我们看到图像本身时，看到的是气球。

另外，请注意那些小方框，这些称为颜色目标（小方框标注的颜色从上往下依次为红色、品红色、蓝色、青色、绿色和黄色），它们代表了每种颜色的最大饱和度值。最好的做法是确保饱和度永远不会超过这些线（这些淡黄色线条实际上并不显示在图形中；我添加它们是为了说明目标之间的饱和度限制）。

283 在第二个监视器上显示视频示波器

示波器与检视器一起在第二个监视器上显示。

使用第二个监视器编辑视频的好处之一是在更大的屏幕上同时显示检视器和视频示波器（它们是一起移动的）。这可以更清晰地看到帧内或示波器内的更多细节。

要做到这一点，按以下步骤操作。

（1）按 Command+7 键显示示波器。

（2）从图 5.36 中显示的楔形下拉菜单中选择检视器（Viewer）。

（3）单击红色箭头所示的双监视器图标。检视器和视频示波器将出现在第二个监视器上。

图 5.36　单击"双显示器"按钮可在第二个显示器上显示部分界面

（4）使用"显示"菜单将示波器切换为垂直方向。

（5）要将界面重新整合回单个监视器，请再次单击"双监视器"按钮。

> **深度思考**
> 只有当你在计算机上连接并打开第二个计算机显示器时，才会出现双显示器按钮。你可以完整地以 100% 的比例展示 4K 图像，并且还有足够的空间来显示示波器。

284 视频示波器视图菜单

你可以横向或纵向显示 1~4 个示波器。

"视频示波器"面板右上角的"显示"（View）菜单决定了示波器的显示数量和排列方式，见图 5.37。我的首选是右上角的并排选项。我喜欢同时看到矢量示波器和波形监视器。

- **垂直布局**。这会将示波器置于检视器下方。虽然这对于单个监视器来说非常拥挤，但当使用两个监视器并在第二个监视器上显示检视器时，这通常是首选。

- **显示指南**。这会在波形监视器和直方图上显示一条细长的白色水平线，用于测量和显示灰度值。将鼠标悬停在示波器上可快速读取数值，或单击以固定线条位置，然后向上或向下拖动线条。将线条拖到示波器的顶部或底部，使其再次随光标浮动。
- **单色**。这会将示波器中显示的颜色转换为灰度，但不会改变媒体或时间线。
- 底部的滑块确定视频示波器显示中显示轨迹的亮度。

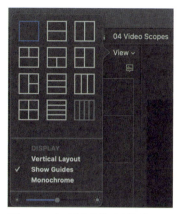

图 5.37　视频范围视图菜单决定显示多少个范围、如何排列以及显示的外观

285 视频示波器图标

选择并自定义视频示波器显示。

位于"查看"（View）菜单正下方的小图标决定了哪个示波器被选中以及它的配置方式，见图 5.38。

我的建议是：

- 将波形监视器设置为亮度（Luma）。这样可以提供最精确的灰度显示。
- 大多数美国剪辑师对所有 SDR 视频都习惯使用 IRE；欧洲的剪辑师可能更习惯使用毫伏。你可以选择自己喜欢的方式。
- 将直方图设置为亮度（Luma）或 RGB 波形图。
- 将矢量示波器设置为 100% 矢量，并显示肤色指示器（该指示器非常重要，你将在第 8 章中了解到）。

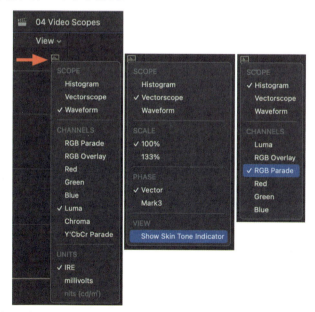

图 5.38　视频示波器选择和配置菜单：（从左至右）波形监视器（Waveform）、矢量示波器（Vectorscope）和直方图（Histogram）

高级编辑的快捷键

类别	快捷键	作用
修剪	Command+G Command+Y Y Shift+F Option+F	将同一轨道上的片段组成一个故事线 从选定的片段创建试演 打开试演以供选择 在浏览器中显示匹配帧 将匹配帧编辑到时间线中
复合片段	Option+G Shift+Command+G	创建一个复合片段 拆分复合片段
多摄像机	Shift+Command+7 1-9 Option+1-9 Shift+V Shift+A Control+Option+S	显示角度检视器 剪切并切换到多镜头片段中的前九个角度之一 在不剪切的情况下，切换到多镜头片段中的前九个角度之一 设置视频监视器的角度 设置音频监视器的角度 展开音频或复合片段组件
字幕	Option+C Control+Shift+C Control+Option+Command+C Shift+Command+2	添加字幕 编辑所选字幕 分割所选字幕 打开时间线索引
视频示波器	Command+7 Control+Command+W Control+Command+V Control+Command+H	显示视频示波器 显示波形监视器 显示矢量示波器 显示直方图

章节概括

　　本章许多工具都是 Final Cut Pro 所独有的，这意味着学习它们能为你带来竞争优势。你可能并不需要我们介绍的所有工具，但这些工具不仅有趣，还能简化复杂项目的剪辑工作。此外，了解色彩和视频示波器会让你的所有项目看起来更出色。

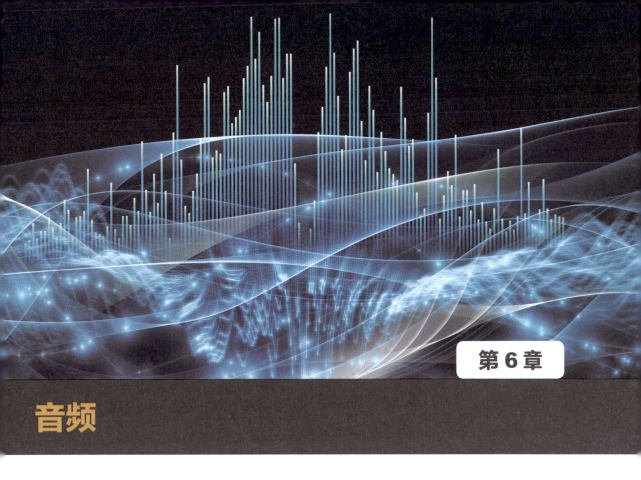

第 6 章

音频

引言

有人说：我也同意提高电影质量的最好方法就是提高声音质量。然而，音频却让许多剪辑师望而生畏，主要是因为他们不了解音频。这是一种耻辱，因为音频可以为视频做很多事情，而且更便宜、更容易。

请记住，最有价值的音频混音设备就在你的两耳之间。混音时，我们需要做的不仅仅是观察仪表。我们需要仔细聆听项目中的音频，以确保声音和画面共同发挥作用，为故事增色。

在本章中，我们将全面介绍 Final Cut 音频工具——从剪辑到最终混音。

- 音频准备
- 编辑音频
- 音量级别与声像
- 音频检查器
- 角色
- 音频混音与效果
- 快捷键

> **本章术语定义**

- 音频片段（Audio clip）。包含一个或多个音频通道的媒体片段，它可以与视频片段连接，也可以不与视频片段连接。音频片段使用与视频不同的编解码器。此外，除 BWF 文件（广播 WAV）外，音频片段不包含时间码。AIF 和 WAV 是两种最流行的未压缩高质量音频格式。
- 通道（Channel）。它包含一个麦克风的录音或为一个扬声器设计的声音。一个音频片段可以包含多个声道。
- 组件（Component）。苹果公司对音频声道的称呼。
- 分贝（deciBel）。以瞬间为单位衡量音频音量的技术指标。1 分贝等于具有正常听力的 18 岁人士所能感知到的最小音量变化。但是，不要认为 0 分贝就是死一般的安静。在大多数情况下，它意味着"全音量"。没错，音频是用负数来测量的。
- 响度（Loudness）。响度是衡量一段时间内音频音量的技术指标，它更能代表我们的耳朵是如何感知声音的。响度以响度单位全量程（LUFS）或加权响度全量程（LKFS）来衡量。这两种衡量标准实质上是相同的，只是标签不同。1 LU 等于 1 分贝（dB）。
- 波形（Waveform）。音频片段随时间变化的音频片段振幅（或音量）的可视化表示。
- 单声道（Mono）。包含一个声道的音频片段。
- 立体声（Stereo）。包含两个独立声道的音频片段，同时播放，声道 1 为左扬声器提供声音，声道 2 为右扬声器提供声音。
- 双声道单声道（Dual-Channel Mono）。包含两个或多个不连续单声道的音频片段，没有"左右"之分。典型的例子是采访者（通道 1）和嘉宾（通道 2）。或四个演员之间的对白，每个演员佩戴自己的麦克风，并分别记录到各自的声道上。这是视频制作和编辑中最常用的音频格式。
- 环绕声（Surround）。将五个（加重低音扬声器）或七个（加重低音扬声器）音频通道合并为一个音频片段的分发格式（例如，在混音之后）。
- 双系统（Double-system）。这种方式在摄像机上录制视频，同时在另一个独立的数字录音机上录制音频。这样做的好处是可以录制高质量的音频，同时不受摄像机移动的限制；缺点是这些片段在编辑过程中需要进行同步。
- 同步（Sync）（或已同步）。
  - 包含音频和视频的连接片段。
  - 将音频连接到视频片段的过程。
  - 协调和监控多个片段的时间（即多机位）。
- 音量级别（Level）（也称增益和音量）。声音响度的量度，单位为分贝（dB）。虽然这两个术语在技术上有所不同——增益指的是输入，而音量指的是输出。但在本章中，我们将交替使用这两个术语，而且我们主要使用"音量级别"这个术语。
- 平移（Pan）。在立体声或环绕声混音中，平移决定了声音在两个或多个扬声器之间的空间位置。

- **交叉淡入淡出**（Crossfade）。这是音频中的一个效果，类似于视频编辑中的溶解效果，其中一个片段在淡出时，另一个片段同时淡入。
- **绝对音量级别**（Absolute）。用来测量声音的确切响度。音频音量级别表显示音频片段的绝对音量级别。
- **相对音量级别**（Relative）。这测量的是一个声音音量级别与录制时的音量级别相比发生了多大的变化。音频混音处理的就是相对音量级别。
- **失真**（Distortion）。录制或输出的音频音量过大，听起来非常糟糕。一般来说，失真的音频无法修复。这很糟糕。
- **环境声**（Room Tone）。房间或场景在无人说话时发出的声音，例如空调声、交通噪声、鸟叫声等。房间音在制作过程中被录制下来，以填补剪辑过程中产生的音频空白。
- **混合**（Mix）。将项目音频片段中的声音混合在一起，使混合后的声音听起来悦耳动听的过程。音频混合是剪辑过程的最后一个步骤。
- **音轨干线**（Stem）。成品混合的组成部分。有三个主要的音轨分支：对白、音效和音乐。
- **关键帧**（Keyframe）。用于在播放期间自动进行参数更改，如音量级别或声像。我们总是成对使用关键帧。

> 提高视频质量的最佳方法是提高音频质量。

音频准备

这些基本音频概念和硬件支持我们在 Final Cut Pro 中使用音频，它们同样适用于任何其他音频或视频应用软件。

286 人类听力与采样率

采样率决定频率响应。

正常人的听力范围是 20 Hz 到 20000 Hz（"正常"定义为一个正常 18 岁人的听力）。随着年龄的增长，我们会失去听到高频声音的能力。我们听到的所有声音都分布在这个范围内。并没有一组频率专门用于噪声，另一组频率专门用于语音。所有声音都包含在这个单一的频率范围内。

- 人类的语音频率大致为男性 100~6500 Hz，女性 200~8000 Hz（大约 5 个八度音阶）。
- 元音是低频音。
- 辅音是频率较高的声音。
- 钢琴的最低音是 27.5 Hz，最高音是 4 186 Hz。
- 当频率增加一倍时，音调就会上升一个八度（反之亦然）。
- 当音频音量级别增加 6 dB 时，音量会增加一倍（反之亦然）。

采样率决定频率响应。大多数视频音频都是以每秒 48000 个采样率录制的。奈奎斯特定理（是的，会有一个测试）指出，要计算音频录制的最大频率，将采样率除以 2。因此，每秒 48000 次采样等于 24000 Hz 的最大频率，超过了人类的听力（另一种常用的采样率是 44 100 个采样点每秒，CD 音频使用这种采样率来减小文件大小）。

> 作为一般指南，以 48000（48K）采样率和 16 位深度录制视频的音频。以 32 位深度混合音频。

287 音频比特深度决定什么？

这是关于音量的事情。

正如数字视频使用比特深度（定义颜色和灰度范围）一样，音频也是如此。音频比特深度决定了音频片段的信噪比（SNR）和动态范围（最安静和最响亮部分之间的差异）。比特深度只适用于线性 PCM（未压缩）音频，如 WAV 和 AIFF。AAC、AC3 或 MP3 等压缩格式不使用比特深度。音频比特深度范围为 8—32 比特。

一般情况下，使用 16 位深度录制音频，以 32 位深度混合音频。我不建议以低于 16 位的深度进行任何音频工作。

288 选择哪个：扬声器还是耳机

最好使用监听扬声器，但在紧要关头也可以使用耳机。

这是一个老生常谈的问题：我应该用扬声器还是耳机进行混音？根据我与每一位音频工程师的交谈，答案都是统一的：使用监听扬声器进行最终混音。耳机太精确，以至于你要花几个小时来纠正别人听不到的问题。不过，混音完成后，用各种设备听一听也是不错的做法，以防出现问题。

不过，请注意"监听扬声器"一词。这些扬声器设计用于提供从低于 100 Hz 到超过 16000 Hz 的平坦频率响应。平坦是关键词。当你进行混音时，你希望听到的是音频中的真实声音，而不是廉价消费类扬声器带来的伪音（如低音增强）。

> 编辑时可以使用耳机，但最终混音时要使用监听扬声器。

就我个人而言，我是雅马哈 HS5 和 HS8 监听扬声器的忠实粉丝。在写这篇文章时，我正在使用一对 HS5。它们音质纯净，低音浑厚，清晰度高，让我很容易就能听出音频中的问题和需要解决的问题。监听扬声器还有很多其他不错的选择。

一般来说，不要使用低音炮进行混音，除非你知道项目将在带低音炮的系统上播放。此外，在使用便宜的扬声器进行最终聆听时，要做一个最后的聆听检查，以复制小型电视扬声器或移动设备的声音，只是为了确保基本的音频仍然可以被听到。

编辑时可以使用耳机，但最终混音时要使用监听扬声器。

289 什么是波形？

波形是音频音量随时间变化的可视化表示。

在"旧时代"，音频编辑会使用磁带编辑音频，慢慢拖动磁带穿过录音机的播放头，以确定要编辑的位置。我们会用油性铅笔在那个位置做标记（"标记"一词的由来）。这是一项缓慢、艰苦的工作，而且在你掌握了这项技能之前，很容易出错。我知道，我的职业生涯是从编辑录音带开始的。

波形使音频编辑变得更加容易，波形如图 6.1 所示。蓝色"波浪"高的地方，音频声音大，蓝色"波浪"短的地方，音频声音较小。有空隙的地方（左侧红色箭头），表示演员在句子之间停顿呼吸。句子之间总是一个很好的编辑位置。

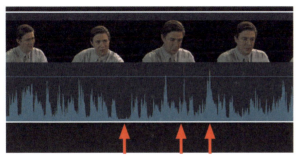

图 6.1　波形图显示了音频片段的音量（振幅）的可视化表示。波谷（左侧箭头）是进行编辑的好地方

在这个波形中，音量始终很好，不会太轻，除了两个地方（右边的两个箭头），也不会太响（中间箭头所指红色顶部的波形，可能表示咳嗽、大笑或其他声音过大，也可能是失真了）。

水平细线是音频音量级别控制，我们将在本章稍后介绍。

在波形较高的地方（右侧红色箭头），音频的音量较大，但并不明显。接近最大音量级别（中间红色箭头）的音频称为峰值。混音时需要注意这些音量级别。

要读懂波形图，需要观察整个片段中波形的总体高度，以了解音频水平的一致性。注意波谷，这些地方可能是进行编辑的地方。检查峰值，确保音频没有失真。

290 支持的音频格式

编辑或混合 MP3 音频时要小心。

Final Cut Pro 支持多种音频格式：

- AAC；
- AIFF；
- BWF；
- CAF；
- MP3；
- MP4；
- RF64；
- WAV。

Final Cut 的默认音频格式是 WAV。与 AIF 一样，它也是未压缩的，并能提供尽可能高的质量。BWF 是唯一能包含时间码的格式。

> **深度思考**
> 杰瑞·汤普森（Jerry Thompson），这本书早期版本的审稿编辑之一，他补充说："虽然在我的记忆中，MP3 一直在苹果公司的兼容媒体列表中，但在过去的许多项目中，MP3 文件给我带来了许多问题。我已经不再使用它们了。最常见的问题是，在时间线上出现问题的位置没有音频或部分音频的表示时，音频或部分音频却播放出来。删除原始 MP3 文件后，异常现象就会消失。"

注　苹果公司网站上有关这些格式的技术细节。网址为：support.apple.com/guide/final-cut-pro/supported-media-formats-ver2833f855/mac

291 音频导入设置

更好的音频从导入开始。

提高音频质量要从录音开始，但这需要单独的录音本。在编辑方面，请注意导入过程。在"媒体导入"窗口的右下方有几个音频选项，见图 6.2。

- **修复音频问题**。Final Cut 包含一套修复常见音频问题的工具，包括提高过低的音频音量级别、减少背景噪声和消除嗡嗡声。由于时间线中的问题片段可在稍后进行分析和修复（请参阅技巧 331，调整自动音频增强功能），因此我不建议在导入时使用此选项。你可以在之后移除这些修复，但这需要时间。

- **分离单声道和组合立体声**。Final Cut 会分析并标记音频片段的声道分配为单声道、立体声、双声道单声道和环绕声。
- **删除无声通道**。许多摄像机会录制两个以上的音频通道。如果一个音频片段有两个以上的音频通道，而其中一个或多个通道是空的，Final Cut 会移除该通道，并将该片段标记为"自动选择"。
- **指定音频角色**。Final Cut 会分析音频片段，并根据 FCP 认为该片段是对话、音效还是音乐来自动生成分配一个角色。默认角色是对话。角色稍后很容易更改。我通常将其设置为自动，除非我需要为音频片段分配一个特定的自定义角色。
- **如果可用，分配 iXML 音轨名称**。一些高端录音设备允许在现场使用的数字录音机上为音频通道命名。这些名称以 iXML 格式保存，FCP 可以读取这些标签，并将它们作为子角色分配给片段中特定的音频组件（通道）。即使你不需要它，保持这个选项开启也不会有坏处。

图 6.2　这些是我推荐的音频导入选项

我的偏好如图 6.2 所示。

292 时间线设置会影响音频显示

时间线会将音频波形最小化。下面是更改方法。

当你第一次将同步片段拖到时间线上时，音频波形很难看到。这是因为 Final Cut 认为你真正想看的是画面。唉，真是愚蠢。转到时间线的右上角，单击图 6.3 中红色箭头所示的图标。

单击这六个图标之一时，波形的显示高度会发生变化，见图 6.4。这些图标不会影响音频音量级别，只会影响片段在时间线上的显示效果。我的显示偏好是图 6.3 中的蓝色图标。

图 6.3　"时间线设置"对话框中的这些图标决定视频和波形显示的高度。下方的滑块决定片段的高度

图 6.4　时间线设置中与图标匹配的显示选项范围

> **深度思考**
> - Control+Option+ 上 / 下箭头键。在剪辑外观图标之间切换。
> - Shift+Command+[加]/[减] 键。增加 / 减少时间线中的素材高度。

293 iXML 文件的外观

我很好奇，就去找了一个。

iXML 文件由专门的音频技术人员使用专业音频录音机在片场制作，技术人员可为每个输入源分配一个名称。Final Cut 可将这些名称作为子字幕导入，导入后，剪辑师可根据需要更改名称。

图 6.5 显示了 iXML 文件的外观。片段中的每个通道都根据音频来源进行了标注。

图 6.5 iXML 音频文件的典型通道和子角色标签

294 自动同步双系统音频

同步将两个独立的片段连接成一个。

Final Cut 可以自动同步音频和视频片段。一个典型的例子是双系统音效，即一个视频片段与一个或多个音频片段同步。

与多机位同步类似，音频片段也是通过音频内容、时间码、创建日期 / 时间、第一个片段的开始部分或第一个标记来同步的。如果摄像机和音频片段包含相似的音频，最简单的同步方法就是让 Final Cut 自动匹配音频。根据片段的长度，这可能需要几秒钟到几分钟的时间。

自动同步片段，步骤如下。

（1）在浏览器中选择要同步的片段。请记住，你可以同步无限量的音频片段，但只能同步一个视频片段。

（2）选择"片段"＞"同步片段"（快捷键：Option+Command+G）。或右击其中一个选定的片段，然后选择同步片段。以下是出现的对话框中的主要选项，见图 6.6。

- 选中"使用音频同步"，这样 Final Cut 就能根据片段中的音频进行同步。
- 如果你不想听到视频片段中的音频，请保持（在 AV 片段上禁用音频组件）选项的选中状态。大多数情况下，你可能不需要这样做。

> 使用音频内容、时间码、创建日期 / 时间、第一个片段的开始位置或第一个标记来同步音频片段。

> **注** 如果需要同步多个视频片段，请使用机位剪辑。

(3)单击"确定"。

同步的片段会出现在浏览器中，随时可以编辑。

图 6.6 "自动同步片段"对话框

> **深度思考**
>
> 相似音频意味着音频相同，但质量不一定相同。例如，摄像机使用摄像机麦克风录制临时音频，而外部音频录音器则直接从演员的麦克风录制高质量音频。

295 手动同步双系统声音

手动同步为确定同步点提供了更多选项。

虽然多机位编辑是将多个视频片段与多个音频片段同步（请参阅第 5 章，高级编辑），但典型的音频示例是将一个视频片段与一个或多个使用单独录音机录制的音频片段同步。与多机位同步类似，片段同步使用的是音频内容、时间码、创建日期/时间、第一个片段的开始或第一个标记。一般来说，时间码或第一个标记是最佳选择，因为它们速度最快。

手动同步片段，步骤如下。

（1）在浏览器中，为每个片段在同步点（通常是拍板）上设置标记。

（2）标记后，在浏览器中选择要同步的片段。请记住，虽然你可以选择不限数量的音频片段，但只能包含一个视频片段。

（3）选择"片段">"同步片段"（快捷键：Option+Command+G）。或右击其中一个选定的片段，然后选择同步片段。下面是接下来出现的对话框中的关键选项，见图 6.7。

- 为新的同步片段命名并确定事件位置（你可能希望将同步片段存储在自己的事件中，以便于查找）。
- 取消选中使用音频同步。
- 这样做是因为并非所有片段都有音频或音频不匹配。
- 选择禁用 AV 片段上的音频组件。这样做是因为你想使用音频片段中的音频，而不是视频。这会使视频片段中的音频静音，但不会移除。
- 将"同步"设置为"第一个标记"（也可根据需要使用其他选项）。
- 根据需要配置视频设置。

（4）单击"确定"创建同步片段。

同步的片段会出现在浏览器中，随时可以编辑。

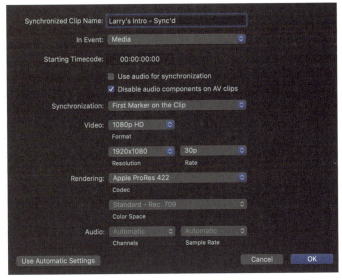

图 6.7 "手动剪辑同步"对话框

296 手动调整音频片段同步

这与调整多机位编辑类似，但更简单。

通常需要将同步片段的内容移动几帧才能精确对齐。幸运的是，这很容易做到。

（1）在浏览器中选择同步片段。

（2）选择"片段">"打开片段"。

同步片段会在时间线中打开，每个片段都在自己的图层上，见图 6.8。在这里，你看到两个音频片段与视频片段同步，但拍板的对齐是偏的。

（3）要调整对齐，请选择每个片段，然后按，（逗号）键或 。（句号）键。以逐帧向左或向右移动片段。

（4）要关闭片段进行编辑，可在时间线中打开一个项目。对齐后，对同步片段的行为与其他片段相同。

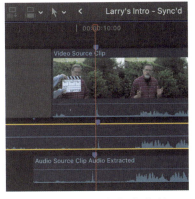

图 6.8 片段的对齐都会偏差 1~2 格。使用，（逗号）键。（句号）键手动移动每个片段的帧数

注 与视频不同，音频片段的移动不受整帧增量的限制。
按 Option+,（逗号）或 Option+.（句号）键以子帧为增量移动所选音频片段。

> **深度思考**
> 在时间线上打开同步片段时，如图 6.8 所示，还可以对音频进行修剪、调整或静音，或添加效果。一般来说，我建议不要在同步片段中添加特效。这一点最好在混音后期进行。

297 录制画外音

用于临时音轨或制作。

大多数情况下，我们都是根据所提供的音频进行工作。不过，剪辑师还是经常被要求录制配音或临时音轨，以添加到项目中。Final Cut 能让这一切变得简单。

（1）选择窗口>录制画外音（Record Voiceover）（快捷键：Option+Command+8），显示配音控制面板，见图 6.9。

（2）从下拉列表中设置输入源（Input）。默认为系统音频输入，但菜单允许从任何连接的音频源中选择。

（3）将监视器（Monitor）关闭以防止使用靠近计算机的麦克风时产生反馈。

（4）根据个人喜好调整其他设置。

我做过很多配音工作，我发现自己从来没有第一次就把一段朗读读对过。所以我就开始录音，一直录到正确为止。在写脚本和录音前的排练中，我都会确保配音符合时间要求。一旦开始录制，我首先要做好朗读，然后根据时间进行剪辑。

我还确保将配音存储在自己的事件中，并为其分配一个独特的角色。

> 注 如果启用了系统"首选项">"辅助功能">"缩放"，macOS 会使用 Option+Command+8 键来缩放屏幕。在这种情况下，创建为 Final Cut 设置一个自定义快捷方式。

图 6.9 "录制配音"面板控制音频输入、文件命名、文件存储位置以及播放设置

编辑音频

编辑音频与编辑视频几乎是一样的，只是在大多数情况下，我们编辑的是与视频相连的音频，而且它位于时间线的不同部分。

298 音频编辑基础知识

编辑音频就像编辑视频一样——只是没有画面。

音频的编辑方式与视频类似。你可以在浏览器中预览片段，用"入点"和/或"出点"进行标记，然后像编辑视频一样在时间线上编辑它。修剪和特效略有不同，但播放和导出的过程是一样的。

所有连接的音频片段都放在主要故事情节下方，就像所有连接的视频片段都放在主要故事情节上方一样。与视频一样，音频片段也与主要故事情节相连，而且与视频一样，相同的键盘快捷键和修剪工具也适用于音频。

音频可附加到视频（同步）或单独的片段中。除了广播波形文件（Broadcast WAV files，BWF）之外，音频不包含时间码。一个音频片段可包含一个或多个音频通道。音频波形可在浏览器（默认为关闭）或时间线（默认为打开）中显示。

换句话说，你已经掌握了在项目中添加音频所需的一切知识。这里没有什么天壤之别。不过，还是有一些不同之处。

如图 6.10 显示了音频片段的三种主要颜色。

图 6.10 音频片段的三种主要颜色：蓝色（对话）、蓝绿色（音效）和绿色（音乐）

- **蓝色**。对话。
- **蓝绿色**。音效。
- **绿色**。音乐。

角色决定了这些颜色。默认角色是"对话"。这意味着如果 Final Cut 在导入时无法确定片段类型，它就会将其分配为对话角色。虽然时间线会按角色对音频片段进行分组，但在编辑过程中随时都可以轻松更改角色（请参阅本章后面的"音频角色"部分）。

> **深度思考**
> 下面是我使用波形图编辑音频的其他技巧：
> - 在编辑句子时，我一般将编辑点放在呼吸之后，说话者开始下一句之前。一般会有一帧的停顿。
> - 当有拾音拍摄时，我会在音节之间进行编辑。我一般不会在音节中间剪辑。
> - 逗号后的停顿约为句子之间停顿长度的二分之一。
> - 营造紧张气氛的简单方法是在对话中增加或拉长停顿。

299 将音频编辑到时间线

添加音频片段会创建一个连接的片段，就像添加视频一样。

将音频片段编辑到时间线就像将视频作为一个连接片段进行编辑一样。

（1）在时间线上定位播放头（滑块）。

（2）在浏览器中选择音频片段。

（3）按 Q 键，或单击连接编辑图标，或将片段拖入时间线，这将忽略播放头（滑块）的位置。

在主要故事情节之外移动、修剪和删除音频片段与编辑和修剪视频相同。

> **深度思考**
> 当完成的混音是片段的核心时，如音乐视频或录制的视频，这是一种很好的做法。在编辑过程中，将完成的音频放入"主要故事情节"中，以防止它意外改变位置。

300 从视频中单独修剪音频

这是本书中最有用的音频编辑技巧。

添加到时间线的许多音频片段都与视频片段捆绑在一起，我们称为同步音频。虽然可以看到音频，但如果不同时编辑视频，就无法直接编辑音频。

秘诀就在这里：双击任何音频波形图，可以将音频与视频分离，同时仍然保持它们之间的连接，见图 6.11。瞬间，音频与视频分离。但重要的是，音频仍保持连接状态，连接意味着它不会与视频脱节。

 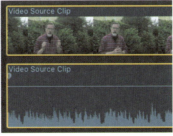

图 6.11 左图显示了音频嵌套在视频内部，右图显示音频已扩展，但仍与视频相连

再次双击波形图将音频重新嵌套回视频中。这一点非常重要。我们几乎总是希望将音频与视频分开编辑或修剪。然而，确保音频保持同步非常关键，这就解决了这个问题。

> **深度思考**
>
> 你不能在不剪切视频的情况下剪切和删除一段音频，从而创建一个完整的编辑。但是，你可以使用关键帧在不剪切的情况下将一段音频静音（请参阅技巧 323，添加和修改关键帧）。

301 扩展音频还是分离音频？

扩展音频仍可连接，分离音频则不行。

切勿为了修剪而分离音频。

选择同步的音频和视频片段，然后查看片段菜单。虽然有很多选择，但其中两个关键选项是"扩展音频"和"分离音频"。这两者有什么区别？

扩展音频时，波形图会从视频中分离出来以便单独修剪，以便与视频分开修剪，见图 6.12。不过，音频仍与视频同步。如果你改变音频或视频的位置，同步片段的另一端也会随之移动。

图 6.12　扩展音频（左）和分离音频（右）。注意连接片段的连接链（红色箭头）

> **深度思考**
>
> "技巧 201，什么是片段连接"和技巧 203 "移动主要故事情节片段"也讲解了移动音频片段。

当你分离音频时，音频将成为一个连接的片段，不再与视频锁定。虽然与视频有连接，但不再保证同步。事实上，音频一旦分离，就无法重新同步。（好吧，你可以，但你需要创建一个同步或复合片段。这并不容易，请参阅技巧 303，如何同步不同步的音频）。

当你要修剪或调整音频时，可以扩展音频。当你想删除音频、删除视频或有目的地将音频片段移到项目中的其他地方时，你可以分离音频。

总之，切勿为了修剪而分离音频。

302 什么时候应该拆分片段项目？

一般来说，音频编辑时不要这样做。

不要对音频片段使用 Break Apart Clip Items。

"片段"＞"将片段项分开"通常不用于音频编辑，原因与不建议分割音频相同，它将音频片段内的各个轨道提取出来并转换成连接片段。

该菜单选项最适合用于：

- 解构复合片段；
- 解构同步片段；
- 解构连接的故事情节。

换句话说，这个选项最适合用来拆解那些你最初组合在一起的时间线元素。

303 如何同步不同步的音频

这种情况很少见，但可以修复。

大多数情况下，在录制音频和视频时，一切都会完全同步。这是因为摄像机和麦克风之间的距离相对较近。但并非总是如此，例如当在一个场地中录制时，如果相机位于体育馆的另一边，远离麦克风，音频和视频可能会有几帧不同步。或者，如果你的设备出现故障。或者，如果那天小精灵特别活跃。换句话说，就是同步问题。

下面是修复方法。

（1）选择错误的片段。

（2）"片段">"将片段项分开"。

（3）在做其他任何事情之前，先将播放头置于与所有组件交叉的位置。每次选择一个元件，并在其上打上标记（快捷键 M）。这样就有了一个同步点，即使你把事情搞砸了，也能回到开始的地方。

（4）在观看视频播放时，选择不同步的组件，按,（逗号）键或.（句号）键一次移动一帧，直到恢复同步。选择看起来使同步效果最佳的调整。

（5）对每个不同步的音频片段重复此过程。

（6）当一切恢复同步后，选择所有片段，然后选择"文件">"新建">"复合片段"（快捷键：Option+G）。

这会将所有散乱的片段打包成一个复合片段，你可以使用该复合片段进行编辑，而不会有同步的风险。

如果稍后发现仍然不同步，请打开复合片段再次调整。

> 使用复合片段将单个元素收集到一个片段中进行编辑。

> **注** 与视频不同，音频片段的移动不限于以整帧增量移动。按 Option+,（逗号）键或 Option+.（句号）键可按子帧增量移动所选音频片段。

深度思考

与视频不同，一旦音频片段从视频中分离出来，你就可以将其移动小于一帧，从而巧妙地提高同步性。放大时间线。时间线顶部播放头旁边的灰色条显示时间线中一帧的持续时间，见图 6.13。分离音频，然后在该帧指示器内滑动，以巧妙地调整同步。

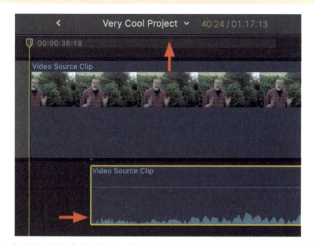

图 6.13　时间线顶部的灰色条表示一帧的持续时间。分离的音频可以短于一帧的增量移动

304 修剪主要故事情节中的音频片段

大部分同步音频都会被编辑到主要故事情节中。

初级故事情节中有 4 种音频编辑类型。

- 两个片段相接的地方。
- 两个片段之间存在缝隙的地方，见图 6.14。
- 有重叠的地方。
- 音频和视频在不同的时间编辑，称为分割剪辑（请参阅技巧 305，分割修剪单独编辑音频）。

图 6.14　带间隙的音频修剪会产生沉默，这通常由房间声音、音效或音乐来填补。重叠（右图）意味着你可以听到两个片段的音频

双击音频波形，将其从片段中展开，然后使用"箭头"工具（快捷键：A），拖动音频片段的边缘。间隙会留下静音。片段重叠意味着你可以听到两个片段的音频。这两种编辑方式都可以接受，这取决于你想听到什么，不想听到什么。

几乎所有项目都会同时播放多轨音频：对话、环境音（房间音或外部自然音）、音效和 / 或音乐。层与层之间的编辑重叠是正常现象。

305 使用分割修剪单独编辑音频

分割修剪[1]是指音频和视频在不同时间点进行编辑。

对我来说，最重要的剪辑是分割修剪，见图 6.15（由于编辑在时间线上形成的形状，这种编辑也被称为 L 形编辑 或 J 形编辑），是指音频和视频在不同的时间进行编辑。这意味着我们看到的是一个东西，但听到的却是不同的东西。分割编辑一般在主要故事情节中创建。

图 6.15　一个音频编辑向右滚动到视频编辑之外的分割编辑

注：1　本章中分割编辑和分割修剪含义相同。

创建分割编辑，步骤如下。
（1）在时间线上显示波形图。
（2）双击音频波形，将其从视频中展开。
（3）选择"修剪"工具（大多数分割修剪都是滚动修剪，以避免留下间隙）。
（4）将视频或音频编辑点拖动到新位置。

移除分割编辑，步骤如下。
（1）选择编辑点周围的两个片段。
（2）选择"修剪">"将音频对齐到视频"。
这将改变音频编辑的时间，使其与该片段的视频编辑时间一致。

> **注** 虽然你可以——而且会——削弱修剪音频以留出间隙，但在视频中留出间隙会造成黑屏。

> **深度思考**
> 与视频修剪类似，你也可以使用键盘移动选定的音频编辑点。
> - 按，（逗号）/。（句号）键可以将选定的编辑点向左/向右移动一帧。
> - 按 Shift+，（逗号）/。（句号）键可以将选定的编辑点向左/向右移动 10 帧。

306 修剪连接的音频片段

大多数独立音频都是作为连接片段进行编辑的。

修剪连接的音频片段与修剪连接的视频片段相同，如图 6.16 所示。

- 移动一个连接片段，请单击其中心并拖动。
- 要修剪一个连接片段，请选择边缘（编辑点）并拖动。

可以使用多种键盘快捷键来协助操作。首先，选择要移动的边缘、片段或片段组：

- 要将所选项目向左/向右移动 1 帧，请按，（逗号）/。（句号）键。
- 要将所选项目向左/向右移动 10 帧，请按 Shift+，（逗号）/。（句号）键。
- 要更改片段的持续时间，请按 Control+D 键并使用时间码输入新的持续时间。

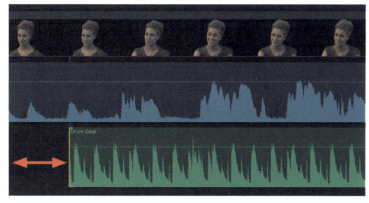

图 6.16 拖动边缘来修剪连接的片段。拖动片段以移动它

307 与视频不同，将音频修剪至子帧

Final Cut 可将音频剪辑到每帧的 1/80。

视频帧是离散的图像，每秒 $\frac{1}{30}$（或你使用的帧频）变化一次。你无法编辑视频帧的一部分。而音频则不受此限制。由于音频是使用采样率录制的（请参阅技巧 286，人类听力与采样率），因此在修剪音频时有更大的灵活性。

例如，放大时间线，直到无法再放大为止，见图 6.17。在时间线的顶部有一个几乎无法看到的灰色条，这表示一帧的持续时间。左侧箭头表示帧的开始，右侧箭头表示帧的结束。

图 6.17 视频帧开始（左侧箭头），视频帧结束（右侧箭头）。音频被剪切到帧的中间

> **注** 要更精确，请按 Option+，（逗号）键。或 Option+。（句号）键以子帧为增量移动选定的音频编辑点。

由于音频是基于采样而不是基于帧的，因此你可以将音频片段的起点或终点修剪到帧的中间（中间箭头），而视频则无法做到这一点。这有助于消除片段开始时的"啪嗒"或"咔嗒"声。

> **深度思考**
> 如果在片段中间出现弹出窗口，请放大时间线，用"范围"工具选中弹出窗口，然后按 V 键使其消失。

308 影响编辑的音频配置设置

这些设置位于"音频检查器"中。

"音频检查器"在"音频检查器"部分有更完整的介绍，但现在我需要介绍音频配置部分，因为它影响到编辑。

> 双单声道是摄像机音源最常见的配置。

（1）在浏览器或时间线中选择一个音频片段。
（2）转到"音频检查器"（顶部红色箭头）。
（3）向下滚动到音频配置。

这将显示所选音频片段内的音频通道（音轨）。片段顶部的菜单（见图 6.18）显示了具有两个通道的片段的选项。

- **双单声道**（或单声道）。当每个通道上的音频与其他通道无关时选择该选项。典型的例子是采访者在一个通道，嘉宾在另一个通道，或演员各自在自己的通道上。这是最常见的摄像机音源配置。
- **立体声**。当两个音轨之间存在空间关系（左/右）时选择此项，这是音乐和许多音效最常见的设置。
- **反向立体声**。当立体声音频通道意外反向时选择此项。
- **各种组合**。许多外置录音机在录制多个音轨时，会同时录制立体声和单声道文件。现场表演就是一个很好的例子。这些选项因片段而异。
- **环绕声** 5.1。当音频文件为 5.1 环绕声混音时进行选择。在编辑原始音源时从未遇到过这种情况，但在处理最终混音时却经常遇到。FCP 仅支持 5.1 环绕声，不支持 7.1。

（4）选择最接近片段的设置。如果不完全匹配，请选择单声道（或双单声道)。

这样在混合时就有了最大的灵活性。

图 6.19 展示了具有两个以上声道的音频片段的选项。

图 6.18 "音频检查器"(蓝色图标,顶部箭头)可调整音频设置。通道配置菜单告诉 Final Cut 如何处理独立通道

图 6.19 通道越多,配置选项就越多

309 显示音频组件

音频组件在时间线上显示单个音频通道。

访问音频组件是 Final Cut 中最强大的音频编辑功能之一。音频组件是指音频片段中的单个音频通道(即"麦克风")。通过在时间线中显示这些单个声道,你可以对单个声道进行编辑、修剪、静音或调整音量级别,而不会有失去同步的风险。

(1)如有必要,请在"音频检查器"中设置适当的音频配置(请参阅技巧 308,影响编辑的音频配置设置)。

(2)选择"片段">"展开音频组件"(快捷键:Control+Option+S),见图 6.20。

图 6.20 显示音频成分时,通道 1 被缩短,并选择了静音范围;通道 2 在整个片段中都处于激活状态

- 要修剪组件，拖动边缘即可。
- 要使某个部件静音，请选择该部件并按 V 键。
- 要对部分组件进行静音处理，请使用"范围"工具选择范围，然后按 V 键。
- 要更改音频音量级别，可向上或向下拖动音频片段中的水平细线。
- 要隐藏组件，请选择"片段">"折叠音频组件"（快捷键：Control+Option+S）。

310 自动应用交叉渐变

交叉渐变平滑地将输出音频与输入音频混合在一起。

> 自动交叉淡入淡出需要手柄，且仅适用于主要故事情节中接触到的音频片段。

在视频中添加溶解很简单。选择编辑点，然后按 Command+T 键，这对音频无效。再仔细看看转场浏览器，没有一个音频转场。那是因为音频转场既比视频转场更简单也更复杂。

它们更简单是因为创建音频转换的唯一方法就是改变音频音量级别。它们比较复杂是因为通常需要同时转换多个音轨。

不过，有一种在音频片段之间快速溶解的方法，就是所谓的交叉淡入淡出，即一个片段淡出时，另一个片段淡入。这种方法只适用于主要故事情节中接触到的音频片段。

（1）选择两个音频片段（而不仅仅是编辑点）。

（2）选择"修改">"调整音频淡入淡出">"交叉渐变"。或按 Option+T 键。

这两个片段都会扩展音频，每个片段的长度都会根据淡入淡出的持续时间而延长。

默认的交叉淡入淡出持续时间通过移动淡入淡出点添加到每个片段中。该持续时间可通过"设置">"编辑"（Editing）进行设置，见图 6.21。

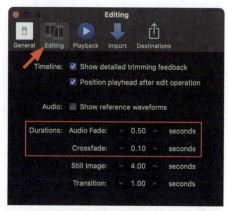

图 6.21　音频渐变从片段的现有边缘开始。交叉淡入淡出是先创建手柄，然后添加淡入淡出。两者都使用淡入点

你可以手动调整每个渐变点（请参阅技巧 311，手动应用音频转换），以进一步调整持续时间。

311 手动应用音频转换

与视频不同，没有预设的音频转换效果。

尽管淡入淡出用于平滑对话编辑，但它们更常用于音效和音乐。在视频中也一样，你需要方法来创建音频转换。无论使用哪种类型的片段，创建音频转换的方法都是一样的。

（1）如有必要，双击任何同步音轨以将其展开。

（2）拖动编辑点，使其重叠，见图 6.22。

（3）拖动每个片段顶部的小"淡入点"，在片段之间淡出/淡入，创建所需的过渡时长。大多数音频淡入淡出的时间要么很短，要么很长。

每个片段的阴影部分显示淡入淡出的形状和持续时间。

要移除淡入淡出，可将淡入淡出点拖回片段边缘。

> **深度思考**
>
> 英国广播公司前编辑迈克尔·鲍尔斯（Michael Powles）曾审阅过本书的草稿，他补充道："我一直使用这种方法，因为我喜欢看到所有音轨的铺设，就像在铺设电影配音的音轨一样。我可以在FCP中清楚地看到发生了什么，同时拥有配音混音师的强大功能，而无须进入配音剧场。在声音准备方面，我是一个非常老派的人，但我不会为此道歉。"

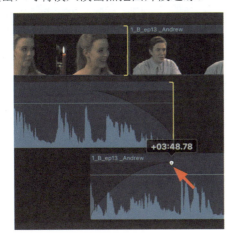

图 6.22　将淡入淡出点拖动到每个片段的右上角，以使音频从最大音量淡出到静音

312 更快创建音频淡入淡出的方法

这个键盘快捷键为音频淡入淡出应用了预设的持续时间。

有一种更快的方法可以添加渐变效果，但默认情况下并未启用。

（1）选择"设置">"编辑"，然后输入要用作默认设置的音频渐变持续时间，见图6.21。

（2）选择"命令集">"自定义"，然后搜索"音频淡入淡出"。

（3）将"应用音频渐变"设置为你要使用的快捷键（我将其设置为Option+A 键）。

现在，只要你想快速应用音频淡入淡出，就可以选择片段，然后按Option+A 键，淡入效果会出现在所有选定片段的末尾（这将淡入淡出应用到片段的末尾；不会重叠片段或创建手柄），这种方法最适合用于主要故事情节以外片段的音乐或音效过渡。

这些音频淡入淡出可通过拖动淡入淡出点进行调整。根据偏好设置中的淡入淡出持续时间，这种简短剪辑只需快速应用音频淡入淡出。

音频淡入淡出从音频片段的现有边缘开始，不需要手柄。

313 改变音频淡入淡出的形状

应用音频淡入淡出后，可以改变其形状。

右击任何淡入淡出点，可显示四种不同的淡入淡出形状，见图6.23。

- **线性**（Linear）。线性的。这是从头到尾的"直线"过渡。这在渐变到黑屏或从黑屏渐变时听起来最好。如果你将此应用于交叉淡入淡出，由于音频音量级别的计算方式，音频音量级别将在淡入淡出的中间下降约 3dB。
- **S 曲线**（S-Curve）。当过渡时间超过两秒时，效果最佳。它的开始和结束都很缓慢。

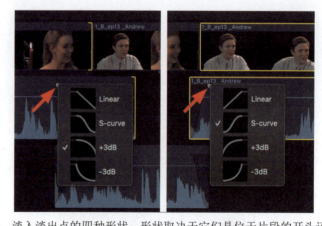

图 6.23 淡入淡出点的四种形状。形状取决于它们是位于片段的开头还是结尾

深度思考

音频音量级别不是线性的，而是对数的。这会影响过渡效果如何应用以及它们的听觉效果。

- +3dB。这是默认的过渡效果。在片段之间交叉淡入淡出时效果最佳。
- -3dB。这是一种特殊的淡入淡出效果，最适合在淡入淡出开始时将声音（如呼吸声）减到最小。

每个淡入淡出的点都可以有自己的形状。淡入淡出的形状通过音频片段末尾显示的阴影来说明。淡入淡出的形状因其位置（片段的开始或结束）而异。

Final Cut 可在略读时自动"调整音高"这样听起来就不会吱吱作响了。

314 启用音频浏览

音频浏览可让你快速查看音频片段。

正如可以浏览视频片段一样，你也可以浏览音频片段。不过，默认情况下音频浏览是关闭的。

（1）要启用音频浏览，打开浏览功能（快捷键：S）。

（2）单击时间线右上角的图标（如图 6.24 中红色箭头所示）（快捷键：Shift+S）。

图 6.24 当浏览功能已经开启后，单击这个图标以启用片段浏览

深度思考

刀片、修剪和范围工具默认启用预览功能。但音频预览需要手动开启。

（3）拖动片段查看音频。

Final Cut 能自动"调整音高"，使音频在你浏览时听起来不会吱吱作响。

315 打开片段浏览

片段浏览可以单独播放一个片段，而不会播放其他片段。

在制作视觉特效或音频分层时，你常常需要在时间线上同时播放多个片段。但有时，你只需看到或听到该组中的一个片段，而无须听到其他任何内容。片段略读功能就可以实现这一点。

要启用片段浏览，请打开浏览功能（快捷键：S）。

- 如果想听片段，请启用音频浏览（快捷键：Shift+S）。
- 如果要查看特定的视频片段，请选择"显示">"片段浏览"（快捷键：Option+Command+S）。

现在，当你拖过一个片段时，只能看到或听到该片段，而看不到其他内容。

316 重新设置音频时间以匹配对话

在使用 ADR 替换对话时，这种情况很常见。

有时，我们需要匹配现有音频和新录制音频之间的时间。这种情况经常发生在使用自动对白替换（ADR）来替换对白时。自动对白替换是指在录音室录制或重新录制对白，以替换现场嘈杂或缺失的对白，或更改声音。成功 ADR 的关键在于新音频片段与现有音频片段的时间匹配。

你可以使用重新定时编辑器(Command+R 键)对音频和视频进行重定时。

在这里，你可以结合音高平移来为音频片段重新定时。

如图 6.25 显示了一个视频片段，片段下有两个新录音。

（1）选择其中一个新录音，然后按 Command+R 键显示重新计时编辑器。

（2）拖动颜色条右上角的黑色竖线，即滑块，可改变片段的速度。蓝色表示片段运行速度快于正常速度；橙色表示速度慢于正常速度。

（3）调整至对话一致。即使音频以不同的速度运行，Final Cut 也会调整音高，使其听起来正常。

图 6.25　拖动"重新定时编辑器"顶部右侧的黑色垂直线，以改变音频片段的播放速度

深度思考
如果音高没有变化，请使用"修改" > "重新定时" > "保留音高"启用它。

317 重新定时音频，以延长尾音和弦

有时，经过剪辑的音乐结束得有点过于突然。

大多数音乐都是自然淡出的。但可能由于编辑的原因，结尾过于突然。这里有一种使用重新定时来解决这个问题的方法

（1）在最后一个和弦开始时剪切音频片段（见图 6.26），以便只剩下几帧。

（2）按 Command+R 键显示重计时编辑器。

（3）拖动剪切部分右上角的黑色线条，即滑块，以延长音频，根据需要进行调整。

（4）拖动淡入淡出点，以在音乐结尾添加自然的淡出。为了获得最佳效果，将曲线切换为线性。

Final Cut 会在放慢的部分调整音乐的音高，以匹配之前未受影响的音乐。如果音高没有变化，使用"修改">"重新定时">"保持音高"来启用它。

> **深度思考**
> 如果你发现高频不足，在混音时使用 Fat EQ（全频均衡器）来增强高频。你还可以将此技术应用于整个片段，以调整其速度，使其更贴合你的编辑时间。

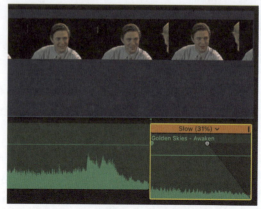

图 6.26 拉伸音乐片段的最后几帧，以创建更自然的渐变效果。请注意，还添加了一个线性曲线的淡入淡出点

音量级别与声像

编辑视频时，我们把大部分时间都花在修剪上。在编辑音频时，我们大部分时间都在调整音量级别。技巧 318~技巧 323 将详细介绍这一过程。

③⑱ 显示和读取音频表

它们是精确测量音频音量级别的关键。

不，Final Cut 中唯一的音频表并不是显示器下面那些绿色指示器，见图 6.27。它们只是音频表的代理。要显示音频表，请执行以下操作。

图 6.27 这些绿色指示器不是官方的音频表。它们只是用来提醒你项目中有音频的小代理

- 单击"查看器"下方的这些小型音量级别代理。
- 选择"窗口">"在工作区中显示">"音频表"。
- 按 Shift+Command+8 键。

> 单击"查看器"下的小音频表切换大音频表显示或隐藏。

Final Cut 中的音频表可显示单声道、立体声或 5.1 环绕声音频，具体取决于所选的音频类型，见图 6.28。不过，一个项目只能输出立体声或 5.1 环绕声音频。

- 绿色条显示通道（单声道、立体声或环绕声）的绝对音量。
- 音频表显示的是当时播放的所有音频的总和。
- Final Cut 测量音频的单位是 dBFS（满量程分贝）。
- 白色长条称为峰值保持指示器，在最后几秒钟或音频响度超过峰值时冻结最大音量。
- 单声道和立体声条顶部的数字表示播放期间的最大音频音量级别，单位为分贝（dB）。每次重新开始播放时，此值都会重置。
- 每增加或减少 6dB，音量会加倍或减半。

音频的绝对最大音量级别是 0 dB。（是的，我知道，这也让我感到好笑）。
- 如果播放期间音频超过 0 dB，红色指示灯会亮起，表示失真条件、受影响的通道以及音频超过 0 dB 的数量。
- 在导出时，音频音量级别不得超过 0 dB，否则，会发生永久性失真。在编辑过程中，音量级别经常超过 0 dB，直到在最终音频混音中设置音量级别。

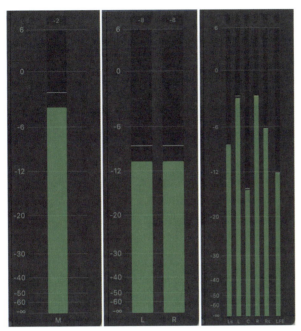

图 6.28　Final Cut 中的三种音频表类型：单声道（左），立体声（中）和 5.1 环绕声。项目只能输出立体声或 5.1 环绕声

319 设置音频音量级别

音频音量级别是任何音频片段中最重要的设置。

- 是的，有数百种有用的音频效果，但你对音频最重要的控制是音量级别。事实上，它们非常重要，以至于有多种不同的方法来设置音量级别。
- 将水平细线向上拖动（使音量变大）或向下拖动，见图 6.29（未选择时线条为蓝色，选择时为黄色）。
- 按住 Command 键，同时拖动音频线"降档"，可以更精确地改变音频音量级别。
- 选择要调整的片段，然后按 Control+ －（减）/ ＋（加）键，以 1 dB 为增量使音量更柔和 / 更响亮。
- 选择要调整的片段并按 Control+Option+L 键，然后输入特定音频音量级别以创建绝对音量级别调整。

设置音频音量级别是最重要的音频控制。

图 6.29　拖动片段中的水平线可改变音频音量级别。在这里，音量增加了 3 dB（负数表示音量较小）

注　拖动音频音量级别线只影响一个片段。其他控制支持更改所有选定片段的音量级别。

第 6 章　音频　　203

- 选择要调整的片段并按 Control+Command+L 键，然后输入特定音频音量级别以创建相对音量级别调整。
- 选择要调整的片段，然后调整"音频检查器"中的音量滑块（我将在技巧 324 解释音频检查器）。

320 绝对音频音量级别与相对音频音量级别

调整音量级别是相对的；测量音量级别是绝对的。

"但是，等一下！回到图 6.29。你说音频音量级别不能超过 0 dB。然而它们现在是 +3 dB！这是违法的，对吗？"不是。不过问得好。

在测量音频音量级别时，有两种不同的标尺。一个被称为"绝对"，另一个被称为"相对"。

> 音频表显示的是绝对音频音量级别。片段音量级别变化是相对的。

当你调整片段的音量时，你是在相对于它录制时的音量级别进行调整。然而，与调整片段不同，音频表显示的音量级别是绝对的。这些显示了你的音频在播放时的精确音量级别。

- **绝对音频音量级别变化**（快捷键：Control+Option+L）。无论所选音频片段的当前音频音量如何，它都会设置音频音量级别。如果应用了任何关键帧，绝对调整会删除关键帧。例如，使用快捷键将所选片段设置为 -6 dB 的特定音量。如果更改前一个片段的音量为 -4 dB，而第二个片段的音量为 0 dB，则更改后这两个片段的音量都会变为 -6 dB。
- **相对音频音量级别变化**（快捷键：Control+Command+L）。这将根据调整前所选片段的音频音量级别设置音频音量级别，相对调整会保留关键帧。例如，使用快捷键将一个或多个选定片段的音量级别相对提高 4dB。如果一个片段的音量级别为 -4 dB，而第二个片段的音量级别在调整前为 0 dB，那么在调整后，第一个片段的音量级别将变为 0 dB，第二个片段的音量级别将变为 +4 dB。

对带有关键帧的音频片段应用相对调整是一种快速简便的方法，可在保持关键帧调整的同时增加或减小片段的整体振幅。

321 使用"范围"工具调整音频音量级别

"范围"工具提供了另一种调整音频音量级别的超酷方法。

此技术可在一定范围内调整音量，即调整一个片段的某一部分或多个片段的音量。如果要调整整个片段，"音频检查器"中的音量滑块是更好的选择。

（1）使用"范围"工具在时间线内选择一个范围。任何范围、任何数量的剪辑都是允许的。

（2）选择"修改" > "调整音量"，然后选择向上、向下、绝对或相对（我的首选是"相对"）。

这会以相同的量调整所选范围内的每个片段。

该选项通过在范围的开始和结束处以及范围内每个片段的开始和结束处添加关键帧，然后向上或向下移动音量线来调整音量。

> **深度思考**
> 两个与范围无关的调整：
> • 在跨越多个片段的范围内拖动音量线，只能调整拖动片段中的音频音量级别。
> • 在"音频检查器"中调整音量滑块可调整完整片段的音量，而忽略范围。

322 更改音频音量级别的快捷方式

键盘快捷键可以节省时间，只要你能记住它们。

选择要更改音量的一个或多个音频片段，然后按 Control++（加）/ －（减）键。这会将所选片段的音量提高或降低 1 dB。

323 添加和修改关键帧

关键帧可在播放过程中自动更改。

我们在播放过程中使用成对的关键帧来自动改变参数，例如将音频音量级别从一个值变为另一个值。由于关键帧会产生变化，因此可以成对地考虑关键帧：起始位置和终止位置。我们可以而且经常会使用两个以上的关键帧，但将它们成对考虑有助于理解它们的作用。

- 要创建音量级别关键帧，按住 Option 并单击音频波形中的水平细线，见图 6.30。

> **深度思考**
> 1 分贝是人类正常听力所能感知到的最小音频音量级别变化。因此，零点几 dB 是可能的，但却无法听到。

图 6.30　选择音频音量级别线按住 Option 键并单击来设置一个关键帧。拖动关键帧来更改音量级别

- 要改变水平，请垂直拖动关键帧。
- 要使音量级别变化更慢，按住 Command 并拖动关键帧。
- 要更改关键帧的时间，可水平拖动关键帧。
- 要限制关键帧的移动，请在拖动时按住 Shift 键（如果开始垂直拖动，按住 Shift 键拖动只允许垂直移动。如果你开始水平拖动，则会限制水平移动）。
- 要删除一个关键帧，请右击该关键帧，然后从菜单中选择"删除"。
- 要删除多个关键帧，请使用"范围"工具选中它们，右击其中一个选中的关键帧，然后从菜单中选择"删除"。

> 关键帧广泛用于设置音频音量级别和视觉效果。

图 6.30 说明，要降低音量级别，需要设置两个关键帧：起始位置（0 dB）和终止位置（-8 dB）。数字表示关键帧重新定位时的变化量（以 dB 为单位）。

> **深度思考**
> 设置关键帧的更快方法是使用"范围"工具选择一个范围，然后向上或向下拖动音量线。"范围"工具会自动设置四个关键帧，见图 6.31。请注意，音量线被选中后会变成黄色。

图 6.31　使用"范围"工具自动设置关键帧

音频检查器

音频检查器是对音频片段进行修改的地方。其中包括音量级别、声像、音频修复、通道配置和效果。

324 音频检查器介绍

这是你对音频进行更改的地方（你猜对了）。

"音频检查器"（见图6.32）有五个部分。

- **音量**（Volume）。此滑块用于设置所选片段的音量。如果设置了范围，它将忽略该范围。
- **音频增强**（Audio Enhancements）。这些功能可解决均衡器、语音隔离、音频音量级别低、音频嗡嗡声和噪声过大等问题。
- **平移**（Pan）。这可以调整声音在空间中的位置，在立体声片段中，它决定了两个扬声器之间的位置。

图6.32 "音频检查器"的组件。单击左上角的扬声器图标打开

- **效果**（Effects）。在你为片段添加特效之前，这里是空的。本章稍后的"音频混合与效果"部分将介绍音频效果。
- **音频配置**（Audio Configuration）。讨论在本章的前面部分，它决定Final Cut如何处理多声道音频。

325 更快地设置音频音量级别

"音频检查器"中的音量滑块可同时调整多个片段。

尽管逐个调整每个片段的音量级别很容易，但有一个更快的方法：使用音量滑块（见图6.33）。

图6.33 通过移动音量滑块或输入数字来更改片段音量。向左滑动可降低音量

选择你想要调整的片段，然后拖动音量滑块进行绝对音频调整。换句话说，所有选中的片段现在都有相同的音量。

音量滑块仅对整个片段有效，它会忽略任何选定的范围。但是，如果片段中已有关键帧，拖动音量滑块时，它会在播放头（滑块）的位置设置一个新的关键帧，并只调整该关键帧。一般来说，如果要添加关键帧，请不要使用音量滑块。

> **深度思考**
>
> 我犹豫是否推荐使用音量滑块，因为当你这样改变音量时，无法保证某个片段的峰值不会失真。还有一种更好的方法：限制器滤波器。它需要角色和音频效果，它的效果要好得多（请参阅技巧353，限制器效果）。

326 声像定位声音在空间中的位置

以下是我对音频声像定位的看法。

声像定位调整声音在空间中出现的位置。用立体声术语来说，就是声音出现在左右扬声器之间的位置。在向你演示如何调整声像定位之前，我想先解释一下什么情况下不使用它。

根据定义，单声道（mono）片段在左右扬声器中以相同的响度播放，给人一种声音直接来自前方的错觉。当只有一个人在说话时，你应该使用单声道（中央声像定位）。我也在我的网络项目中使用单声道，包括访谈、播客、讲话、网络研讨会以及其他不需要声音真正具有"左右"方向性的节目。

为什么？因为单声道音频占用的空间是立体声的一半，它下载得更快，没有相位抵消，并且在混音时没有麻烦。对于简单的有声节目，我还将主题或间隔音乐居中。[记住拉里（Larry）的规则：仅仅因为你可以（创建立体声）并不意味着你应该这样做]。

但是，当空间位置有意义时，当你想听到演员从屏幕左侧走到右侧时，声像定位就是解决方案。然而，声像定位要求源音频以单声道录音。在混音时，单声道提供了最大的灵活性来放置声音在空间中的位置。

> 拉里（Larry）的规则："仅仅因为你可以（创建立体声）并不意味着你应该这样做。"

> **深度思考**
> 你不能对立体声片段进行声像定位，你只能反转声道。

327 如何进行音频声像定位

声像定位对立体声混音最有用。

只有单声道片段可以平移。具体方法如下。

（1）在时间线上选择你想要调整的片段。

（2）在"音频检查器"中，将"模式"（Mode）从"无"（None）更改为"左右立体声"（Stereo Left/Right），见图 6.34。

（3）左右拖动声像滑块可改变声音的空间位置。你的耳朵会告诉你何时位置合适（你可以移动滑块或输入数值）。

（4）要重置音频设置，请单击"音量"或"平移"右侧的钩状小箭头。

（5）要隐藏声像控制，请单击"隐藏"。

> 一个片段有两个声道并不意味着它是立体声的。

图 6.34 "无"（None）表示不对片段的音频声像定位设置进行更改，保持录制时的状态。"立体声左 / 右"（Stereo Left/Right）显示了声像滑块。忽略其他设置，这些设置是针对环绕声声像定位的

> **深度思考**
> 如果时间线中有一个单声道片段，并想让它居中，可将模式设为"无"。

328 将多声道音频转换为双声道单声道

单声道音频是音频编辑和混音的最佳选择。

一个片段有两个声道并不意味着它是立体声的。同样，一个片段有两个以上的声道也不能说明它是环绕声。通常情况下，多声道片段只是存储在单个片段中的单声道音轨的集合。

> 录制多声道单声道音频是音频编辑和混音的最佳选择。

典型的例子是在录制戏剧场景时，每个演员都使用自己的麦克风，或者在一个频道上录制访谈主持人，在另一个频道上录制嘉宾。

不过，Final Cut 在导入双声道素材时，往往会将其假定为立体声，或者将多声道素材假定为环绕声。这些错误很容易纠正。方法如下。

(1) 在时间线而不是浏览器中选择多通道片段。
(2) 打开音频检查器（Command+4 键）。
(3) 在音频配置（见图 6.35）中，选择"双声道"或"单声道"。
(4) 如果有两个以上的通道，则将其设置为顶行，例如 6 单声道。

图 6.35 使用音频配置（Audio Configuration）将音频通道转换为单声道（Mono）、立体声（Stereo）或环绕声（Surround）

329 音频配置功能更多

用它来静音或审查音频通道。

虽然"音频配置"的主要用途是确定音频通道的配置方式，但它还可用于更多用途，见图 6.36。

- 要使某个频道静音，请取消勾选左侧的复选框。
- 要想听到通道中的内容，请打开音频浏览模式（快捷键：Shift+S），然后用鼠标光标掠过通道（浏览片段还会在音频音量级别表中显示音量级别）。
- 要修改角色，单击通道名称旁边的向下箭头。

图 6.36 通道 1 被静音，鼠标光标在通道 2 中滑动的片段

330 自动音频增强

自动音频增强工具能"神奇地"改善音频质量。

Final Cut 有三种自动音频增强工具可以增强音频效果：响度增强、背景噪声去除和嗡嗡声去除。音频可以在导入时进行分析，但我不建议这样做（请参阅技巧 159，选择正确的媒体导入设置——第 4 部分），也可以在导入后使用"魔棒"工具进行分析，见图 6.37。音频增强作用于音频组件，而不是音频片段。

图 6.37　单击查看器左下角的"魔棒"工具可访问增强选项（Enhance Audio）

导入后增强音频片段，步骤如下。

（1）在时间线中选择要增强的片段（如果你没有选择片段，FCP 将增强播放头下的活动片段）。

（2）单击查看器左下角的"魔棒"图标，Final Cut 会分析所选片段中的所有组件，见图 6.38。

图 6.38　绿色复选标记表示已经分析了音频组件。在这种情况下，没有发现音频问题

（3）分析完成后，在"音频检查器"中访问增强控件。

- 绿色复选标记表示组件已分析完毕，无须修复，见图 6.38。
- 如果存在问题并已在导入过程中纠正，则会出现一个蓝色复选标记。
- 如果问题严重，则会显示黄色警告。勾选复选框（例如图 6.39 中的去除噪点）应用修复。
- 如果问题严重，则会显示红色警告。

图 6.39　自动音频增强控制。绿色表示没有问题，黄色表示有问题。勾选名称旁边的复选框进行修复

注　如果要修复片段内的单个音频通道，请在时间线中选择片段，然后选择"片段">"展开音频组件"（Control + Option + S 键）。然后，选择你想要修复的通道，并使用魔棒增强音频。

> **深度思考**
>
> 苹果公司的帮助文件指出："当你选择'分析和修复音频问题'的导入选项导入片段时，只有严重的音频问题会被纠正。如果片段包含中等程度的问题，这些问题会在导入后在"音频检查器"的音频增强部分的音频分析旁边显示为黄色。要纠正这些问题，你需要使用"音频检查器"来增强音频。"（这是在导入过程中不纠正音频问题的另一个原因）

331 调整自动音频增强功能

你可以调整 Final Cut 应用的任何修正。

我一直对那些能"自动"纠正错误的工具心存疑虑。它们很少能像你自己做得那样好——前提是你知道自己在做什么。不过，如果音频对你来说是一个陌生的领域，那么这些调整就是一个很好的开始。为什么呢？因为如果某个片段听起来不对，你可以修改或禁用它们（均衡化和声音隔离都不属于自动增强工具，它们需要单独应用）。

在你对片段进行增强后（见图 6.39），打开"音频检查器"（Audio Inspector），单击音频增强（Audio Enhancements）旁边的"显示"（直到片段被分析后，"显示"才会出现）。

> 在使用自动工具之前，请使用语音隔离来降低噪声和消除嗡嗡声。

勾选复选框可启用或禁用效果。

- **均衡**（Equalization）。单击"平面"，弹出菜单，为片段选择不同的"声音"，或单击旁边的小图标显示图形均衡器（请参阅技巧 351，图形均衡器塑造声音）。
- **语音隔离**（Voice Isolation）。它能优先处理人声，而不是音频信号的其他部分。它还能很好地消除嗡嗡声。
- **响度**（Loudness）。拖动量滑块可调整音频压缩。拖动均匀性滑块可调整动态范围。
- **噪声消除**（Noise Removal）。这是一个误解。它能减少噪声，但不能消除噪声。拖动滑块直到对话变得清晰可闻。完全去除噪声会使声音听起来很糟糕。
- **消除嗡嗡声**（Hum Removal）。该功能可消除因麦克风线和电源线过于接近而产生的嗡嗡声。将其设置为与你所在国家的电源频率一致。在美国，使用 60 Hz，消除嗡嗡声的效果很好。

一般来说，我建议使用这些工具来减少而不是消除噪声和嗡嗡声。使用角色处理均衡和响度更好，本章"角色"部分稍后将对此进行介绍。

332 提高语音清晰度

Final Cut 应用机器学习来改善语音质量。

与均衡器一样，"声音隔离"（Voice Isolation）也是在"音频检查器"中手动激活的。勾选复选框将其启用，见图 6.40。

图 6.40 勾选复选框启用语音隔离。拖动滑块进行调整

据苹果公司称，语音隔离可将任何可检测到的人声优先于音频信号的其他部分。语音隔离需要 macOS 12.3 或更高版本。没有"正确"的设置。拖动滑块，直到声音听起来不错。

这不仅能减少噪声，还能比音频增强工具更有效地消除嗡嗡声。

> **深度思考**
>
> 阅读过本书早期版本的编辑之一 Scott Favorite 评论说："我上周在一个嘈杂的温室内进行了一次拍摄，里面有很多风扇和发电机的噪声。我非常喜欢使用这个功能，我也将其添加到了我的户外采访中。其他编辑也评论了这个音频工具的有效性。

333 Final Cut Pro 支持 5.1 环绕声

但是！不要使用它进行环绕声混音。

Final Cut 可以导入、编辑和导出包含 5.1 环绕声的媒体文件，见图 6.41。当你需要更改标题、字幕或与环绕声混音相关的视觉效果时，这一点非常有用。只是不要尝试在 Final Cut 中实际进行环绕声混音。

没有音频接口和混音支持。相反，你可以使用 XML 导出音频元素（见第 9 章"共享与输出"），然后将它们导入 Avid ProTools、Adobe Audition 或其他专业级音频工作站。试图在 Final Cut 中制作环绕声混音是不值得的工作。

> 不要使用 Final Cut 来进行环绕声混合。

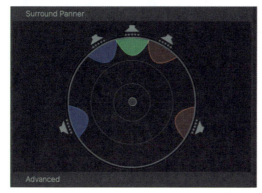

图 6.41 Final Cut Pro 中的环绕声定位器看起来很漂亮，但不要用它

角色

角色可根据片段的功能（如标题或对话）对其进行标注，它们提供了一种按组管理片段的强大方法，值得花时间来学习。

334 了解角色

角色是定义片段的标签。

角色令人困惑和畏惧，我知道我花了好长时间才适应它们。就其核心而言，角色是应用于片段的标签。这些标签将类似的片段组合在一起，这样我们就可以将它们作为一个单独的"东西"来修改。角色对于音频和字幕尤为重要。

角色可以在导入时自动应用，也可以在导入后手动应用。表 6.1 说明了三种角色类别：视频、音频和字幕。

表 6.1 默认角色类别和角色		
视频	音频	字幕
标题	对话	CEA-608
视频	效果	iTT
—	音乐	SRT

每个角色最多可以有 10 个子角色。例如，对于字幕，你可以添加英文、法文、西班牙文和中文。对于音频，我总是添加最终混音子角色。

通过"修改"（Modify）>"编辑角色"（Edit Roles）创建角色，见图 6.42。

- 要添加自定义角色，请单击类别旁边的加号图标。
- 要添加自定义子角色，请将鼠标光标悬停在角色上，然后选择子角色。

> **注** 要更改角色的颜色，请单击角色名称右侧的色轮（例如，音乐角色中的色轮）。

- 要删除自定义角色或子角色,请将鼠标光标悬停在其上,然后单击减号按钮。

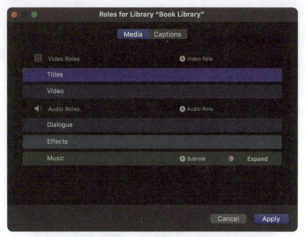

图 6.42 "编辑角色"(The Edit Roles)窗口

你可以将角色分配给片段组件,而不是片段范围。自定义角色和子角色存储在库中,而不是片段中。你不能删除默认角色。角色也可用于复合片段、多机位片段和同步片段。你还可以使用时间线菜单在时间线中显示角色名称(请参阅技巧 222,时间线片段菜单)。

> **深度思考**
> 角色已深深嵌入 Final Cut。《用户指南》用了几十页的篇幅对其进行了全面解释。它们值得我们花时间去学习。

> 组织角色
> 并控制剪辑和其他项目元素。

335 你可以使用角色做什么?

角色组织并控制媒体文件。

以下是你可以使用角色做的一些事情。

- 在浏览器中整理片段;
- 在时间线中整理片段;
- 按角色隐藏片段;
- 使用焦点来强调片段;
- 控制哪些片段可以导出。
- 切换字幕语言;
- 创建音频干线;
- 创建音频子混音;
- 为同一片段中的不同组件分配不同角色;

336 为片段分配角色

除"对话"角色外,大多数角色都是手动分配的。

理论上,Final Cut 应该在导入时正确地为片段分配角色。但当 FCP 无法确定时,它会分配一个通用的对话角色,幸运的是,苹果公司让更改角色变得非常容易,而且为了显示角色对 Final Cut 的重要性,他们还让角色的访问变得无处不在。

要更改角色或子角色,请在浏览器或时间线上选择一个或一组片段,然后执行以下操作之一:

- 根据你选择的片段类型,选择"修改"(Modify)>"分配音频角色"(Assign Audio Role)、"分配视频角色"(Assign Caption Role)或"分配字幕角色"(Assign Caption Role)。
- 右击浏览器中的片段,然后分配相应的角色。
- 右击时间轴上的片段,然后分配相应的角色。
- 转到"信息检查器"并分配相应的角色。
- 转到"音频检查器",在音频配置中分配适当的角色。

> 角色是应用于片段的标签,因此你可以轻松地对它们进行分组管理。

- 选择"时间线索引"（Timeline Index）>"角色"（Roles），然后单击底部的"编辑角色"（Edit Roles）按钮。
- 你还可以使用键盘快捷键（见表 6.2）。正如我所说的，苹果公司让应用和更改角色变得非常简单。

表 6.2 角色键盘快捷键

角色	快捷键	颜色	角色	快捷键	颜色
标题	Control+Option+T	紫色	对话	Control+Option+D	蓝色
视频	Control+Option+V	蓝色	效果	Control+Option+E	蓝绿色
			音乐	Control+Option+M	绿色

337 使用时间线索引切换语言

使用角色分配不会改变编辑内容，但可以改变显示方式。

图 6.43 展示了一条分配了角色的时间线（是的，它看起来和没有分配角色时看起来一样），这是一种典型的用法。这是一个面向两个市场的视频短片：英语和西班牙语。请注意顶部的两个标题轨道。

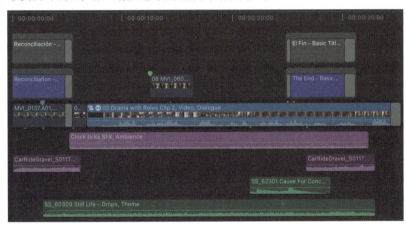

图 6.43 带有两种语言标题的短场景：英语和西班牙语

当创建同一个项目的两个不同版本时，它们永远不会保持同步。当在一个项目中修改了一些内容，却忘了在另一个项目中修改时，角色分配可以解决这个问题。

我为英语标题创建并分配了一个英语子角色，为西班牙语标题创建并分配了一个西班牙语子角色。不过最关键的是，两种语言都在同一个项目时间线上。

打开时间线索引（快捷键：Option+Command+2），见图 6.44。通过选择要显示的标题语言，可以立即从一种语言切换到另一种语言，以便预览、客户审阅或导出。不再有重复的项目，所有语言都在一个项目中，按角色进行管理。

图 6.44 使用时间线索引启用或禁用每种标题语言

注 你可以在同一个项目中使用相同的技术来更改字幕语言，或切换不同语言的旁白。

338 使用角色组织时间线

时间线索引是组织片段的关键。

重要的是要记住，改变角色并不会改变你的片段编辑。但它会改变片段的组织、显示或导出方式。此外，在大多数情况下，角色可以帮助你弄清发生了什么，这里还有一个例子。

注意，Final Cut 在默认情况下是如何按角色分组片段的？首先是对话，其次是特效，最后是音乐。单击"显示音频通道"（Show Audio Lanes）按钮（如图 6.44 所示），Final Cut 会添加标签，见图 6.45。显示音频通道时，片段会被分成不同的类别。单击其中一个音频通道按钮（顶部箭头），只对该角色进行分组。

图 6.45　启用音频通道（底部箭头），按角色分组素材，然后在时间线中标注角色。单击单个通道按钮（顶部箭头），只对该角色中的片段进行分组

你还可以通过在时间线索引中向上或向下拖动角色名称（如音乐）来更改音频角色的堆叠顺序。例如，当你想将音乐片段移到更靠近主要故事情节的位置，以便查看对话片段的位置来调整音乐提示时间时，这就非常有用了。

339 使用时间线索引显示子角色

按子角色显示、分组、启用或禁用片段。

单击子角色按钮（图 6.46 中的右侧箭头）显示子角色。你可以看到左侧的列表：Ambience 和 Spot SFX 表示效果，Sting 和 Theme 表示音乐。要禁用子角色，请取消选择它。

禁用角色或子角色的操作会延续到导出过程中。

图 6.46　使用子角色按钮（右侧箭头）显示子角色。使用复选框禁用 / 启用子角色

340 使用角色关注特定片段

显示你需要看到的内容，尽量减少其他内容。

假设你需要花时间调整音乐提示。打开时间线索引并单击焦点（左侧箭头），见图 6.47。这样就可以将非音乐轨道（右侧箭头）最小化，就可以专注于音乐。在有大量图层的大型项目中，这是一种特别有用的技巧。

图 6.47　音乐占据焦点（绿点，左侧箭头），而对话和 Spot SFX 都处于静音状态（未选中）

为了让一切井井有条，我还启用了特效和音乐的音频通道，并禁用了 Spot SFX 子角色和对话角色。现在，我不仅有了更多的空间，而且分散注意力的音频也被静音了，这样我就可以专注于音乐。现在，重新打开几十个甚至上百个片段只需单击一两次鼠标就可以了。

341 创建音频干线和子混音

干线是角色和复合片段的组合。

当编辑完成后，到了最终混音的时候，角色可以帮助创建子混音或"干线"。干线是一个音频片段，包含完全混合的对话、效果或音乐。在为预告片或国际版本重新编辑已完成的项目时，干线是必不可少的。创建干线时，每个片段都必须分配给一个适当的角色。

（1）打开时间线索引。
（2）单击显示音频轨道。
（3）选择具有相同角色的所有音频片段（例如，对话、效果或音乐）。
（4）选择"文件">"新建">"复合片段"（快捷键：Option+G）。
（5）给复合片段起一个明显的名字，然后单击"确定"按钮。

图 6.48 展示了两个复合片段干线：效果（Effects）和音乐（Music）。你可以将音频效果（如均衡器或限制器）应用于具有相同角色的片段。与处理单个片段相比，这种混音方式更为有效。

在大多数混音中，我会使用子字幕将男女声分隔成两个对话片段（子混音）。这样我就可以为男声使用一组均衡器设置，而女声则使用另一组。有关推荐的设置，请参阅技巧 350，使用均衡器提高语音清晰度。

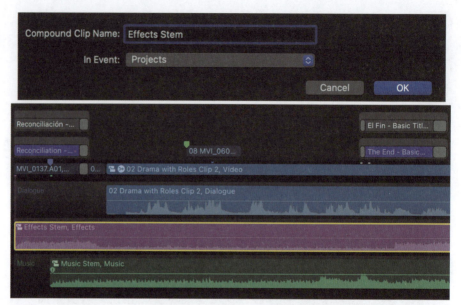

图 6.48 （上）创建复合片段。（下）由复合剪辑创建的两个干线

> **深度思考**
>
> 杰里·汤普森补充道：“当使用角色进行混音时，存在一个潜在的巨大陷阱：如果你正在创建一个复合片段来导出干线，决定你是想使用角色还是子角色完成最终混音，不要改变它。如果你打开复合片段并向子角色添加效果，然后你在检查器中的父片段的下拉菜单中从子角色切换到角色或反之，所有在子角色级别应用的效果将会丢失。”

音频混合与效果

音频混合是任何项目的最后阶段，它通常与色彩校正同时进行。虽然 Final Cut 拥有出色的音频编辑功能，但其混音能力却非常薄弱。尽管如此，当你需要使用它时，以下是它的工作原理。

③42 Final Cut Pro 中的音频混合

在 Final Cut Pro 中混音，我一点都不喜欢。

Final Cut 是一款出色的剪辑软件。它是我常用的剪辑软件，我使用了 20 多年，是它的忠实粉丝。但作为一款音频混音工具，它简直就是一场灾难。它笨拙、不灵活，并且提供非常有限的信号路由。

因此，在介绍如何添加特效和创建混音之前，让我先分享一下我是如何为自己的项目进行混音的。如果是一个简单的项目，比如只有一个旁白，没有音乐或特效，我可能会在 Final Cut 中制作最终的音频混音（不过一般不会）。但如果涉及多位演员、音效和音乐提示，我会在 Final Cut 中编辑已完成的视频。然后，我将音频元素导出为 XML 文件，并在 Adobe Audition 或 Avid ProTools 中完成最终的音频混音。人生苦短，不能浪费时间在 Final Cut 中混音。

音频混音与视频剪辑一样深奥和复杂。有很多人从事全职音频工作，创作音乐、电视节目、舞台剧、有声读物等我们喜爱的创意音频。这些技巧只关注了一些旨在改善视频音频的工具。

注 DaVinci Resolve 中的 Fairlight 音频混音器也非常出色。

Final Cut Pro 擅长音频和视频编辑，但在音频混音方面却非常差。

343 为最终混音中设置音频音量级别的位置

在任何时候，最终混音中的音频音量级别都不得超过 0 dB，绝不，一次也不行。

无论使用哪种软件混音，混音规则都是一样的。最重要的规则是在导出过程中，音频音量级别绝对不能超过 0 dB。这样做，即使时间很短，也会导致失真。在进行音频质量控制分析时，它会导致项目被拒绝。

在混音时，有两种类型的音频音量级别。

- **峰值**（Peak）。这测量的是音频播放的瞬时最大音量级别。大多数视频编辑会关注峰值音量级别，这些音量级别以分贝（dB）为单位。Final Cut 在音频音量级别表中显示峰值音频，并将其测量为 dBFS（满量程分贝）。
- **平均值**（Average）。这表示短时期内的平均音频音量级别，以提供对音频音量级别更细致的表示，以 LUFS 或 LKFS 为单位。峰值和平均值之间有 15~20dB 的差异。音频工程师和专业发行渠道倾向于使用平均音量级别。

> 在导出过程中，音频音量级别不得超过 0 dB。

例如：
- YouTube 喜欢 -14 LUFS 左右的平均水平。
- 苹果公司更喜欢 -16 LUFS 左右的播客。
- 广播更喜欢 -24 LUFS 左右的平均水平。
- Netflix 喜欢 -27 LUFS 左右的平均水平。

在设置音量级别时，我的建议如下。
- 音频音量级别是累加的，同时播放的片段越多，音频音量就越大。
- 将项目峰值设置在 -3 ~ -6 dB。这相当于 -15 LUFS。
- 当录制音频时，录音音量级别大约在 -12 分贝。这提供了足够的余量，以防说话者变得激动，声音变大，同时也足以减少背景噪声。

> 对于最终混音，将时间线音频峰值设置在 -3 ~ -6 分贝。

344 应用、修改和删除音频效果

大多数 Final Cut 音频特效都基于 Logic 的滤波器。

Apple Logic 是一个由世界各地的专业音乐人使用的音乐创作工具，它的许多音频滤波器都非常出色，并可与 Final Cut 共享。

FCP 中有 120 多种音频效果，数量之多，本书无法一一介绍。不过，有 6 种音频效果在为视频混合音频时特别有用：调整音频音高、创建电话效果、全频均衡器（Fat EQ）、图形均衡器、空间设计器和限制器。

- 要应用特效，可从特效浏览器的音频部分拖动特效快捷键（Command+5）并将其放到片段顶部。
- 要调整效果，请在时间线中选择片段，然后在"音频检查器"中进行调整。具体设置因效果而异。
- 要删除效果，请在时间轴上选择片段，然后从音频检查器中删除其名称。

> **深度思考**
> 音频压缩器在混音中的使用率要高于限制器。尽管没有那么细致入微，但 FCP 中的限制器更易于使用，并能达到类似的效果。

345 创建默认音频效果

默认情况下，通道均衡器是默认的音频效果。

如果你发现自己经常使用相同的音频效果，可将其设置为默认效果。然后，只需使用一个键盘快捷键，就能将其应用到任何选定的片段或片段组。

> 默认音频效果为通道均衡器。快捷键：Option+Command+E。

右击效果,选择设为默认音频效果(Make Default Audio Effect),见图 6.49。

- 要应用默认音频效果,请按 Option+Command+E 键。
- 要删除默认音频效果,与删除其他效果一样,只需在音频检查器中删除其名称即可。

图 6.49 右击效果浏览器中的音频效果,将其设置为默认效果

346 音频效果的堆叠顺序很重要

在"音频检查器"中,音频效果的处理顺序是从上至下的。

当你为片段添加音频特效时(通常会为片段添加多个特效),特效会在"音频检查器"中从上到下进行处理。以下是一些需要遵循的规则。

> 应用音频效果的顺序会影响最终混音的质量。

- 首先应用降噪滤波器。虽然 Final Cut 中有一个降噪滤波器,但 Izotope、Waves 和 FXFactory 提供了更好的滤波器。最小化噪声意味着剩余的滤波器正在处理你关心的声音。
- 添加均衡器或其他特效。
- 将限制器滤波器(或任何压缩效果)放在堆栈的底部(在 Final Cut 中,我更喜欢使用限制器滤波器)。由于限制器滤波器能保证音频音量级别不超过指定的音量级别,因此在限制器之后(以下)不添加任何特效是非常重要的。

347 音频动画条

用它来更改时间线中的音频效果。

音频动画条(快捷键:Control+A)简化了更改音频效果顺序和调整关键帧的过程。虽然没有音频检查器那么有用,但还是值得了解一下。每个音频片段中都隐藏着一个动画条。

(1)在时间线上选择一个音频片段。

(2)按 Control+A 键。

这将显示音频动画条,见图 6.50。

- 要启用/禁用效果,请取消选中它。
- 要移动关键帧,拖动它即可。
- 要更改特效的堆叠顺序,可向上或向下拖动一个特效。
- 要关闭音频动画条,请按 Control+A 键。

图 6.50 音频动画条允许在时间线中启用、禁用或重新排列音频效果。你还可以用它来快速移动关键帧,不过设置关键帧最好在"音频检查器"中进行

348 调整音频音高

需要将声音或音乐的音调提高或降低几个音阶吗？

以下是如何改变声音或音乐片段音高的方法。

（1）打开效果浏览器（快捷键：Command+5），搜索"音高"（Pitch）。

（2）从选项中，拖动音高到片段顶部。

图 6.51　数量的每一个整数变化都代表音高变化半音阶。负数会使音高降低

在检查器中（见图 6.51），"量"（Amount）的每一个整数变化代表音乐音高变化半个音阶。

349 创建"电话中听到的声音"效果

这是使用均衡器的一种特殊情况。

通过老式、低质量的电话发出声音。

（1）打开效果浏览器（快捷键：Command+5），搜索"电话"（Telephone）。

（2）将它拖到要更改的片段上方。

（3）在"音频检查器"中，将效果菜单更改为"暖碳麦克风"（Warm Carbon Mic），见图 6.52。

图 6.52　这个电话效果设置可以创造出老式电话的声音效果

350 使用均衡器提高语音清晰度

调整频率是提高语音清晰度的最佳方法。

Final Cut 有一种名为 Voice Over Enhancement 的特效，它有男声和女声预设，工作效果相当不错。在 FCP 中还有一些均衡器工具，它们提供了更多的控制和更好的效果。

元音是低频音，赋予声音以个性、温暖和性感。辅音是高频音，使语音清晰易懂。例如，听到"F"还是"S"的区别取决于你是否听到嘶嘶声。如果听到了嘶嘶声，则听到的是 S；如果没有听到嘶嘶声，则听到的是 F。那种嘶嘶声主要出现在 6200Hz 左右。

大多数对话通过增强低频声来改善温暖度，然后增强高频声来提高清晰度和脆度。我们使用 Fat EQ 滤波器来进行这些调整，见图 6.53。

图 6.53　单击图标（红箭头）以显示"Fat EQ 控制"面板

（1）打开效果浏览器（快捷键：Command+5），搜索 Fat EQ，见图 6.54。

（2）将滤波器拖放到你想要改变的对话片段上。

（3）打开"音频检查器"，单击红色箭头指示的图标。

（4）根据表 6.3 进行调整。

第 6 章　音频　219

图 6.54 "Fat EQ 滤波器"调整频率范围，Q 定义了曲线的陡峭程度

深度思考

虽然每个人的声音都不尽相同，但这些设置是一个很好的起点。然后，使用你的敏锐听觉和优质的监听扬声器来微调声音，直到它听起来达到最佳效果。

表 6.3 列出了女声和男声的均衡器设置，Q 定义频率范围的宽度，数值越低，范围越宽。

表 6.3 改善语音清晰度的均衡器（EQ）设置

性别	频率	EQ 增强 /dB	Q
男性	180	+2～4	1
男性	3500	+3～7	1
女性	400	+2～4	1
女性	4500	+3～7	1

351 图形均衡器塑造声音

在音量级别之后，均衡器提供了最大灵活性来塑造音频。

调整 EQ（均衡）是指调整音频片段中的特定频率，使某一频率比另一频率更突出（我们称为"塑造声音"）。例如，增强低音可改善爆炸的"砰砰"声，增强高音可改善鸟儿的叽叽喳喳声。

图形均衡器与 Fat EQ 滤波器一样，简化了调整频率范围的过程。

（1）打开效果浏览器（快捷键：Command+5），搜索"AUGraphic Equalizer"。

（2）将滤波器拖放到你想要改变的对话片段上。

（3）打开"音频检查器"并单击红色箭头指示的图标，见图 6.55。

- 如图 6.56 所示，向下拖动蓝点以降低该频率范围。
- 向上拖动以增强它。
- 使用 10 或 31 波段菜单在频率分辨率之间切换。

图 6.55 单击图标打开 AUGraphicEQ 界面

- 单击"削平均衡器"（Flatten EQ）重置曲线。
- 按住 Control 键并拖动，在频率之间创建一条曲线。

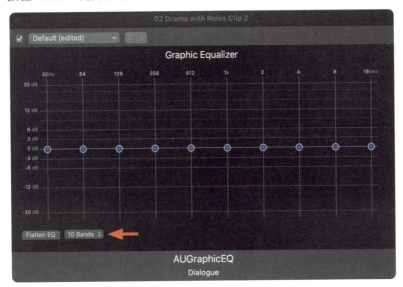

图 6.56　单击 Bands（频段）菜单以改变频率分辨率，单击 Flatten EQ（使 EQ 平坦）以重置所有设置

> **深度思考**
> 在大多数情况下，除了去除嗡嗡声外，我们增强（提高）或衰减（降低）的是频率范围，而不是特定的频率。范围越窄，频率变化就越明显。

352 空间设计师创造空间的声音

这对于绿幕工作尤其有用。

空间设计器创建的混响听起来像不同的空间，例如森林、壁橱和大教堂中的混响听起来各不相同。如果你在教堂现场拍摄，不需要空间设计师。但如果你是在绿幕舞台上拍摄教堂场景或者稍后添加 ADR 音频，空间设计师可以向观众传达特定地点的感觉。

然而，空间设计器拥有我见过的任何效果中最令人生畏的界面。即使使用了十多年的空间设计器，我仍然不明白界面是如何工作的。为什么？因为它有一个极其有用的菜单！

（1）打开效果浏览器（快捷键：Command+5），搜索"空间设计器"（Space Designer）。

（2）将过滤器拖放到你想要改变的对话片段上。

（3）打开"音频检查器"并单击红色箭头指示的图标，见图 6.57。

空间设计器的界面如图 6.58 所示。别担心，你不需要它。

图 6.57　单击图标打开空间设计器界面

请单击左上角的默认菜单（Default），见图 6.59。选择你需要的空间大小和形状，这创建的空间效果是惊人的。

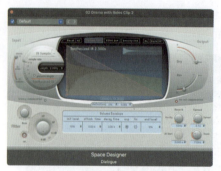

图 6.58　完全不可捉摸但又非常有趣的"空间设计器"界面

图 6.59　"空间设计器"菜单包含近 100 种不同室内外空间设置

353 限制器效果

这是 Final Cut Pro 中最实用的音频效果。

许多音频工程师常用的音频音量级别控制器是压缩器。虽然我在 Audition 或 ProTools 中混音时会使用压缩器，但在 Final Cut 中混音时，我会使用限制器效果。

限制器动态地提升音频编辑中的柔和部分，同时限制最大音频音量级别，没有其他过滤器提供这种控制。如果我只能对对话片段应用一个过滤器，我会使用这个（如果我可以使用两个，第二个是 EQ）。限制器在调整音量级别上的作用是神奇的，大多数使用限制器的时候，根本不需要使用音频关键帧，除了极端情况。

（1）打开"效果浏览器"（快捷键：Command+5），搜索"限制器"（Limiter）。

（2）在"效果浏览器"的 Logic 部分应用限制器滤镜。选择"音量级别"（Levels）>"逻辑"（Logic）>"限制器"（Limiter），这一点很重要；Final Cut 中还有其他限制器，但它们不如这个灵活。

（3）打开"音频检查器"并单击红色箭头指示的图标，见图 6.60。

图 6.60　单击图标显示限制器界面

（1）将输出设置为 -3 dB（这将最大音量限制在 -3 dB 或大约 -14 LKFS）。

（2）将"释放"设置为大于 500 的任意数字。

（3）播放时间线并调整增益，这样使减幅在 1.5～3 dB 之间波动。

在图 6.61 中，最柔和的音频提升了 14 dB，而较大的声音被阻止超过 -3 dB，同时确保没有失真。这个过滤器在对话中的作用简直是惊人的！

> **深度思考**
> 限制器效果只能用于对话，而不能用于特效，尤其不能用于音乐，因为动态范围是音乐的一个基本要素。

图 6.61　限制器效果。调整增益，直到减幅表在 1.5～3 dB 之间波动

音频的快捷键

类别	快捷键	它的作用
修剪	R	选择范围工具
	V	切换片段可见性（可听性）
	Control+D	输入新的持续时间
	,（逗号）/。（句号）	将选定对象向左 / 向右移动一帧
	Shift+ ,（逗号）/。（句号）	将选定对象向左 / 向右移动十帧
	Option+,（逗号）/。（句号）	将所选音频向左 / 右推移一个子帧
	Shift+Option+,（逗号）/。（句号）	将所选音频向左 / 右推移多个子帧
编辑	Control+S	展开 / 折叠音频通道
	Control+Option+S	展开音频组件
	Control+Shift+S	从视频中分离音频
	Shift+Command+G	分解剪辑项目
	Option+T	将默认的交叉淡入淡出应用于选定的片段
	S	开启 / 关闭浏览
	Shift+S	开启 / 关闭音频预览（需要浏览已开启）
	Option+Command+S	开启 / 关闭剪辑浏览
	Option+Command+G	同步选定的浏览器片段
	Option+G	创建复合片段
	Option+Command+E	应用默认音频效果
捷径 没有指定按键		应用音频淡入淡出 "修剪" > "将音频对齐到视频"
级别	Control+A	音频动画编辑器
	Control+[加]/[减]	增加或减少所选片段的音频音量级别 ±1 dB
	Command-drag	向下拖动音频音量级别线，实现更精确的调节
	Control+Option+L	为所选片段输入特定的绝对音频音量级别
	Control+Command+L	为所选片段输入特定的相对音频音量级别
	Option+ 上 / 下键	将一个或多个选定的音频关键帧推移 ±1 dB
效果	Option+Command+E	应用默认音频效果（通道均衡器）

章节概括

　　Final Cut 中的音频效果好坏参半。FCP 的音频编辑工具和音频效果都是一流的，角色既巧妙又强大。但在音频混音方面 Final Cut 的不足很明显。对于简单的单人播客或访谈节目的混音，Final Cut 还可以胜任。但对于任何需要高难度混音的项目，建议在 Final Cut 中编辑项目，然后导出一个 XML 文件，并在 ProTools 或 Audition 或专业级音频工作站中进行混音。然后，将完成的立体声或环绕声混音带回 Final Cut，与完成的视频一起导出。

第 7 章

转场和文本

引言

本章将从"讲故事"转向"增强故事"。我们将进入转场、字幕以及最终特效的世界。我们还将从纯粹的技术性("按下这个按钮就能实现那个效果")转向创意性("溶解的'正确'时长是多少?"),在这里,答案取决于你的观点。

我们还将进入编辑"风格"的世界。转场、字体、动画都会随着时间的推移而改变。一位编辑告诉我:"现在的年轻观众需要快速剪辑,大量的跳切,保持一切短暂和移动,短暂、急促、震撼。短暂的注意力跨度要求编辑者消除停顿,塞入更多的内容。那是当今的世界。"

就我个人而言,更喜欢慢节奏的剪辑,这样我才能真正看到屏幕上的内容。对我来说,快速编辑意味着你在试图隐藏屏幕上的内容,而不是增强它。

- 转场
- 字幕和文本
- 生成器
- 快捷方式

本章定义

- **转场**（Transition）。指的是视频从一个片段切换到另一个片段的方式，主要分为三种类型：硬切（cuts）、溶解（dissolves）和划接（wipes）。
- **溶解**（Dissowe）。一个片段与另一个片段缓慢融合或混合的视觉过渡。
- **划接**（Wipe）。一个图像对象从屏幕上移开，同时另一个或多个图像对象进入屏幕。
- **淡入淡出**（Fade）。是一种视觉转场效果，其中一个片段逐渐变为黑色或白色，或者从黑色或白色逐渐显现出来。
- **手柄**（Handles）。在片段的入点（In）之前或出点（Out）之后额外的音频或视频部分。它们用于修剪片段和创建转场效果。
- **生成器**（Generator）。完全由计算机创建的视频。用于制作动画背景、插入文本和其他效果。它们符合任何帧大小、帧率或持续时间。
- **微调**（Tweak）。对视频或音频的参数进行小幅度的调整，以优化效果或纠正小问题。

> 摄像机代表观众的视角（"眼睛"）。

转场

Final Cut Pro 的默认转场是剪切——从一个镜头到另一个镜头的瞬间切换。不过，还有许多其他转场选项可供选择。这些转场选项的范围从比较正常到非常夸张。

354 视觉转场的三种类型

每一幅作品都能引起观众的情感共鸣。

不论你使用哪种非线性编辑软件（NLE），视觉转场主要分为三大类：硬切、溶解和划接。Final Cut 中的默认转场是硬切。所有其他类型的转场都是在编辑完成后添加的，转场总是在编辑点添加。

所有的转场都会传达一种情感价值，所以要选择能代表你想向观众传达的情感的转场。转场很容易被滥用。我们都看过这样的视频：剪辑师好像从来没有遇到过他们不喜欢的划接，这些程序会引起视觉冲击。

请记住，摄像机代表观众的眼睛；每当你变换一个镜头时，观众就会移动到一个新的位置。尽量轻柔地移动观众。以下是一些明智使用转场的建议。

- **硬切**。视角的变化，90% 的转场应该是硬切。
- **溶解**。时间或地点的转换，剩余转场的 90% 应该是溶解。
- **划接**。这会打破故事的流程，把观众带到完全不同的地方。使用时要非常谨慎。只有当你想让之前的内容和之后的内容完全脱节时，才会使用划接。

使用划接的问题在于它们会吸引注意力到自己身上，它们故意制造干扰。在视频中添加太多的划接意味着观众开始更多地关注划接，而较少关注内容。

> 视觉过渡有三类：硬切、溶解和划接。尽量少用划接。

然而，如果你有一个薄弱的故事或表现不佳的演员，添加大量的划接可以分散人们对你没有东西可处理的事实的注意力。

355 添加溶解

溶解意味着时间或地点的改变。

最容易添加的转场是溶解，有多种方法可以选择在哪里应用。

（1）将播放头放在编辑点上。或选择一个编辑点，或选择一个片段，或选择一组片段。

（2）按 Command+T 键。

默认转场（溶解）将应用于所选的编辑点。默认转场持续时间在"设置" > "编辑"中设置（请参阅技巧 70，优化编辑偏好设置）。通过选择一组片段，你可以将相同的转场同时应用到所有选定的编辑点。如果你选择了一个或多个片段，转场将被应用于两端。

> **深度思考**
> 硬切模拟了我们的大脑如何处理来自我们眼睛的数据。我们的眼睛在不停地转动，但大脑会在我们的眼睛移动时让我们只看到稳定的镜头，而不是转动的镜头。

Command+T 将默认过渡应用于所有选定的编辑点或片段。

356 手柄是过渡的关键

如果手柄不存在，Final Cut 会"发明"它们。

手柄是片段两端的额外音频或视频，对于转场至关重要（请参阅技巧 224，手柄对修剪至关重要）。为什么？因为在转场过程中，两个片段的部分内容会同时出现在屏幕上，这意味着它们在转场期间都需要音频或视频。

至少，手柄的时长必须与转场本身一样长。（更长更好）。如果手柄存在，那就太好了，一切都按预期工作。

如果没有足够的音频或视频，Final Cut 会弹出警告，见图 7.1。如果单击"创建转场"（Create Transition），Final Cut 就会通过移动"输入"或"输出"来缩短缺乏足够手柄的编辑点的转场时间。以转场的时长为准，这本质上是对编辑点进行了波纹修剪。

图 7.1 这个警告意味着如果编辑点的片段没有足够的手柄来匹配转场时长，Final Cut Pro 将会缩短任何片段的边缘以适应转场时长

这可能是好事，也可能是坏事，取决于片段的内容和你要应用的转场。

> **深度思考**
> 溶解的一种变体是"淡出至黑"。这在第一个片段的开始或最后一个片段的结束处添加了一个交叉溶解。这样可以使片段淡入或淡出至黑色。对于场景中间的淡出，可以使用"淡至颜色"功能，它先淡出至黑色（或你选择的其他颜色），然后在新场景中淡入，或者插入一个间隙片段，然后对其使用溶解效果。这些淡出至黑的转场意味着某件事情的结束，然后是时间或地点的变化，转向不同的事情。

357 转场浏览器

Final Cut 提供了数百种转场效果供你选择。

虽然硬切是最常用的转场效果，但 Final Cut 并没有止步于此。转场效果浏览器（见图 7.2）包含 150 多种转场效果，风格多样，令人眼花缭乱。由于使用 Motion 和其他软件工具可以轻松制作转场效果，第三方开发者也乐于制作更多转场效果，有数百种转场效果可以在各种网站上获得。

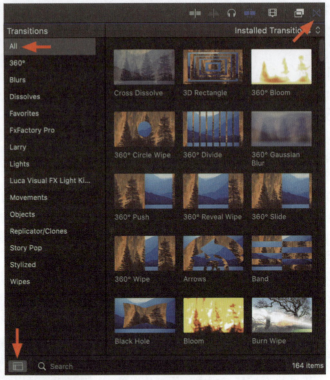

图 7.2 转场浏览器

- 要打开"转场"浏览器,请单击时间轴右上角的领结图标(图 7.2 中的右上角箭头所指)(快捷键:Control+Command+5)。
- 要调整浏览器的大小,请拖动左边缘。
- 要隐藏侧边栏,请单击左下角的图标(左下角箭头所指)。
- 要查看所有转场效果,请在浏览器左上角选择"全部"(All)选项。
- 要在左侧的侧边栏中查看单个类别的所有转场效果,请单击该类别名称(例如"溶解")。

358 使用搜索查找特定转场

你可以在搜索中使用部分词语。

要搜索特定的转场效果,请在底部的搜索框中输入要搜索的文本,见图 7.3,无须输入完整的单词。

要取消搜索,请单击右侧圆圈中的"×"。

图 7.3 使用搜索框查找名称中包含"摇移"(Pan)的所有转场。符合这一条件的转场有 13 个

359 从"转场浏览器"中应用转场效果

将转场效果应用到编辑点、片段或片段组。

可以通过多种方式从"转场浏览器"中应用转场。

- 从"转场浏览器"中拖动它,然后将其放在编辑点上,无须选中编辑点。或选择一个编辑点、一个片段或一组片段,然后双击转场图标。
- 要替换一个转场,可从"转场浏览器"中拖动新转场,并将其放到时间线中现有转场的上方。新转场将继承旧转场的时长。
- 要删除应用于片段的转场效果,请在时间线上选择该转场效果,然后单击"删除"。

注 单击转场的中心位置以选中它。

深度思考
　　不要使用卷页,它们已经过时了。
　　至于地震效果,任何有品位的人应该都会避免使用。

360 浏览转场效果

实时浏览转场效果

Final Cut 可让你轻松浏览转场效果。只需将鼠标光标悬停在你感兴趣的转场效果上。等待一两秒让 Final Cut 将转场效果加载到 RAM 中,然后拖动鼠标(无须单击)穿过转场。

你将在查看器中全屏看到效果。

将鼠标光标悬停在任何转场效果上,然后拖动鼠标即可预览。

361 更改转场时长

有两种方法可以修改任何转场的时长。

要更改转场的时长,请执行以下任一操作。

- 抓住转场边缘并拖动它,见图 7.4。
- 选择转场,按 Control+D 键,输入你想要的时长,然后按 Enter 键。

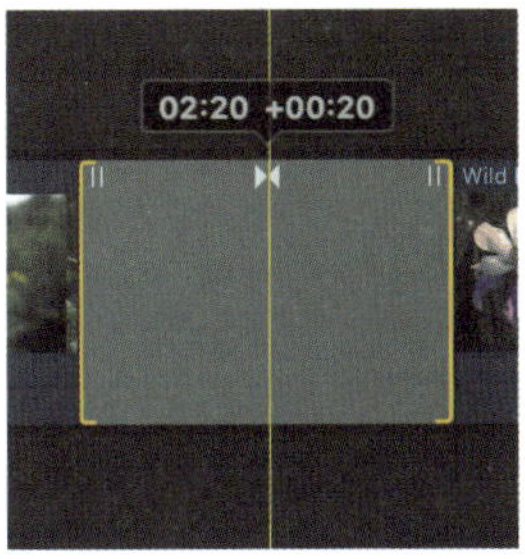

图 7.4 拖动转场的边缘可改变其持续时间

注 单击转场的中心位置以选中它。

深度思考
　　当你修剪一个转场时,转场顶部的数字显示其当前持续时间(左)和持续时间的变化量(右)。向左移动会显示负数。

362 在转场下修剪片段

你无须移除转场即可修剪其下的片段。

- 放大时间线,直到你看到转场顶部的三个图标,如图 7.5 所示(Command+"+"(加号)键是放大的一种方式)。
- 要对片段的入点进行波纹修剪,拖动左侧的双栏。
- 要对片段的出点进行波纹修剪,拖动右侧的双栏。
- 要同时滚动片段入点和出点,拖动中间的领结图标。

在不移除转场的情况下修剪片段可以节省时间。如果看不到这些修剪图标,就进一步放大时间线。

图 7.5 每个转场顶部都有三个微调控制按钮,可以在转场下方进行微调

注 尽管你是在转场中单击图标,但实际上是在修剪其下方的片段。

深度思考
- 按 Command+"+"(加号)键放大。
- 按 Command+"-"(减号)键缩小。
- 按下 Shift+Z 键重置时间线以填充窗口。

几乎所有的转场效果都可以在"转场效果检查器"中进行修改。

363 修改转场

除了持续时间，还可以通过更多方式修改转场效果。

虽然所有转场效果都可以修改，但有些转场效果比其他转场效果更灵活，见图 7.6。在时间线上选择转场，然后前往"转场检查器"（注意该屏幕截图中的蓝色沙漏图标）并对其进行调整。

图 7.6　几乎所有的转场都可以在某种程度上进行修改，这里有两个不同的例子。选择转场，然后打开"转场检查器"（快捷键：Command+4）来查看选项

364 隐藏的溶解选项

使用独特的方式来修改溶解效果。

当 Final Cut 提供隐藏选项时，溶解就不仅仅是溶解了。在"转场浏览器"中的"溶解"类别中，还有四种溶解效果可以尝试。

即使是默认的交叉溶解（快捷键：Command+T）也暗藏玄机。将转场应用到一个片段，选中它，然后查看"转场检查器"。默认的效果是视频，如图 7.7 所示，有十几种不同的效果可供选择。

此外，当添加"暖色"时，可以通过调整"数量"来设置"暖色"的程度。

图 7.7　交叉溶解转换选项的合成图像

你还可以加速转场期间的"缓入缓出"，这对两秒以下的溶解效果不会有影响，但对于更长的溶解，你可以控制它的开始（缓出）和结束（缓入）。这种改变是很轻微的，但在播放时更容易看出来。

365 创建一个新的默认转场

Command+T 是快捷键，选择哪个转场由你决定。

默认过渡是交叉溶解（快捷键：Command+T）。不过，你可以将默认值更改为不同的转场，见图 7.8。

（1）在"转场浏览器"中，鼠标右键单击你想要设为新默认的转场。

图 7.8 右击"转场浏览器"中的任意转场，将其设置为默认值

（2）选择"设为默认"。下次按 Command+T 键时，应用的将是这个转场。

（3）要重置默认值，请选择"溶解"，然后右击"交叉溶解"。

366 流量最小化跳切

流式混合视频，使跳切消失。

跳切是将两个相似的片段编辑在一起，造成视频的不合理"跳跃"。在过去，跳切是一种禁忌，但现在，媒体平台上到处都是，这就说明了一些问题。

在我看来，跳切表示"这里做了非常糟糕的剪辑"。剪辑师不是想办法用 B-roll 或另一个镜头来覆盖剪辑点，而是简单地剪切一个片段，然后任由其跳转，跳到哪里算哪里（话说回来，也许我是个"老古板"）。

Flow 是 Final Cut 中的一个转场效果，旨在最大限度地减少跳切带来的视觉停顿，它使用光流技术无缝融合两个片段，这样跳切就会消失。如果你没有在"设置">"编辑"中更改转场持续时间，Flow 的持续时间默认为 4 帧。如果有更改，它将采用你指定的持续时间或 15 帧，以较短者为准。使用这种转场时，较短的持续时间更佳，我建议使用 4～6 帧。

要应用 Flow 转场，从"溶解"类别中拖动 Flow 到编辑点。

> 流程在编辑点混合边缘，最大限度地减少跳切。
>
> 注 Flow 不适用于生成图像。

367 这就是那些黄点的含义

这些转场将多个图像合成一个动作。

有一些转场效果，如"向右摇移"（Pan Far Right）和"向下摇移"（Pan Down），当你将它们编辑到时间轴时，会显示黄色圆点，见图 7.9。这些是什么东西？

图 7.9 黄点决定了在像"向右摇移"这样的多图像转场中哪些帧会出现

我称这些黄点为"占位符放置区"。

以向右摇移为例，当你在转场中移动时，除了两个前景溶解的片段外，还

> **深度思考**
> 我对这种效果有两种看法，虽然它解决了跳切带来的不协调感，但同时也让镜头看起来像没有经过编辑。让编辑看起来像是没有从一个片段中删除任何内容，这在道德上是过了界的。有一种完美的视觉"语法"规定，当进行剪辑时，要么是跳切，要么是切换到另一个镜头。你的看法可能不同，我只是告诉你我的看法。

> **深度思考**
> 你可以在"风格化"类别中找到大部分此类多图像转场效果。

有六个其他图像出现在背景中。这些片段中的图像是根据黄点位置确定的静止帧。

你可以水平拖动一个点来重新定位它，尽管你不能将一个点移动到不同层的片段上。然而，你可以将一个点移动到转场的另一边，还可以在同一个片段中放置两个或更多的点。

368 使用 Motion 修改转场

将任何转场在 Motion 中打开进行修改。

> 注 Apple Motion 需单独购买，可在 Mac App Store 中购买。

Final Cut Pro 中的所有特效都是通过 Motion 或 FXPlug 制作的，后者是一款专门为 Final Cut 制作插件的软件开发工具包。正因为如此，你可以定制 Motion 中几乎所有现有的转场效果，以满足特定需求。

要将 FCP 中的转场效果移动到 Motion 中，请右击"转场效果"浏览器中的转场效果，然后选择"在 Motion 中打开副本"（Open a copy in Motion），见图 7.10（苹果公司要求修改副本以防止损坏原始转场效果）。

在 Motion 中保存修改后的副本，可自动将定制的特效带回 Final Cut，与原始特效归为同一类别。

> **深度思考**
> 某些第三方过渡效果被"锁定"，无法修改。不过，Apple 提供的任何过渡效果（或标题或生成器）都可以修改。

图 7.10　鼠标右击"转场"浏览器中的几乎所有 FCP 转场，即可在 Motion 中对其进行修改

369 创建或删除自定义转场

创建自定义转场的过程与创建自定义字幕相同。

你可以使用 Apple Motion 创建自定义转场效果，创建自定义转场效果步骤如下。

（1）在 Motion Project 浏览器中选择 Final Cut 转场。

（2）在右上角定义项目规格。

打开的 Motion 项目将预设为交叉溶解。

删除自定义转场（无论是创建的还是修改过的），步骤如下。

（1）右击它，然后选择"在 Finder 中显示"。

（2）请参阅"技巧 392，删除自定义字幕（或转场）"，了解后续步骤。

字幕和文本

与可以打开或关闭的字幕不同，标题和其他文字会永久"烙印"在图像中。不过，好在有很多方法可以自定义这些标题的外观，还可以应用动画效果。

370 拉里的"标题 10 条规则"

视频是低分辨率的图像,相应地调整你的文本。

在讨论如何创建文本之前,让我们花一分钟来思考如何使用文本。与印刷品相比,视频(即使是 4K)的分辨率较低。更为棘手的是,许多观众会分心,无法全神贯注地观看视频。

因此,在视频中添加文字时,需要给观众时间阅读屏幕上的内容。

- 可读性就是一切。如果受众无法阅读文本,你就浪费了信息。
- 希望观众阅读的文字一定要加上阴影,除非它是黑色的。
- 在创建你希望受众阅读的文字时,应确保文字的形状、质地、颜色和灰度与背景形成鲜明对比。有些受众可能是色盲。
- 在屏幕上停留足够长的时间,以便你大声朗读两遍(如果你使用的是非常奇特的字体或脚本字体,则在屏幕上停留的时间更长)。
- 在屏幕显示时间相同的情况下,水平文本比倾斜文本或垂直文本更容易阅读。
- 文字不要太小。一般来说,对于高清视频,避免使用小于 22 点的字号。标清视频的文字大小应避免小于 26 点,稍大一点更好。
- 避免使用条形或衬线非常细的字体,除非它们的比例较大。
- 避免使用高度"设计"或奇特的字体,除非它们的比例较大。
- 在为广播、有线电视、流媒体或数字影院创建项目时,使用视频示波器验证字体颜色的饱和度是否过高,以及白音量级别是否超过 100%。
- 为广播、有线电视、流媒体或数字电影创建项目时,请将所有文本保留在标题安全区域(内矩形)内。为网络创建项目时,请将文本保留在动作安全区域(外矩形)内。即使在今天,也不是所有的显示器都能显示整个图像(见技巧 103,操作安全区和字幕安全区)。

> 文字的可读性就是一切。

371 字体让文字充满情感

字体通过其外观以及所表达的内容传递了很多信息。

关于字体的书籍汗牛充栋,让我提供一些建议,帮助你更好地使用字体。就像所有时髦的东西一样,字体也会流行和过时(比如 Comic Sans)。

每种字体都经过精心设计,以唤起特定的风格或感觉。这些外观所传达的情感与文字所书写的信息一样多,甚至更多。请确保字体的情感信息与你项目的情感相匹配,见图 7.11。

最重要的两类字体是有衬线字体和无衬线字体。有衬线字体在字母底部有小"脚",它是一种传统字体,旨在方便阅读书籍,有衬线字体的斜体字体优雅大方。无衬线字体没有"脚",它们在屏幕上也更容易阅读,对于大多数项目,请考虑使用无衬线字体。

有数百种字体可供选择。

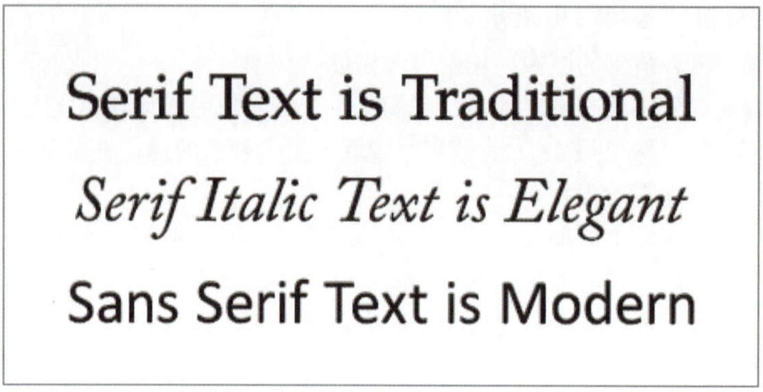

图 7.11　不同字体风格的示例：Palatino Roman（上）、Adobe Caslon Pro Italic（中）和 Calibri Regular（下）。无衬线字体在屏幕上更容易阅读

372 预览标题

在使用标题之前先预览它。

要在标题浏览器中预览标题，可将鼠标光标悬停在标题图标上，然后等待几秒钟让 Final Cut 加载标题。当你把鼠标光标拖过标题时，就可以在查看器中预览，包括任何动画效果。

373 为时间线添加标题

Final Cut 有几十个标题可供选择，添加标题很容易，挑选却很难。

Final Cut 包含数十种标题，其中大部分都是动画，可在你的项目中使用。使用动画时要小心，不要让过于繁杂的文字淹没了你的故事。

要在时间线上添加标题，请打开标题浏览器，单击标题图标，见图 7.12（快捷键：Option+Command+1）。标题总是添加在最低可用图层的播放头（滑块）位置。

> 要在时间线上添加标题，请双击"标题浏览器"中的字幕图标。

- 将标题图标拖入时间线，或选择标题图标并按 Q 键，或双击标题图标。
- 要搜索标题，请在"标题浏览器"的搜索框中输入部分或全部标题名称。
- 要从时间线上删除标题，请选择该标题并单击"删除"按钮。

> **深度思考**
> 如果你不知道如何选择，请搜索"自定义"。自定义和自定义 3D 字幕是开始的好地方。

图 7.12　标题浏览器

374 修改标题

修改标题的主要方法有四种。

标题剪辑在时间线上的行为就像其他任何剪辑一样,你可以调整它的位置、改变它的持续时间,并像其他任何剪辑一样添加转场。说到文本本身,有四种方法可以修改标题:位置、内容、格式和动画。

- **位置**。在时间线中选择片段,然后将查看器中出现的白色圆圈或白色方框拖动到新位置,即可更改片段的位置,见图 7.13。

图 7.13 在查看器中拖动白色圆圈(有时是白色方框)来调整屏幕上文本的位置

- **内容**。要更改片段内容,请在时间线上选择该片段,然后双击出现在查看器中的文本。
- **格式**。要更改文本格式,请选择时间线中的片段,然后打开两个控制文本的检查器之一(见图 7.14):文本格式(左上角箭头所指)和文本动画(左侧检查器)。

  文本格式设置与其他应用程序类似,但有两个隐藏技巧。

  - 当达到滑块的极限(行间距为 ±100 点)时,通过在大小字段中输入一个数字(屏幕截图中的 -130)来扩展设置。
  - 按住 Option 键并单击滑块轨道,以一个单位为增量移动滑块。这提供了对更改的精确控制。

- **动画**。动画选项由文本动画检查器控制,即文本格式检查器左侧的图标(左上角红色箭头所指)。

> **注** 你也可以更改数字字段的值,方法是将鼠标光标放在数字字段中,然后向上或向下拖动。

图 7.14 这是文本检查程序的上半部分,使用文本字段(底部红色箭头所指)更改屏幕上的文本,或使用这些基本设置设置文本格式

375 更精确地修改文本位置

拖动操作很简单，但检查器提供了更精确的选项。

真正有趣的文本选项在"文本检查器"的下部，见图 7.15。单击并拖动任何数字即可更改。

- **位置**。这样就能在屏幕上对所选文字的位置进行精确调整。尽管 Final Cut 还没有充分利用三维空间，但所有文本都是在三维空间中呈现的（"Z"指的是将文本向你的眼睛移动或远离你的眼睛，由你的显示器表面表示）。
- **旋转**。在 Y 轴上旋转文本是我增加文本深度时最喜欢的方法之一。
- **缩放**。沿 X 轴或 Y 轴拉伸文本（Z 轴没有明显变化）。

"文本检查器"下方的五个选项在技巧 378 中讨论。

> **深度思考**
>
> "文本检查器"中的位置设置无法设置关键帧。但是，"视频检查器"中的变换设置可以进行关键帧设置。这些问题将在第 8 章"视觉效果"中进行讨论。

图 7.15 "文本检查器"中的文本位置和格式控制比在屏幕上拖动文本具有更大的灵活性和控制性

376 增加文字深度的简单方法

在 Y 轴上旋转文字，增加深度感。

虽然 Final Cut 不支持物体的 3D 旋转，但它支持文字的 3D 旋转。这提供了一种简单的方法来制造深度错觉——在 X 轴或 Y 轴上旋转文字。

在图 7.16 中，文字在 Y 轴上旋转了 55°，同时使用"文本位置"设置调整了垂直和水平位置。不过，Final Cut 中的文本旋转无法设置关键帧，即无法制作旋转动画。

通过在 Y 轴上旋转文字来增加深度。

注 文本可在 Apple Motion 中进行完全旋转和动画化，然后保存为 Final Cut Pro 的自定义文本模板。

图 7.16 在 Y 轴上旋转文字是模拟深度的好方法

377 为文本添加阴影

只需更改一个设置。

可以在任何片段上添加像明亮阳光下产生的投影阴影。然而，它们在文本上的效果最好，见图 7.17。

（1）选择文本片段。

（2）选择"效果浏览器">"风格化">"阴影"（第 8 章将对效果进行说明）。

（3）在"视频检查器"中，将投影设置从"经典阴影"更改为"透视阴影"。

（4）使用屏幕控件调整阴影位置和设置。

图 7.17 为文字添加投射阴影，然后调整屏幕上的位置和角度

378 设置字幕的格式

这四个格式组可以改变文本的颜色和外观。

如图 7.15 所示，有四组设置可以控制标题中文字的颜色：面、轮廓、发光和阴影（我是阴影的忠实粉丝。虽然现在有一种趋势说阴影已经过时了，但我认为它能大大提高文字的可读性）。

- **面**。这决定了文字主要部分的颜色。单击色块（请参阅技巧 380，选择你的颜色选择器），打开 Mac 颜色选择器。一个有用的技巧是单击"吸管"，然后单击图像中的颜色，将该颜色应用到文字中，见图 7.18。

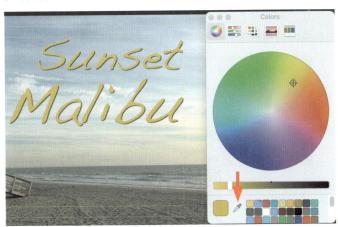

图 7.18 使用"吸管"工具选择屏幕上的颜色，将其应用到选定的文本上

- **轮廓和光晕**。我不太喜欢轮廓和发光。但如果你愿意，也可以使用它们。

始终为所有非黑色的屏幕文字添加阴影。

- **阴影**。阴影为所有视频文本增加了重要的可读性。为什么？图 7.19 说明了添加阴影如何使难以阅读的文本在屏幕上脱颖而出。文字的颜色与背景相匹配，两幅图像之间没有改变。底部显示了我自定义的阴影设置（在黑色背景上放置文本时不需要使用阴影）。

图 7.19　即使两个示例中的文字颜色与背景一致，添加阴影也能大大提高可读性。下图显示了应用于文字的设置（我还会经常添加 4～10 点模糊）

379 字体不必是白色

所有字体都是纯色——白色，通过添加渐变来改变它。

默认情况下，Final Cut 中的所有文字都是纯白色的，很单调。相反，用渐变色替换纯色，然后更改渐变色的颜色，见图 7.20。

（1）在"检查器"或"查看器"中选择要修改的文本。

（2）在"文本检查器"中，向下滚动并显示"面"（Face）。

（3）更改为"用渐变填充"（Fill with to Gradient）。

（4）展开渐变旁边的箭头（上方红箭头）以显示"渐变颜色选择器"。顶部的白色条代表随时间变化的不透明度，通常，不透明度保持不变。

（5）单击其下方的一个颜色方块来选择它（下部红色箭头）。

（6）单击颜色片或颜色片旁边的箭头可显示"颜色选择器"。

（7）要为渐变添加其他颜色，请在细的水平颜色条上单击一次。

（8）向左或向右拖动颜色方块，可改变颜色过渡的位置。

> **注**　按住 Option 键并拖动，在"颜色选择器"中复制一个颜色方块。
> 通过将其拖动到条形图外，删除一个颜色方块。

> **深度思考**
> 视频研究显示，在下三分之一字幕的可读性和清晰度方面，浅黄色仅次于白色。

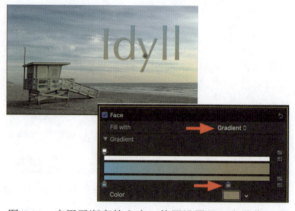

图 7.20　应用了渐变的文本，使用设置显示在图像下方

380 选择你的"颜色选择器"

Final Cut 提供两种不同的"颜色选择器"。

当你在 Final Cut 中看到"颜色选择器"时,有两个选项可供选择,具体取决于你单击的位置,见图 7.21。它们的作用相同,只是方式不同。我喜欢 Mac 的"颜色选择器",因为它可以使用底部的芯片保存颜色,而且看起来像矢量示波器。

- 如果单击颜色芯片本身,就会出现传统的 Mac"颜色选择器"。
- 如果单击右侧的倒三角,就会出现 Motion"颜色选择器"。

图 7.21 单击色块(左箭头),会出现 Mac"颜色选择器"(左图)。单击棋盘格,出现 Motion"颜色选择器"

381 字距调整可改善大文本标题

字距调整改变两个选定字母之间的空间。

大多数情况下,文本片段中字母之间的间距是没有问题的。但是,当你创建一个大字幕时,尤其是使用衬线字体时,字母间距往往需要一些调整。

字距调整用于调整一对字母之间的间距。图 7.22 中的上图显示,文本中 A 和 w 之间的间距明显比其他字母之间的间距要大,这是由计算机计算字母间距的方式造成的。

图 7.22 字距调整用于调整一对字母之间的间距

调整这一间距,步骤如下。
(1)在时间线上选择标题片段。
(2)在查看器中,单击要调整的一对字母,使它们之间出现一个白条。
(3)按 Option+Command+[键缩小间距。
(4)按 Option+Command+] 键增加间距。
(5)直到间距"看起来合适"为止。

Final Cut 有两个默认字幕。
你可以将它们更改为更实用的样式。

382 更改默认标题

Final Cut 有两个默认标题，更改它们。

Final Cut 有两种默认标题：基础字幕和下三分之一字幕。这两种字幕都没有动画，而且都很单调。使用这两种标题的唯一好处是，它们可以通过键盘快捷键应用。使用键盘快捷键添加的标题总是出现在时间线中播放头（滑块）位置的最高图层上。

然而，可以更改这些默认值，见图 7.23。

（1）右击要设置为默认设置的标题图标。

（2）选择将其设置为默认标题还是下三分之一标题。

秘密就在这里。这个选择并不重要！你所做的只是为特定标题分配一个快捷键。我将这两个快捷键都分配给了我编辑网络研讨会时经常使用的两个标题。

图 7.23 将你最常使用的两个字幕分配给这两个默认选项之一。从任何字幕中选择，包括自定义字幕

> **深度思考**
> 两个标题键盘快捷键是：
> • Control+T：在播放头（滑块）的位置应用默认标题。
> • Shift+Control+T：应用默认的下三分之一标题。

383 快速查看时间线标题

时间线索引对快速查看标题大有帮助。

你已经准备好导出最终项目，只等最后一次审阅标题。你知道，这只是为了确保没有错别字。但是，考虑到项目的规模，你怎么能确定找到了所有的错别字呢？时间线索引可以帮你！

（1）打开时间线索引（Index）（快捷键：Shift+Command+2），见图 7.24。

（2）单击顶部的"剪辑文本"按钮。

（3）单击底部的"标题"按钮。

（4）从列表顶部开始，单击每个标题或使用向上/向下箭头键来浏览列表。当标题在索引中被选中时，FCP 会将播放头跳转到时间线中标题的起点，并在查看器中显示。

（5）如果需要更改文本，请在查看器中选择标题，然后更改需要更改的内容。

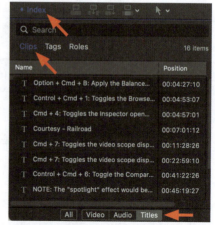

图 7.24 选择"时间线索引"（Index）>"片段"（Clips）> 标题可快速查看项目中的所有标题

> 查看标题的最快方法是使用时间线索引中的向上/向下箭头。

> **深度思考**
> 在时间线索引中更改标题的内容会更改其名称，但不会更改其内容。唉！你不能使用时间线索引进行拼写检查，但如果在查看器或检查器中打开标题片段，则可以进行拼写检查。

384 有一个标题隐藏的快捷键

此快捷键有助于查找和替换文本。

Final Cut 有一个查找和替换标题文本的快捷键，只是它没有分配给任何键。要创建你自己的快捷键。

240　　Final Cut Pro 实用手册

（1）选择 Final Cut Pro>"命令集">"自定义"。

（2）搜索"标题文本"。

（3）命令面板中出现"查找和替换字幕文本"（Find and Replace Title Text）。

（4）指定一个键盘快捷键（我用的是 Control+F），然后单击"保存"。

（5）创建快捷键后（在我的示例中为 Control+F），按下该快捷键，就会出现查找和替换文本窗口（Find and Replace Title Text），见图 7.25。

（6）选择决定如何替换文本的设置：在项目的所有字幕中替换，或仅在所选字幕中替换。其他选项与使用文字处理器类似。

深度思考

选择"编辑">"查找和替换字幕文本"时也会出现该菜单，但自定义键盘快捷键更快，而且更酷！

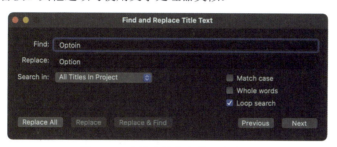

图 7.25　查找和替换字幕文本窗口

385 为标题添加表情符号

我可能在这里打开了潘多拉的盒子，但表情符号也可以作为标题。

所有表情符号都是穿上服装的文字。在标题中添加表情符号非常简单，步骤如下。

（1）将鼠标光标放在要添加表情符号的文本片段中。

（2）按 Control+Command+ 空格键显示字符查看器，其中包含表情符号和许多其他有趣的字符。

（3）双击任何表情符号图标，即可将其添加到标题中。

（4）与文字一样，选择一个表情符号，然后在"文本检查器"中选择"字体大小"来调整其大小。

这正是我想要的 500 号大小的醉日！（见图 7.26）。

（5）在"字符查看器"中选择任何表情符号，即可在右侧的"字体变化"面板中看到该表情符号的变化。

所有的表情符号都是穿着服装的文字。

图 7.26　是的，你甚至可以在下一个项目中添加一个"醉日"表情符号

386 许多标题包含动画

通过一个开关打开或关闭动画。

许多标题，特别是下三分之一标题，包含动画以使它们出现在屏幕上或消失。更简单的是，无须调整任何设置。动画默认是打开的，但你可以更改，步骤如下。

(1) 在时间线上添加一个标题，然后选中它。

(2) 转到"文本动画检查器"（顶部红色箭头），见图 7.27。

(3) 默认情况下，动画处于打开状态。

(4) 取消选择"构建进入"（Build In）可在片段开始时禁用动画。

(5) 取消选择"构建退出"（Build Out）可在片段结束时禁用动画。可以随时更改这些设置。

图 7.27 字幕动画由"文本动画检查器"（左上角箭头）控制。"构建进入"（Build In）启用打开动画。"构建退出"（Build Out）启用关闭动画

> **深度思考**
>
> 紫色下三分之一默认字体是 Comic Sans，只有学龄前儿童才应该使用 Comic Sans，我把它改了。

387 访问更复杂的动画

一些标题还包含非常复杂的动画。

除非做得非常好，否则动画很快就会过时。当你使用动画时，请谨慎使用。在本节开头，我建议你使用自定义标题，见图 7.28。原因如下。

图 7.28 自定义标题包含大量动画选项，可使用"标题动画检查器"进行调整

在时间线中搜索并编辑自定义标题，然后选中它，打开"标题检查器"（左上角箭头）。是的，这是很多的动画控制选项，解释所有这些设置将需要很多篇幅。以下是一些重点。

- 以"In"开头的参数会影响开场动画。
- 以"Out"开头的参数会影响结束动画。
- 所有参数设置决定了变化的程度。例如，当"不透明度"设置为 100% 以外的任何值时，文字将从该百分比开始淡入。试试 0，看看会发生什么。

- 持续时间（In Duration）以帧为单位确定开场动画的持续时间（底部红色箭头）。
- 单位大小决定动画是按字母、单词还是整个文本块制作。
- 要重置一个参数，单击小的向下箭头并选择"重置参数"。

尝试自定义标题来看看它能做什么。可以随意更改多个设置，非常灵活且有趣。

> **深度思考**
>
> 自定义 3D 包含了动画的大部分。许多其他标题也包含图 7.28 所示的这些选项。请养成检查"标题动画检查器"的习惯，看看你使用的标题有哪些可用选项。

388 3D 文本与 2D 几乎相同

3D 文字除了有深度，还有纹理和照明。

Final Cut 中令人兴奋的文本功能之一是 3D 文字。事实上，除了深度、纹理和照明这三个方面，3D 文本与 2D 文本别无二致。从文本选择、格式化和编辑的角度来看，3D 文本与 2D 文本是一样的。这使得使用 3D 文本变得非常容易。

标题浏览器中有各种 3D 文本模板。出于同样的原因，我建议在 2D 文本中使用自定义，现在我也建议使用自定义 3D 文本。应用标题的方法与 2D 相同：双击文本图标，将其编辑到时间线中，位于播放头（滑块）的位置。

Final Cut Pro 提供三种独特的 3D 文本设置：深度、纹理和照明。

当你第一眼看到 3D 标题时，它可能并不那么令人印象深刻。字体很单薄，深度更像是一个阴影，整体给人的感觉很突兀。不用担心，这里有很多东西可以利用。

（1）在时间线上选择片段。

（2）将字体改为 Impact，225 点。

（3）将图像沿 Y 轴旋转 45°左右，使边缘和侧面更加清晰可见。

注意，旋转文字时，照明会发生变化。

（4）在检查器下方的 3D 文字类别中，将深度增加到 60，见图 7.29。

图 7.29　3D 文本具有深度。事实上，文字可以旋转，以显示侧面和背面的不同纹理，这是 2D 文本无法做到的

> **深度思考**
>
> 与自定义标题类似，自定义 3D 也在"文本动画检查器"中提供了丰富的动画选项。在这里不介绍它们，因为我们已经介绍了它们在 2D 文本中的工作原理。

389 3D 纹理提供令人惊叹的多样性

在正面、侧面、背面和所有边缘应用不同的纹理。

对于 2D 文字,你可以使用一种颜色或渐变色。有了 3D 文字,你就可以盛装打扮,准备晚上外出了。2D 文字只有一面(正面),而 3D 文字有三面和两条边缘:正面、正面边缘、侧面、背面和背面边缘。例如,向下滚动"文本检查器"到"材质"部分,见图 7.30。

- **单一。**你选择的任何纹理都应用到所有五个表面。
- **多个。**此菜单为每个表面提供单独的纹理选项。我个人喜欢边缘有光泽的选项,因为它增加了闪光。我选择了前纹理以捕捉海滩上的沙子颜色,侧面纹理之所以被选中,是因为它的颜色补充了棕色沙子。

共有 11 个纹理类别可供选择,包含近 100 种不同的纹理,这提供了大量的选择。没有"正确"的答案,只有适合你的项目选项。

图 7.30　应用于 3D 文本的纹理,请注意纹理是如何加强图像的照明和整体色调的。前角边缘是有光泽的,以强调字母的深度

390 照亮 3D 文本

照亮 3D 文本是令人瞠目结舌的选择。

3D 文本因其深度和每个表面的纹理多样性而令人兴奋,但真正令人兴奋的还是当你开始使用照明时。虽然 Motion 包含的照明和照明动画选项比 Final Cut 多得多,但仍有一些调整可以做。

在"材料"的正上方是"照明",见图 7.31。

(1)单击"显示"查看内容。

(2)单击照明样式(Lighting Style)菜单("标准"),显示 11 种照明预设,见图 7.32。如图 7.33 显示了使用"上方"(Above)设置照亮的文本。

- 检查每个字母的自阴影,以便在旁边的文字上投射阴影,我通常会降低不透明度并增加柔和度。

- 取消选择"环境"（Environment）可关闭所有 3D 文本都使用的通用照明。
- 选择"环境"，然后将"类型"更改为"多彩"。我喜欢这种照明效果的派对氛围。
- 选择"调整环境"＞"旋转"来更改颜色。

图 7.31 照明在此部分进行控制。单击"照明风格"（Lighting Style）菜单显示预设。取消选择"环境"（Environment）可为你的光照增添更多戏剧效果

图 7.33 "上方"被应用为文本的照明效果。我将侧面材质更改为"厚石膏"，以便在这个光线角度下展示更多的纹理

图 7.32 这 11 种预设可改变照明位置和重点。虽然它们不能在 FCP 中制作动画，但可以在 Motion 中制作

深度思考

强度改变了从字母辐射出的光量。虽然调暗照明总是可能的，但你也可以增加强度——特别是对于饱和颜色，效果非常好——可以增加到超过 4000%！忽略滑块，直接输入一个值（记住，你也可以单击并拖动数字来更改值）。

391 在 Motion 中修改任何标题

修改现有标题以创建自定义版本。

与转场效果一样，Motion 可以修改任何标题。右击任何标题图标，即可在 Motion 中打开副本（与转场效果一样，你只能修改副本，不能修改原版）。

完成修改后，将其保存在 Motion 中，它就会出现在标题浏览器中，紧挨着原始标题，如图 7.34 所示。

这正是我创建图 7.34 中显示的大型"自定义标题"所做的。

图 7.34 右击标题图标，在 Motion 中打开副本进行自定义

392 删除自定义标题（或转场）

删除自定义标题很简单，但需要几个步骤。

要移除自定义标题或转场效果，请在标题（或转场效果）浏览器中右击它（见图 7.35），然后选择"在 Finder 中显示"（Reveal in Finder）。

图 7.35 右击自定义字幕，然后选择"在 Finder 中显示"

注 当你在 Finder 中找到一个特效后，如果在删除包含该特效的文件夹之前退出 Final Cut，可能会得到更可靠的结果。

下面是棘手的步骤。你不能只删除标题的元素，你需要删除包含它们的文件夹。

（1）右击 Finder 窗口左上角的效果名称（红色箭头），见图 7.36。

（2）在列表中选择下一级。

（3）在打开的文件夹中，删除你的自定义效果命名的文件夹。

在我的例子中，我正在删除"自定义副本"（Custom copy）文件夹，见图 7.37。大多数情况下，这种效果会在 Final Cut 中消失。如果没有消失，请退出并重新启动 Final Cut。

图 7.36 在 Finder 窗口顶部鼠标右键单击名称并选择下一级（你的路径列表会与我的不同）

图 7.37 删除你想要删除的以自定义字幕名称命名的文件夹

发生器

发生器是计算机生成的媒体，包含从全屏动画背景到非常特定的效果，它们是 Final Cut 独有的，并且可以为许多不同的项目提供有趣的外观。

393 什么是发生器

发生器是可调节的计算机生成媒体。

> 发生器是可调节的计算机生成媒体，它们与任何项目兼容。

发生器最初是在 Motion 中创建的，然后迁移到 Final Cut。这些发生器都是计算机生成的，可任意设置帧大小、帧速率或持续时间。只要你需要动画背景，就可以使用它们。其中有些非常俗气，但有些却非常有用。

发生器与标题共享相同的浏览器（快捷键：Option+Command+1）。有五个默认类别：360°、背景、元素、单色和纹理，见图 7.38。

正如你所预料的那样，有数百种第三方发生器可供使用。但可能想不到的是，也可以在 Motion 中创建自己的发生器。每当需要为信息图表创建背景时，都会使用生成器。

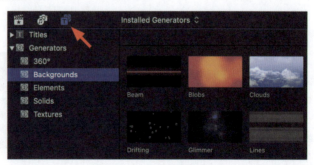

图 7.38 发生器浏览器

394 发生器背景

背景是全屏的、动画的和灵活的。

背景（见图 7.39）是全屏生成的媒体。这意味着它们可以适应任何帧尺寸、任何帧率或任何需要的持续时间。

- 有些，如"有机"（Organic），没有格式选项。
- 其他一些，如"拼贴"（Collage），允许禁用动画。
- 其他一些，如"飘动"（Drifting）、"云"（Clouds）和"水下"（Underwater），有各种各样的格式选项。

像编辑其他浏览器片段一样，将发生器编辑到时间线上。在时间线上选中它，然后在发生器检查器中查找动画和格式选项。

图 7.39 这张合成图像展示了 Final Cut Pro 中可用的发生器背景的多样性，其中大部分是动画

虽然我希望苹果能提供更多深色背景，让文字更容易阅读，但我在许多项目中都会使用发生器，或它们的修改版本，作为信息图表的动画背景。此外，由于发生器非常容易创建，你会发现有数百种额外的第三方选项可供使用。

深度思考

背景动画通常移动得太快，如果你不希望背景分散前景注力，可以调整发生器设置或使用"修改">"重新定时"来减慢移动速度。

395 发生器元素

发生器元素针对有特定需求的特定视频。

元素类别中有四个发生器，见图 7.40。将一个元素编辑到时间线后，选择它，然后查看发生器检查器中的选项。元素类别中的四个发生器分别是：

- **计数**（Counting）。这可以创建倒数或递增计数。如果开始数字小于结束数字，则视频进行递增计数。如果结束数字较小，则进行倒数。格式控制包括字体、大小、颜色和数字格式。数字格式包括数字、货币、百分比和拼写出的单词。
- **占位符**（Placeholder）。这可以创建"故事板风格"的静态图像，你可以指定画面构图、镜头中的人数以及他们的性别、背景和天空。占位符可以在室内和室外之间进行切换。
- **形状**（Shapes）。可生成 12 种形状：圆形、矩形、星形、箭头等。你可以更改大小、颜色、边框和阴影。

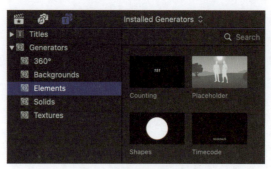

图 7.40　为特定需求创建视频

> **深度思考**
> 形状位置控制非常有限。使用发生器创建形状。保持居中。然后缩放并使用"视频检查器">"变换"中的设置来缩放和定位形状（请参阅第 8 章）。

- **时间码**（Timecode）。对我来说，这是最有用的。使用此发生器可将标签和时间码刻录到片段或项目中（见技巧 396，如何将时间码刻录到项目中）。

396　如何将时间码刻录到项目中

"刻录"时间码是将项目时间码记录到视频中。

虽然在线项目审查越来越受欢迎，但经常需要向客户发送视频并征求意见。为了让客户提供有意义的意见，你还需要在视频中提供时间参考。最简单也是最好的方法就是在视频中添加或"刻录"时间码，见图 7.41。

创建这种效果非常简单。

（1）将时间码发生器拖到所有时间线片段上方的图层上。

（2）拉长其持续时间，使其跨越整个项目的长度。

（3）选择时间码片段。

（4）拖动查看器中的白色圆圈，将时间码显示移到一个角落（我更喜欢右上角）或下边缘。保持在动作安全区域内。

（5）进入"发生器检查器"，根据需要修改设置。

图 7.41　显示了创建"刻录"时间码效果的设置（上图）和效果本身（下图）

我一般将字体大小设置为 36 点，因为 48 点感觉太大了。确保时间码基础设置为"项目"，根据需要更改标签。

当你导出项目时，时间码将永久刻录到视频中。

（6）要移除这种效果，只需从时间线上删除时间码片段即可。也可以按 V 键使其暂时不可见。

> **深度思考**
> 既然已经有一个时间码效果，为什么要使用该发生器？因为时间码发生器可提供一个单一的片段，跨越你所需的任何时间线长度。而使用特效则需要将其单独添加到每个时间线片段中。换句话说，发生器更快更简单。

397 发生器单色

单色是可调整的、单色的、一致的颜色。

发生器单色（见图 7.42）就是单一的颜色。它们没有动画效果，但颜色可以修改。每种颜色都有一个颜色选择菜单。

最灵活的是"自定义"选项，因为你可以选择任何你想要的颜色，但我发现其他两个有用的选项是白色和灰度。

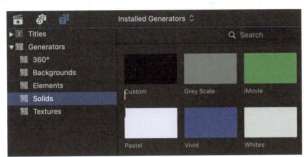

图 7.42　自定义单色最为灵活，但所有单色在"发生器检查器"中都提供了有用的颜色选项

398 发生器纹理

纹理是所有发生器中最有趣的。

我非常喜欢纹理！很多计算机生成的视频都很平滑、"塑料感"和做作，因为它太完美了。而纹理则完全颠覆了这一点，尤其是当你开始使用混合模式时，我将在接下来的两个技巧中介绍混合模式。

每种纹理（见图 7.43）在"发生器检查器"中都有十几种图像选项，因此可供选择的种类很多。很明显，纹理的一个用途就是作为信息图表的背景。然而，像单色一样，纹理不是动画的。背景可能是更好的选择，因为它们包含动画。

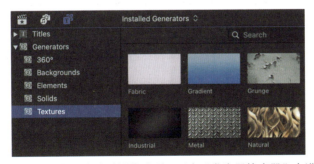

图 7.43　每种纹理都包含多种图像选项，可在"发生器检查器"中进行选择

399 修改默认的发生器

就像转场效果一样，你可以设置一个默认的发生器。

标题、转场和发生器都支持设置默认项。对于发生器，右击特定的发生器（见图 7.44）并选择"设为默认发生器"。

在时间线播放头（滑块）的位置添加默认发生器的键盘快捷键是Option+Command+W。

图 7.44　右击一个发生器图标以将其更改为默认发生器

④⓪⓪ 为文本添加纹理

使用混合模式和发生器为文字添加纹理。

通常情况下，文字的表面是平的。但如图 7.45 所示，使用发生器和混合模式可以轻松添加纹理。具体方法如下。

（1）将"石头"纹理编辑到时间线中（图 7.45 左下图），然后选择该片段。

（2）在"发生器检查器"中，将"石头类型"更改为"板岩"。

（3）在纹理上方编辑一个文本片段（我用的是自定义）。

图 7.45　将发生器纹理与混合模式相结合，可以为文字添加纹理。这种效果可用于任何两个片段，但用于文字效果非常好

（4）根据需要更改字体和字号（我使用的是 450 点大小的 Bradley Hand 字体，旋转 20°）。

（5）将颜色改为除白色以外的任何颜色（我用的是黑色）。

（6）在"视频检查器"（图 7.45 右下角图像）中，将混合模式更改为叠加。

嗒哒！看起来就像文本是喷涂在石头上的。这种方法有无限的变体。

> **深度思考**
>
> 混合模式菜单有 20 多个选项。我最喜欢的是叠加和柔光模式，它们结合了中间调，正片叠底，它结合了阴影，以及"滤色"，它结合了高光。混合模式是几乎所有视觉效果背后的纹理工作母机。

401 将视频放入文本中

这也是混合模式强大功能的另一个例子。

在这里，你将在文本内放置纹理（或视频），见图 7.46。

（1）将一个纹理编辑到时间线中（我用的是金属）。
（2）将"金属类型"更改为"霜冻 V 形图案"或任何你想要的类型。
（3）编辑纹理上方的文字片段；见下图。
（4）根据你的需要更改文本格式。使用了 Giza 字体，字号为 400 点。
（5）选择文本片段。
（6）在"视频检查器"中，将混合模式更改为模板 Alpha。

再次嗒哒！这种效果如今也被无限使用。

图 7.46　使用混合模式：使用模板 Alpha 将下方的片段放入上方的片段中。这对文本或任何具有 Alpha 通道的项目效果最佳

> **深度思考**
> 我在本例中使用了纹理。不过，你也可以用视频片段替换纹理片段来插入视频。所有设置保持不变。

402 将视频放入文字视频中

它结合了几种技巧，创造出一种有趣的效果。

这也许应该放在第八章"视觉效果"中，但既然我们正在讨论纹理、文本和混合模式，这里就再介绍一个。它将视频放入文本片段中，然后在背景视频上显示这种效果。

这是一种使用混合模式和复合片段的三层效果，图 7.47。

（1）将背景视频放到"主要故事情节"中。
（2）在上面，把你想放的视频放在文本内。
（3）在上面，按照你想要的格式输入文字（我用的是 500 点的 Cracked）。
（4）选择文本片段，将混合模式更改为模板 Alpha。

（5）同时选择中间的视频和文本片段，并将它们转换为复合片段（快捷键：Option+G）。

现在，视频会出现在文字内，背景视频之上。

> **深度思考**
>
> 为火焰文字添加阴影，步骤如下。
> （1）选择复合片段。
> （2）选择"效果浏览器"＞"风格化"（快捷键：Command+5），并将投影效果应用到复合片段上。
> （3）调整到你满意为止。

图 7.47 视频中的文本覆盖在视频上。这使用了"相交发生器"和应用于文本的"模板 Alpha"混合模式，然后将它们组合成一个复合片段以添加到背景中

转场和文本的快捷键

类别	快捷键	它的作用
过渡	Control+Command+5 Command+T Control+D	打开 转场浏览器 将默认转场应用于编辑点 更改所选转场、字幕、发生器和片段的持续时间
字幕	Option+Command+1 Control+T Shift+Control+T Option+Command+[Option+Command+] Shift+Command+2	打开字幕浏览器 在播放头添加默认字幕 在播放头添加默认的下三分之一字幕 收紧两个字母之间的间距 将两个字母之间的间距拉宽 切换打开或关闭时间线索引
发生器	Option+Command+1 Option+Command+W V 点击 Option	打开发生器浏览器 在播放头（滑块）添加默认发生器 打开或关闭所选片段的可见性 限制滑块以 1 单位增量移动（适用于大多数特效）

本章小结

与所有特效一样，"少即是多"是最重要的一句话。视频中的转场效果和发生器越少，每次使用的效果就越强。不要让特效妨碍你讲述故事。很多时候，它们确实会这样。

文字的规则是不同的。如今，很多视频都是在不听音频的情况下观看的，因此，即使关闭音频，文字也必须传递信息。这也意味着字幕在屏幕上停留的时间要足够长，以便大多数观众能够阅读。记住，观众只有一次机会看到你的节目。

第 8 章

视觉效果

引言

本章主要介绍有趣的内容：各种视觉效果。这完全可以写满一本书——有太多的特效，有太多的变化，以至于不可能面面俱到。我的目标是展示核心特效是如何工作的，这样你就能自如地发现自己的变化。

- 视频检查器效果
- 变换效果
- 查看器效果
- 效果浏览器
- 效果创建手册
- 蒙版和键控
- 颜色检查器
- 快捷键

本章术语定义

- **Alpha 通道**（Alpha channel）。跟踪每个像素是不透明的、透明的还是半透明的。
- **锚点**（Anchor point）。图像中围绕其进行旋转或缩放的位置。默认情况下，这是帧的中心。
- **色彩校正**（Color correct）。此功能可修复片段中的色彩或灰度问题。
- **调色**（Color grade）。改变一个片段或一组片段的颜色，以营造特定的感觉或外观。
- **合成**（Composite）。这是由两幅或多幅图像（包括图形或文本）组成的图像。
- **抠像**（Key）。根据亮度、颜色或透明度去除前景图像的背景，从而在另一幅图像上叠加文字等图像。
- **关键帧**（Keyframe）。关键帧可在播放过程中自动更改参数，例如移动图像。关键帧通常添加到播放头（滑块）位置的片段中。至少需要两个关键帧才能产生运动，使用两个以上的关键帧来创建效果是很常见的。
- **运动路径**（Motion path）。这条线显示了基于应用于片段的位置关键帧的中心的移动。运动路径可以是直线或曲线，并可根据需要包含任意数量的关键帧。
- **原色效果**（Primary）。这会以相同的量调整整个画面和片段的颜色，例如，去除蓝色偏色。
- **渲染**（Render）。这将根据应用于现有片段的效果和设置来计算新视频。每个项目帧都有一个渲染帧。
- **缩放**（Scale）。这可以改变图像的大小。
- **辅助色彩效果**（Secondary）。这可以在不改变整个画面的情况下调整部分画面的色彩。例如，改变演员衬衫的颜色。

> 拉里的效果法则
> "能做并不意味着应该做"。

视频检查器效果

大多数视频特效都始于视频检查器，或由视频检查器修改。虽然其他特效可能看起来更吸引人，但没有哪个比它更有用。这是开始学习如何创建效果的好地方。

403 视频检查器

视频检查器是所有视觉效果的中心，只有片段速度变化和色彩效果除外。

除了片段速度变化和色彩效果外，视频检查器（见图 8.1）是 Final Cut 中视觉效果的中心。所有"视频检查器"设置都会影响时间线中所选的内容。它包含八个类别，默认情况下大部分都是隐藏的。

- **合成**（Compositing）。它可以控制不透明度和混合模式。
- **变换**（Transform）。它可以控制位置、旋转和缩放。这些是"视频检查器"中最常用的特效。
- **裁剪**（Crop）。这种方法可以去除图像中的像素，同时还能产生一种名为"肯-伯恩斯效应"效果的平移和扫描效果。

- **扭曲**（Distort）。它通过移动图像的边角来扭曲图像，通常会带来3D错觉。
- **智能符合**（Spatial Conform）。这决定了非标准框架尺寸如何与项目框架尺寸相匹配。
- **跟踪器**（Trackers）。它可以控制物体的运动跟踪路线。
- **图像稳定**（Image Stabilization）。它能使手持相机拍摄的画面更加平滑和稳定。
- **滚动快门**（Rolling Shutter）。这可以解决使用数码单反相机录制快速平移或倾斜时产生的问题。

"视频检查器"是控制 Final Cut 中几乎所有视觉效果的中枢。

图 8.1 视频检查器。变换（Transform）已启用；空间变换（Spatial Conform）已禁用

本节的技巧将解释所有这些类别。此外，还有一些控件只有在"效果浏览器"中将独立效果应用到时间线片段时才会出现。

- 要切换打开或关闭类别的内容，请单击"显示/隐藏"按钮（如图 8.1 中红色箭头左侧）。
- 要将参数重置为默认值，请单击向下箭头并选择"重置参数"（右侧红色箭头）。该菜单中的其他选项会影响关键帧（见技巧 426，应用视频关键帧）。

类别名称右侧的图标也会出现在屏幕上的查看器控件中（见技巧 418，启用屏幕查看器控件）。

注 第 10 章介绍了编辑速度的更改。

404 重置任何效果

所有"效果"浏览器的效果控件都会显示在"视频检查器"中。

要将任何效果类别、参数或设置重置为默认设置，请单击效果或参数名称旁边的向下箭头，然后选择重置参数，见图 8.2。如果该效果存在关键帧，则它们将会被删除。

要在不丢失设置的情况下禁用效果，请取消选择效果名称旁边的复选框。例如，在图 8.1 中，"变换"（Transform）和"裁剪"（Crop）已启用，而"智能符合"（Spatial Conform）和"跟踪器"（Trackers）已禁用。

图 8.2 所有"视频检查器"类别、特效和设置都会显示该楔形菜单

405 时间线堆叠的重要性

前景片段在上，背景片段在下。

时间线片段的垂直位置（我称为堆叠顺序）非常重要，见图 8.3。与 Adobe Photoshop 相同，前景片段始终位于顶部，中景在中间，背景片段在底

默认情况下，每个视频片段都会填充整个画面，并且100%不透明。

部。片段按从上到下的顺序查看。默认情况下，每个视频片段都会填满整个画面，并且100%不透明。要查看顶部片段以下的片段，唯一的方法就是更改顶部片段的大小或可见性。

图8.3　片段堆叠顺序很重要。前景在上

注　无论你在"设置">"播放"中选择何种背景颜色，背景输出时始终为黑色。请见技巧71，优化播放偏好设置。

406　调节混合模式与不透明度创建合成图像

默认情况下，每个视频片段都会填充整个画面，并且100%不透明。

"视频检查器"顶部是合成设置。调整不透明度或添加混合模式时，一定要选择最上面的片段。更改较低图层上的片段没有任何作用，因为它会被较高层的片段遮挡。

调整不透明度可使片段变得半透明。如果降低主线故事片段的不透明度，而其上下都没有任何内容，就会部分淡化为黑色。

混合模式至少需要两个堆叠片段。在计算机中，像素实际上是以数字的形式存储的。混合模式对这些数字像素值进行数学运算，从而产生有趣的视觉效果，见技巧400，为文本添加纹理；技巧401，将视频放入文本中。对于混合模式，要么你喜欢，要么你不喜欢。没有什么可调整的。

共有六组混合模式，每组之间用细线分隔，见图8.4。

图8.4　混合模式的六组选项（正常为重置）

- **标准模式**（Normal）。这会取消任何已应用的混合模式，并将片段重置为标准模式。
- **正片叠底**（Multiply）。该组根据阴影（较暗）灰度值组合像素。我最喜欢乘法。
- **滤色**（Screen）。这组像素根据高光（亮度）灰度值进行组合。我最喜欢滤色。（不要使用"加"——它会产生非法视频级别）。
- **叠加**（Overlay）。这一组根据中间色调灰度值组合像素。我最喜欢叠加和柔光。
- **差异**（Difference）。这一组根据颜色值组合像素。我最喜欢的是排除。
- **模板**（Stencil）。该组根据所选片段中的Alpha通道组合像素。如果没有Alpha通道，就没有效果。我最喜欢的是模板Alpha，尤其是应用于文字时。
- **Alpha添加**（Alpha Add）和**预乘混合**（Premultiplied Mix）。我从未使用过这两种效果，因此没有任何意见。

258　Final Cut Pro实用手册

407 使用"裁剪"或"修剪"删除像素

裁剪往往会使图像更柔和。

"视频检查器"中的裁剪菜单（见图8.5）有三个选项：裁剪、修剪和肯·伯恩斯效果见技巧409，肯·伯恩斯效果。选择一个裁剪类型，然后调整滑块以确定要隐藏图像的哪一部分。

图8.6是本例的源图像。

- **裁剪**。这是从图像中去除像素，使其与项目的宽高比相匹配，然后将结果缩放到全屏幕上，见图8.7。如果图像大小与项目相同，裁剪会因放大每个像素而降低视频质量。不过，如果图像比项目大，裁剪一般不会影响图像质量（见技巧412，在不降低图像质量的情况下调整视频大小）。

- **修剪**。这可以隐藏图像的一部分，以便你可以看到下面的图像，而无须缩放图像，见图8.8。在制作多图像或画中画效果时，经常会用到这种方法。修剪不会使图像变得柔和。

注 裁剪总是隐藏像素并缩放图像。修剪只是隐藏像素。

图8.5 裁剪菜单的三个选项

图8.6 源图像。注纵横比为16:9

图8.7 裁剪源图像，然后自动放大以填充画面

图8.8 在不缩放或不降低图像质量的情况下，对图像进行修剪，露出下面的内容

深度思考

单击裁剪菜单正上方的小图标（见图8.5）启用屏幕上的查看器控件，以调整裁剪设置（见技巧418，启用屏幕查看器控件）。

408 裁剪和羽化效果

一步完成裁剪图像并羽化边缘

虽然效果浏览器的效果尚未正式呈现（请参阅技巧438，效果浏览器），但有一种可以改进"视频检查器"中的修剪设置的效果，即裁剪和羽化。在修剪片段时（见图8.8），可能会出现裁剪边缘过硬的情况，要解决此类问题通常需要淡化边缘以实现柔和的效果。

裁剪和羽化效果可以实现修剪片段并添加羽化效果，即在修剪后的片段中添加柔和的混合边缘。其操作步骤为"选择效果">"扭曲">"裁剪和羽化"，然后在素材顶部拖动该效果，见图8.9。向左或向右拖动羽化滑块来柔化内侧或外侧的边缘。

该屏幕截图的设置显示在插图中。

图 8.9　裁剪与羽化效果设置示意图

409 肯·伯恩斯效果

得名于传奇纪录片导演 Ken Burns 的效果。

"肯·伯恩斯效果"是一种非常快速简便的动画制作方法,可实现在静态图像中呈现动画效果。由于该效果会放大图像,因此想要达到最佳效果,所使用的静态图像应大于项目画面大小。笔者的建议是使用项目画面尺寸 2 ~ 3 倍大小的静态图像作为素材,见表 8.1(较大的图像可在不损失图像质量的情况下放大)。

表 8.1　在使用肯·伯恩斯效果时推荐使用的静态图像画面尺寸

项目画面尺寸	2X 图像	3X 图像
1280 × 720	2560 × 1440	3840 × 2160
1920 × 1080	3840 × 2160	5760 × 3240
3840 × 2160	7680 × 4320	11520 × 6480
4096 × 2160	8192 × 4320	12288 × 6480

使用剧照制作肯·伯恩斯效果时,请确保每个剧照的智能符合(Spatial Conform)都设置为 Fit(适合)。

肯·伯恩斯效果的优点是简单却能达到引人注目的效果,该效果默认从片段的第一帧开始,到最后一帧结束,可以使用关键帧(请参阅技巧 426,应用视频关键帧)在片段中移动实现效果的调整,比如设置效果起点和终点、在同一移动过程中改变方向或确保图像放大比例保持在 100% 以内等。

使用静态图像效果时,请确保空间格式设置适当。

要对时间线素材应用肯·伯恩斯效果,请执行以下操作。

(1)选择素材,然后在"视频检查器"中选择"裁剪">"类型">肯·伯恩斯。

（2）如果屏幕控件未显示，请单击"类型"菜单上方的图标将其变为蓝色，见图 8.10。

图 8.11 显示了查看器中的屏幕控件（这是一幅 4K 图像，编辑成 1080p 项目。实际操作可以使用较小的图像，但无法放大到不出现像素化的程度）。其中绿色方框表示起始画面，红色方框（位于图像边界）表示结束画面。

图 8.10 肯·伯恩斯效果启用示意图

注：当使用大于项目框架尺寸的图像时，请务必在时间线中选择图像，并设置"空间适配"。

深度思考

为什么"缓动—减速运动"设置要作用于开头的部分？这个术语指的是加速度与关键帧之间的关系。当你接近关键帧时，它是"缓入"，当你远离时，就是"缓进缓出"。这种镜头语言在 Final Cut 中随处可见。

图 8.11 肯·伯恩斯效果的屏幕控件。绿色方框表示起始画面；红色方框（位于图像边界）表示结束画面；绿色方框表示效果开始的屏幕部分

（3）拖动绿框或红框的一角，可调整其大小或位置。

- 要在绿色（开始）和红色（结束）框之间交换位置，请单击左上角的双箭头按钮。
- 要预览效果，请单击左上角的右箭头。

（4）对效果满意后，单击右上角的"完成"。

- 默认情况下，肯·伯恩斯效果匀速（线性）过渡（Ease In and End）

（5）要更改默认值，请右击查看器中红色方块内的任意位置（见图 8.12），然后选择你喜欢的加速度设置。

- 缓动—减速运动：速率逐渐减小的运动。
- 缓动—加速运动：先加速后减速。
- 缓动组合：加速开始，减速结束。
- 线性：在整个移动过程中保持匀速。

深度思考

曾审阅过本书早期版本的编辑杰里·汤普森补充："应用并调整好肯·伯恩斯片段后，将播放头置于第一帧和最后一帧上，然后使用 Option+F 键在肯·伯恩斯片段前后的时间线上创建静止帧。这样一来，编辑点的消失和出现片段会更加流畅。这个简单的技巧其实只适用于静态画面，而肯·伯恩斯效果可用于静态照片或视频。"

图 8.12 肯·伯恩斯效果的加速度设置

第 8 章 视觉效果

410 扭曲效果

对素材进行几何变形的扭曲效果。

"视频检查器"中的扭曲效果可通过将边角拖入、绕过或拖出画面来对素材进行几何变形，见图 8.13。虽然在"视频检查器"的扭曲类别中输入数值可以实现相同效果，但操作较为烦琐。更加简便的方法是使用技巧 418 中提到的屏幕查看器控件，将边角拖到理想的位置，其后可按需清理检查器中的数值。如果呈现出的效果符合预期，单击右上角的"完成"，反之则单击"重新设置"。虽然这个功能支持创建一些有趣而奇怪的效果，但笔者对其的应用主要是创建一种动画背景生成器上的 3D 飘浮视频，同时在侧面显示文字。

图 8.13 产生飘浮在 3D 空间中错觉的扭曲图像

411 适合特殊尺寸片段的智能符合

智能符合可以让时间线上的片段保持一致。

大多数情况下，拍摄的图像具有与项目相同的宽高比和帧尺寸。但当它们不一致时，"智能符合"就会发挥作用，见图 8.14。有以下三种选择。

- **适应**（Fit）。缩放整个图像并使其居中，以适应画面。如果宽高比不匹配，默认设置会使画面的两边出现黑边，这样不会丢失图像的任何部分。使用此设置可获得肯·伯恩斯效果，请参阅技巧 409。

图 8.14 "智能符合" > "类型选项"

- **填充**（Fill）。缩放图像以填充整个画面。如果长宽比不匹配，它将放大到没有黑边，但为了去除黑边会修剪掉一些像素。
- **无**（None）。无论项目的宽高比或画幅大小如何，都将以 100% 的尺寸显示图像。适用于图像非常小且需要保持最高图像质量的情况，或者正在使用关键帧在图像上创建移动的情况。

412 在不降低图像质量的情况下调整视频大小

缩放的图像比例需要小于或等于 100%。

所有数字视频都是位映射的，这意味着图像清晰度取决于分辨率。如果将图像放大超过 100%，就会变得模糊，因为你只是放大了现有像素，而不是创建新的视频数据。而缩放小于 100% 则没有问题，因为这样可以利用多余的像素来提高图像质量和边缘清晰度。

默认情况下，当你在时间线中添加大小不同的图像时，智能符合功能会默认调整为"适合"（具体请参阅技巧 411）。智能符合可以适合不同大小的片段。此时，操作"变换">"缩放"并设置为 100%，这样可以使图像被缩放得更小或更大以适应图像的大小，这样操作会导致无法确定图像的实际大小。

取而代之的更优方法是，选择时间线素材并将智能符合设置为"无"。这样就能以 100% 的大小显示时间线片段，接着将"变换">"缩放"设置为 100%。现在调整图像大小时，"变换 > 缩放"设置将精确显示图像的尺寸。

> 将位图图像缩放超过 100%，会使图像看起来柔和模糊。

> **深度思考**
>
> 实际上，考虑到我们的眼睛对图像的感知方式，你可以放大到 110% 左右，而一般观众不会注意到质量的下降。但一般来说将图像保持在 100% 或以下的大小是更好的。

413 图像稳定器

该选项只有在选择了时间线上的片段时才会出现。

通常来说，摇晃的摄像机容易让人发晕。幸运的是，Final Cut 有一个出色的运动稳定器，如果视频是手持拍摄的，那么我强烈建议使用这个功能。

（1）选择时间线片段，而不是浏览器中的片段。
（2）启用稳定功能。
（3）设置方法。

我总是先使用自动模式，然后再使用平滑镜头。自动模式可以在平滑和三脚架模式设置之间做出最佳选择。

默认情况下，该功能会分析片段以确定主要拍摄对象，然后平滑片段，但不会完全消除片段中的抖动。如果想让片段看起来像是在三脚架上拍摄的，请选择三脚架模式并将平滑滑块移至 3.0。

使用自动或平滑模式时，见图 8.15。

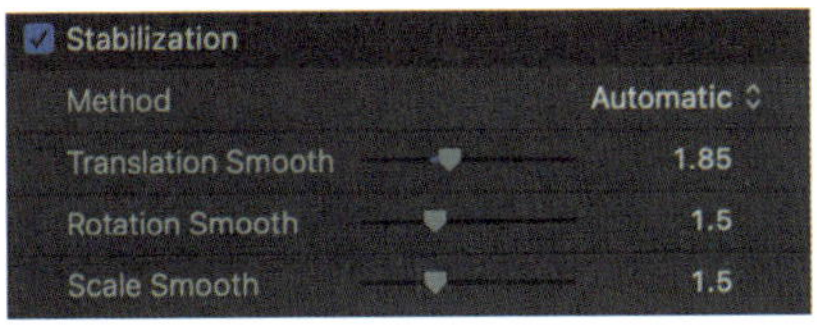

- **平移平滑**（Translation Smooth）：可减少左右、上下的不稳定性。将滑块拖到 0 可将其关闭。数字越大，平滑效果越好。
- **旋转平滑**（Rotation Smooth）：减少镜头轴的旋转。如果摄像机没有旋转，将滑块拖至 0 并关闭此项。数字越大，平滑度越高。
- **缩放平滑**（Scale Smooth）：这可以减少变焦时的不稳定性。如果摄像机没有缩放，请将滑块拖至 0 关闭此项。数字越大，平滑度越高。

图 8.15 图像稳定设置。数字越大，防抖功能越强。0 则代表关闭该设置

> 图像稳定分析只进行一次，所需的时间取决于 CPU 的速度和片段的持续时间。

> **注**：图像稳定和滚动快门校正通过放大图像来实现。校正越大，变焦越大。这种变焦会使图像略微模糊。在图像质量和防抖之间需要寻找一个最佳平衡。

大多数情况下，我会增加"平移"，同时将"旋转"和"缩放"都设置为 0，因为调整的最终目的是平滑抖动，而不是消除抖动。

> **深度思考**
> 曾审阅过本书早期版本的编辑 Jerry Thompson 补充道："如果我有一个较长的片段，计划在一个项目的多个部分中使用，我会使用'打开片段'将稳定器或其他必要的效果应用到浏览器片段中。即使你在浏览器中添加了稳定效果，但仍可在时间线中逐个片段修改或禁用。"

414 滚动快门校正
某些数码单反相机在平移或倾斜时会产生伪影。

由于某些相机（尤其是数码单反相机）从相机传感器记录图像的方式特殊，当快速移动（垂直或水平）时，直边会倾斜，有时甚至是严重倾斜。而滚动快门修正可以解决这个问题，见图 8.16。

（1）剪切时间线片段，将快速移动部分独立成一个片段（这样可以加快分析速度）。

图 8.16　启用滚动快门校正，将"数量"设为"中等"

（2）选择时间线片段。

（3）启用滚动快门。

计算机会分析片段中的动作，然后进行修复，分析速度取决于 CPU 的速度和片段的持续时间。中等设置是一个很好的起始值，之后只需不断调整至直边不再倾斜为止。

> 如果帧率不匹配，Final Cut 不会提醒你，而是会自动修复它们。

> **注：** 图像稳定和滚动快门校正通过放大图像来实现。校正越大，变焦越大。这种变焦会使图像略微模糊。在图像质量和防抖之间寻求最佳平衡。

415 "速率符合"功能如何转换帧率
当帧率不匹配时会自动转换。

当片段的帧率与项目不匹配时，"速率符合"功能将决定如何转换片段的帧率（见图 8.17）。苹果公司的指导手册指出转换帧率的方法如下：

- **快速（向下取整）**（Floor）。默认设置。Final Cut Pro 会复制帧或向下舍入最近的整数帧，以将片段的帧速率与项目的帧速率相匹配。
- **快速（最近的帧）**（Nearest Neighbor）。Final Cut Pro 会向上或向下舍入最近的整数帧，以将片段的帧速率与项目

图 8.17　这将使剪辑的帧率与项目的帧率一致

的帧速率相匹配。此设置减少了伪影，但可能会导致视觉断断续续。
- **帧融合**（Frame Blending）。通过混合相邻帧的单个像素来创建帧间效果。使用"帧混合"创建的慢动作片段比使用"向下取整"或"最近的帧"设置创建的片段播放起来更流畅。该设置能更好地减少视觉卡顿，但可能会出现一些视觉伪影，需要进行渲染。
- **光流**（Optical Flow）。一种使用光流算法创建新中间帧的帧融合。Final Cut Pro 将分析片段以确定像素的定向运动，然后根据光流分析绘制新帧部分。此设置通常可最大程度地减少视觉上的断断续续和伪影。需要渲染，且与其他帧采样方法相比所需时间更长。

> **深度思考**
> 剪切一个片段，创建一小段画面中的移动部分，然后应用这些设置，看看哪种效果最好。测试一小段画面可以节省渲染时间。总的来说，我认为光流不值得花费时间去计算和渲染。

变换效果

在 Final Cut Pro 的所有效果中，这些是你用得最多的。

416 变换设置

毫无疑问，这些都是最常用的效果设置。

"视频检查器"中的"变换"设置可控制图像的位置、旋转、缩放（图像大小）和锚点（锚点是图像中的一个位置，图像围绕该位置旋转或缩放）。默认情况下，图像全屏显示、居中且未旋转。

- 要启用/禁用"变换"设置，请选择复选框，见图 8.18。
- 要显示或隐藏变换类别的内容，请单击隐藏/显示（左侧红色箭头）。
- 要更改设置，请输入数字。或拖动数字，但不先选择数字。或选择数字，然后通过滚动鼠标滚轮更改数值。或使用屏幕控件（请参阅技巧 418，启用屏幕查看器控件）。
- 要启用屏幕控件，请单击"变换"右侧的方形图标。该图标为蓝色时，表示已启用屏幕控件。
- 要重置任何参数，请单击参数名称右侧的楔形菜单（右侧红色箭头）并选择重置参数（例如，位置就是一个参数）。

图 8.18　默认状态下的变换设置

> **深度思考**
> 取消选择设置复选框会关闭效果，但不会重置任何值。这提供了一种快速比较前后效果的方法。重置效果会将所有设置重置为默认值，并删除所有关键帧。撤消可以使它们恢复默认设置。

417 制作画中画效果

变换设置对于显示多个图像至关重要。

画中画效果可同时显示两个或多个图像，创建该效果操作如下（见图 8.19）。

（1）将想要同时查看的时间片段堆叠在一起（要查看多个图像，需要在多个图层上垂直堆叠片段）。

（2）选择最上面的片段。

（3）启用变换（如果尚未启用），然后将缩放比例改为 50% 或小于 100% 的某个数字。或者在不选择的情况下拖动位置（X）的数字来改变水平位置，拖动比输入特定数字要快得多。或拖动位置（Y）的数字来更改垂直位置，而无须选择。

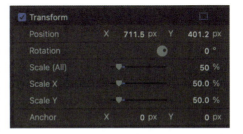

图 8.19　画中画效果的典型设置，注：位置和比例设置都已更改

更改变换设置可修改包含素材的帧。

（4）堆叠多少个片段，就重复操作多少次。屏幕上同时显示的图像数量没有限制。

不过，这种方法虽然可行，但却很耗时。"技巧 418，启用屏幕查看器控件"中讲解了另一种更快的创建方法。

注： 应用了变换设置等效果的所有片段都需要渲染。

> **深度思考**
>
> 曾审阅过本书早期版本的编辑 Tom Cherry 补充道:"我在制作多画面画中画时,会将所有素材堆叠在时间线上,全部选中,然后一次性缩放。这样既能节省时间,又能确保它们的大小一致。然后我就可以对每个素材进行单独定位了。"

418 启用"屏幕查看器"控件

在"查看器"中调整三种关键的"视频检查器"效果。

大多数情况下,当你想对素材或效果进行更改时,都会使用"视频检查器"。但如果只想更改变换、裁剪或扭曲设置,也有更快捷的方法。在"视频检查器"中,单击图 8.20 中所示的图标之一。

在查看器的左下角有图 8.21 所示的图标和菜单,它们与"视频检查器"中的"变换""裁剪"和"扭曲"图标相匹配。菜单可以改变左侧显示的图标。最常用的是"变换"。单击图标启用屏幕控件。

图 8.20 单击这三个图标之一可启用屏幕上的查看器控件(蓝色表示激活)

图 8.21 单击左侧图标显示屏幕控件。单击楔形标志可更改图标选择

单击图标后,查看器中会出现新的控件。

- **关键帧控制**(左上角)。创建关键帧或导航到上一个或下一个关键帧。
- **图像框**("重置"左侧的嵌套框图标)。如果图像大于项目框架大小,则会显示框架外的图像部分,见图 8.22。
- **重置**。将设置重置为默认值。
- **完成**。接受更改的设置。
- **边框**。拖动点更改形状,拖动形状的中间可改变位置。

使用屏幕上的"裁剪"控件时,底部的附加按钮可在"修剪"、"裁剪"或肯·伯恩斯模式之间进行选择(可参阅技巧 407,使用"裁剪"或"修剪"删除像素)。

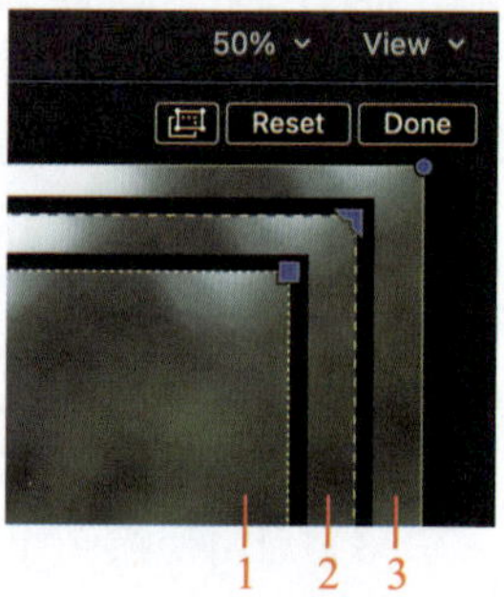

图 8.22 控制点的线条和形状各不相同。其中 1. 扭曲,2. 修剪 / 裁剪,3. 变换。图像框图标位于"重置"按钮左侧

419 启用"屏幕查看器"控件的两种方法

没错!是时候探索另一个隐藏菜单了。

打开项目后,查看器会有一个隐藏菜单,你可以在查看器内任意位置单击鼠标右键找到该菜单,见图 8.23。通过该菜单还可以快速选择"视频检查器"中三种关键效果的屏幕控件。

> **注**:由于某些奇怪的原因,如果视频范围处于活动状态,则无法使用此菜单。

图 8.23　打开项目后，在查看器中单击鼠标右键以启用屏幕控件
珠宝图片 ©2022 EmilyHewittPhotography.com

两个键盘快捷键可以更快地选择这些选项（"扭曲"工具也有快捷键，但没有分配给某个键）。

- Shift+T 键：显示变换控件。
- Shift+C 键：显示裁剪控件。

420　在查看器中旋转片段

查看器的操作比检查器更快速、更简单。

要旋转时间线上的片段，查看器比检查器更快更简单。

（1）选择要旋转的时间线片段。

（2）启用屏幕上的变换控件（快捷键：Shift+T）。

（3）抓住并拖动连接到中心白圈的蓝点，见图 8.24。

- 将圆点从中心向外拖动，延长线的长度，以提高精确度。
- 按 Shift 键，将旋转角度限制为 45°以下。

图 8.24　中心白圈的蓝点

421　翻转片段的两种快速方法

效果更快——变换设置提供更多控制方式。

水平或垂直翻转片段有两种方法：使用"变换"设置或使用"效果"。首先选择要翻转的时间线片段。

- "视频检查器" > "变换"：

　要水平翻转片段，请在位置（X）中输入 -100。

　要垂直翻转片段，请在位置（Y）中输入 -100。

- "效果" > "扭曲" > "翻转"：

　应用效果并选择所需的设置，见图 8.25。

图 8.25　翻转效果的选项

422 计算片段位置

这种坐标系使位置更改变得简单。

所有 NLE（非线性编辑）都使用像素坐标确定图像位置。这些坐标的起始位置称为（0,0）位置。这是位置 (X) = 0 和位置 (Y) = 0 的简写。水平方向的数值（X）始终排在前面。例如，Adobe Premiere Pro 会将（0,0）放在图像的左上角。

Final Cut 将每个片段的中心（位置（X,Y）=（0,0））设置为项目的精确中心，项目也使用（0,0）。这样做的好处在于，无论素材大小如何，只要在"视频检查器">"变换">"位置"中输入（0,0），即可立即将素材居中，而无须考虑其大小。

此外，将中心定义为（0,0），当项目帧大小发生变化时，片段位置也不会改变。这就是为什么在较小分辨率的代理文件和摄像机源文件之间切换如此丝滑的原因——图像几何形状不会改变。

Final Cut 的方法还能让移动片段的计算变得更简单，因为当你移动片段时，是从片段中心而不是左上角开始移动。

例如，假设你正在创建一个"四分屏"视图，即四个图像同时显示在屏幕上。每幅图像的缩放比例为 50%，也就是说，在 1080p 项目中，每幅缩放图像的像素为 960 × 540。由于图像位于中心位置，因此每幅图像的中间部分只有一半，即 480 × 270 像素。

然后，你可以使用相同的两个数字快速重新定位每个图像的中心位置，但要改变符号。

- 左上：-480，270。
- 右上：480，270。
- 左下：-480，-270。
- 右下：480，-270。

一开始可能会感到难以掌握，但一旦熟悉了这种坐标系，剪辑时就能省下不少时间，因为唯一的区别就是符号（正或负），像素值是相同的。

> Final Cut 会将每个片段的中心（0,0）设置为项目帧的精确中心，也是 0,0。

> **注**：一个正 X 值向右移动。一个正 Y 值向上移动。

> **深度思考**
> 这种定位几何图形还意味着，如果图像偏离了中心，只要输入 0,0 作为位置坐标，就可以将图像居中。

423 修改锚点

锚点决定剪辑缩放或旋转的位置。

默认情况下，所有片段都会围绕中心旋转（请参阅技巧 420），在查看器中旋转片段的说法本身没有问题，但并不准确。更准确的说法是"所有剪辑都围绕锚点缩放和旋转"。锚点位置可在"视频检查器">"变换"中调整（见图 8.26），默认情况下锚点位于画面中心 (0,0)。

图 8.26 更改锚点值可改变剪辑的缩放或旋转位置

查看器中的白色圆圈代表锚点的位置。如果屏幕上有一个控件可以快速移动锚点位置,那将会很有帮助,但目前还没有这样的控件。不过,移动锚点并不难,在移动过程中,你会发现缩放和旋转图像的更多微妙方法。单击并拖动锚点的任一位置值来更改其位置,这样,查看器中的图像就会改变位置。

有时,只需拖动改变位置值就足以实现理想效果。但有时,你需要将锚点移动到某个角落或某条边的中间。要做到这一点,请记住图像的中心点就是它的(0,0)点。因此,如果要将锚点移动到角落,请输入剪辑水平和垂直尺寸的一半即可。图 8.26 中的图像为 3840×2160 像素,因此每个角的距离都是这个距离的一半,即 1920×1080 像素。要将锚点移动到不同的角,请将这些值的符号从正改为负。

所有剪辑都围绕锚点(图像中间的白色圆圈)缩放和旋转。

424 将效果复制到多个片段中

效果可成组或单独复制。

很多时候,需要将相同的效果(音频或视频)应用于多个片段。

(1)首先选择带有要复制的效果的时间线片段,然后选择"编辑">"复制"(快捷键:Command+C)。

(2)从两个选项中选择一个。

"编辑">"粘贴效果"。将所有复制的效果粘贴到选定的片段或片段组中(快捷键:Option+Command+V)。

"编辑">"粘贴属性"。这将显示所有复制的效果,以便你决定要将哪些效果应用到所选的一个或多个片段。取消选择不想应用的效果(快捷键:Shift+Command+V),见图 8.27。

我通常使用这两种技术对一组选定的片段快速应用模糊、颜色校正或图像大小等效果。

图 8.27 "编辑">"粘贴属性"(Paste Attributes)窗口。蓝色复选框表示复制片段中的活动效果

425 从一个或多个片段中移除效果

效果可成组或单独移除。

将效果应用到一个片段或一组片段后,有三种方法可以移除它们。

(1)选择时间线片段。

(2)或选择"编辑">"移除效果",以移除应用于所选片段的所有效果。或选择"编辑">"移除属性",以显示应用于所选片段的所有效果的列表,见图 8.28,选择要移除的属性。

如果我只需要修改一个片段,一般会使用视频检查器。如果我需要修改一组片段,一般会使用移除属性。

图 8.28 "编辑">"移除属性"(Remove Attributes)菜单。选择要删除的效果

426 应用视频关键帧

使用关键帧制作画中画效果的动画。

关键帧可以制作动画。事实上,关键帧在 Final Cut 中几乎随处可见。下面我们通过一个简单的例子来展示关键帧是如何工作的。让我们制作一个画中画效果,让顶部视频从全屏飞回到右上角,此时请注意动作安全区(请参阅技巧 103,操作安全区和字幕安全区)。

关键帧创建动画

(1)在时间线上堆叠两个片段,然后选择顶部的片段。

(2)将时间线播放头(滑动器)放在你希望动画开始的位置。

(3)选择"视频检查器">"变换",然后单击"位置"旁边的灰色菱形来设置起始关键帧,见图 8.29。

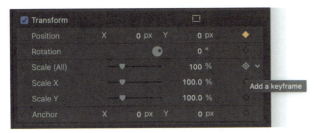

图 8.29 关键帧设置在播放头(滑动器)的位置。单击灰色菱形可为该参数设置关键帧。金色表示该帧存在关键帧

(4)为缩放设置第二个关键帧。

(5)将播放头移至你希望动画结束的位置。

(6)在选中顶部片段的情况下,启用屏幕变换控件(请参阅技巧 418,启用屏幕查看器控件)。

(7)使用屏幕上的控件,按你的需要更改顶部素材的大小和位置,图 8.30,Final Cut 会自动为你更改的内容设置新的关键帧。对于所有合成的图像、图形、徽标和字幕来说,保持在"动作安全"区域内是一个好主意。

(8)对位置满意后,单击右上角的"完成"。Final Cut 会渲染效果,然后坐下来欣赏你的作品吧!

注:一旦为参数设置了关键帧,对该参数的任何其他更改都将自动在播放头(撇除器)位置创建新的关键帧。

图 8.30 更改内容设置新的关键帧

> 一旦设置了参数关键帧，更改该参数就会在播放头的位置设置一个新的关键帧。

在"视频检查器"中，现在可以使用新的控件，图 8.31。

- 要移动到上一个关键帧，请单击左箭头（左红色箭头）。
- 要移动到下一个关键帧，请单击右箭头（右红色箭头）。
- 要删除关键帧，使用左/右箭头将播放头移到要删除的关键帧，然后单击要重置设置的金色钻石。
- 要删除特定参数（如位置）的所有关键帧，请单击该参数的楔形，然后选择"重置参数"（请参阅技巧 416，变换设置）。
- 要移除所有关键帧并重置变换效果设置，请单击变换旁边的椭圆并选择重置参数。

这些关键帧技术在 Final Cut 中随处可见。

图 8.31　单击左/右箭头可移动到上一个/下一个关键帧。单击右侧的雪佛龙（未显示）可删除该参数的所有关键帧

427 什么是运动路径

这说明了使用关键帧来更改剪辑位置的方法。

请看图 8.30，看到中心附近的红线了吗？那就是运动路径。运动路径显示剪辑中心根据应用于剪辑的位置关键帧的移动。运动路径可以是直线也可以是曲线，并可根据需要包含任意数量的关键帧。运动轨迹仅在查看器中可见，并且不会导出。

428 添加或修改运动路径

一旦创建了运动路径，就可以对其进行修改。

Final Cut 创建的大多数运动路径都是直线，有两个点：起点和终点。不过，一旦创建了这条直线，你就可以用它做很多事情。红线（见图 8.32）代表片段中心在片段持续时间内的位置。添加关键帧时，你不仅要指定剪辑的位置，还要指定时间。

- 要添加关键帧，可选择单击或双击红线。记住，这条线代表"时间位置"。
- 要移动关键帧，可拖动它。
- 要删除关键帧，请右击关键帧并选择"删除点"。

> **深度思考**
>
> 使用关键帧创建效果的最简单方法是逆向操作。首先创建完成的效果。然后，使用关键帧标记完成效果的设置。接下来，返回到你希望效果开始的位置，并设置起始位置的关键帧。大多数情况下，这仅仅意味着将值重置为其默认值。视频动画栏（参见技巧 434，视频动画栏）是一个方便拖动关键帧的方法。

图 8.32　红线称为运动路径，表示剪辑中心随时间的移动。白线称为控制柄，决定曲线的形状

- 要暂时中止关键帧，请右击关键帧并选择禁用点。

"技巧 429，关键帧变化"介绍了单个关键帧的更多选项。

429 关键帧变化

关键帧可以是直线、曲线、锁定或禁用状态。

Final Cut 使用关键帧作为角来创建运动路径。这意味着当图像中心到达关键帧时，它会急转弯。不过，右击关键帧可显示多种选项，见图 8.33。关键帧决定了路径的形状和加速度，关键帧可通过称为控制柄的白色条和点进行调整。

- **线性**（Linear）。将运动路径转换为关键帧位置的角。
- **平滑**（Smooth）。在关键帧位置将运动路径转换为曲线。
- **删除点**（Delete Point）。删除关键帧。
- **锁定点**（Lock Point）。锁定关键帧，以防止意外移动等更改。
- **禁用点**（Disable Point）。保留所有关键帧设置，但关闭关键帧。

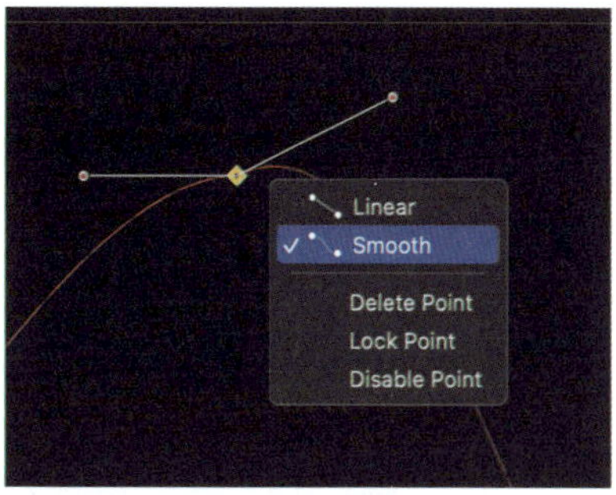

图 8.33 右键单击关键帧可显示这些选项

单击关键帧后，会出现两个白色贝塞尔控制柄，每条线的末端都有白色控制点。拖动这些控制柄可改变曲线的形状。左边的控制柄影响关键帧左边的曲线，右边的控制柄影响关键帧右边的曲线。它们通常同步工作。

- 要断开两个手柄，可右击控制点并选择断开手柄。
- 要限制以 45°角拖动控制点，请使用 Shift 拖动。
- 要拖动一个手柄而不移动另一个手柄，请使用 Option 键拖动。
- 要限制并拖动一个手柄，请按 Shift+ Option 键拖动。
- 要重新连接两个断开的手柄，右击控制点并选择"对齐手柄"。

调整关键帧控制柄可创建各种曲线、加速和形状。

430 修改下拉区中的片段

下拉区是一个可定制的片段占位符。

很多生成器和动态效果都包含下拉区。下拉区是效果或生成器模板中的一个占位符，你可以在其中添加素材，自定义模板的外观。

（1）选择包含下拉区效果的时间线片段，在"视频检查器"中显示片段选项，见图 8.34。

（2）单击带向下箭头的方框，选择下拉区。

图 8.34 右击关键帧可显示这些选项

（3）导航至浏览器或时间线，然后单击一个片段将其插入占位符。

> **深度思考**
>
> 如果你需要在特定帧上开始滤镜区编辑，请在要作为输入帧的帧上设置一个标记。然后打开捕捉（快捷键：N），这样取景器就会捕捉到该标记。

> 要重新定格滤色区中的素材，请双击查看器中的图像。

最酷的地方就在于：当你将一个视频片段添加到下拉区时，单击的游标（快捷键：S）决定了视频的入点。过去的版本中，Final Cut 会使用视频片段的实际开始位置作为入点。现在，游标的位置设定了入点。这使得将现有片段用于下拉区变得更加有用。

431 在下拉区中重新构图片段

如果你不喜欢下拉区的框架，可以进行更改。

我喜欢下拉区，它允许我在 Motion 中创建动画背景，然后使用 Final Cut 项目中的素材对其进行定制。不过，我不喜欢的是，当素材被添加到下拉区时，就会被锁定在特定的素材框架中。最近，我学会了一种快速而简单的方法，可以在其中重新构图片段。

（1）双击查看器中的图像（见图 8.35）。
（2）向左或向右拖动可重构图像（下部红色箭头）。
（3）拖动蓝点（上部红色箭头）缩放。
（4）单击时间线上的任意位置，退出重构模式。

这使得在下拉菜单区域内修改视频变得更加灵活！

图 8.35　双击下拉区中的图像即可访问该图像。向左/右拖动可重塑图像。拖动蓝点（左侧红色箭头）可缩放图像

432 移动生成器时要仔细

调整位置不同会产生不同效果

在编辑每周网络研讨会时，我经常为箭头形状添加动画效果。

箭头是一个生成器（选择"生成器">"元素">"形状"，然后将"形状"菜单更改为箭头）。但是，如果我缩放或移动不当，箭头就会在我拖动它时消失。

将生成器形状添加到项目中时，使用生成器检查器设置形状、颜色和阴影，但不要更改中心设置，见图 8.36。请转到"视频检查器"，将缩放和旋转调整

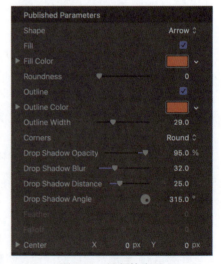

图 8.36　视频检查器

到所需的大小和方向。

然后，使用"视频检查器" > "变换" > "位置"或屏幕上的"变换"控件，更改信号发生器的屏幕位置。为什么？因为在缩放信号发生器时，实际上是缩放了包含信号发生器的帧。变换"控件移动"的是框架，而"信号发生器中心"控件移动的是框架内的形状。

433 "分析"意味着什么？

分析是许多 Final Cut Pro 效果的关键所在。

分析片段让很多剪辑师感到困惑。Final Cut 所做的是查看片段内容，以确定如何应用特定效果。这包括：

- 空间一致性；
- 图像稳定；
- 滚动快门校正；
- 平衡颜色。
- 对象跟踪；
- 在导入过程中查找人物；
- 许多其他功能；

下面是幕后发生的事情。

- 所有分析都在后台进行。
- 大多数片段只分析一次。由于片段内容不会改变，因此将来可以再次引用这些分析文件。
- 分析文件存储在库中，而不是附加到片段上。
- 分析速度取决于剪辑的持续时间和 CPU 的速度。根据分析本身的不同，分析时间可能是所分析片段持续时间的 10 倍。
- 如果你在导入过程中或在浏览器中分析片段，则会分析整个片段。
- 如果分析编辑到时间线中的片段，则只分析从输入到输出的那部分片段。
- 为节省时间，如果你只需分析片段的一部分，可在时间线上剪切片段，以便只选择分析区域。
- 如果需要分析同一片段的多个片段，在时间线上打开片段（选择"片段" > "打开片段"）并分析整个片段可能比分析单个片段更容易。
- 分析文件保存在资料库中。根据分析内容的不同，分析文件可能相当大。
- 项目完成后，分析文件可以丢弃。如果 Final Cut Pro 再次需要它们，就会重新分析片段。

434 视频动画栏

快速创建、修改或重新定位关键帧。

视频动画栏（快捷键：Control+V）也称为视频动画编辑器，是"视频检查器"中控件的扩展。

就像音频片段有音频动画栏一样，视频片段也有视频动画栏（快捷键：Control+V）。在这里，你可以设置关键帧，以便直接在时间线中自动更改不透明度、裁剪、变形和位置。这一栏最有用的地方就是拖动关键帧来调整它们的时间位置。

要在片段中应用视频效果，选择"效果浏览器" > "模糊" > "高斯模糊"。

第 8 章 视觉效果　　275

（1）将效果应用于时间线片段（请参阅技巧 438，效果浏览器）。

（2）选择时间线片段，然后选择"片段">"视频动画"（快捷键：Control+V），或右击片段并选择显示视频动画。

（3）单击右上角要调整的效果的小披露图标。

- 要手动设置关键帧，请使用"范围"工具（快捷键：R）选择关键帧范围，或单击选项，见图 8.37。
- 要改变效果，可向上或向下拖动水平设置线。这会自动创建关键帧。
- 要在片段结束时淡入/淡出效果，拖动左上角/右上角的两个淡入点中的任意一个（这些点的作用类似于音频淡入淡出点，请参阅技巧 311，手动应用音频转换）。
- 要垂直展开或缩小视频动画栏中的效果，请双击视频动画栏中的效果。
- 要隐藏视频动画栏，请选择"片段">"视频动画"，或再次按 Control+V 键。
- 要调整关键帧，请使用视频动画栏或视频检查器。在"视频动画栏"中拖动关键帧比在"视频检查器"中重新定位关键帧更容易。

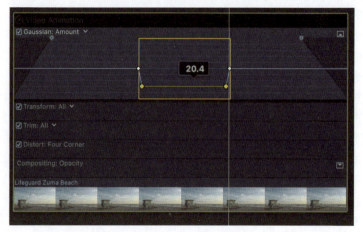

图 8.37 "视频动画"栏，关键帧应用到片段中的某个范围，淡入点调整到顶角

435 使用视频动画栏调整不透明度

视频动画栏有很多用途。

注：你也可以使用"范围"工具设置关键帧范围。

要调整时间线中素材的不透明度，请打开"视频动画栏"（请参阅技巧 434，视频动画栏）。

（1）选择时间线片段。

（2）按 Control+V 键显示"视频动画栏"，见图 8.38。

（3）单击右侧边缘的三角形，以修改不透明度，这将展开关键帧部分。选择并单击浅蓝色线条来设置关键帧（向下拖动关键帧可降低不透明度，向上拖动关键帧可增加不透明度，向左/右拖动关键帧可调整时间）。

图 8.38　使用"视频动画栏"调整时间线的不透明度。右击关键帧并选择删除关键帧可将其删除

查看器效果

可直接在查看器中创建的效果并不多——除了许多效果提供的屏幕控制之外。但是有几个你需要知道的效果。

436 更改默认关键帧加速度

开始和结束运动路径关键帧包括加速度。

首次创建运动路径时，起始和结束关键帧都包含加速度。具体来说，起始关键帧会在开始后缓慢加速，然后在接近运动路径结束时减速。大多数情况下，这样做没有问题。下面介绍如何在出现这种情况时进行更改，步骤如下。

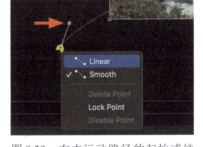

图 8.39　右击运动路径的起始或结束关键帧，显示控制柄。拖动控制点（红色箭头）可改变加速度或运动路径的形状

- 右击查看器中的起始或结束关键帧，显示贝塞尔控制柄和控制点，见图 8.39。
- 拖动控制点将直线变为曲线。
- 拖动控制点到关键帧或从关键帧拖动控制点到关键帧，以改变加速度。
- 右击开始或结束关键帧，选择"线性"（Linear）禁用所有加速度和曲线。

437 在查看器中创建或导航关键帧

你无须使用"视频检查器"来浏览关键帧。

关键帧对动画非常重要，因此 Apple 不仅在"视频检查器"中，还在"查看器"中简化了关键帧之间的移动。启用查看器中的屏幕变换控件后，将显示图 8.40 所示的图标。

图 8.40　查看器中的关键帧导航控件（从左至右：上一帧、设置、下一帧）

- 左箭头。将播放头移到上一关键帧。
- 右箭头。将播放头移到下一个关键帧。
- 中心菱形。创建关键帧集（显示加号时），删除关键帧（显示 × 时），这就是所谓的"设置关键帧"按钮。

效果浏览器

效果浏览器包含数百种音频和视频效果。虽然你会更多地使用"视频检查器"设置,但使用这里存储的效果会给你带来更多乐趣。

438 效果浏览器

打开效果浏览器,找到效果并将其添加到片段中。

音频和视频效果都存储在效果浏览器中(快捷键:Command+5),见图 8.41。这些效果有数百种,还有数百种可从数十家开发商和网站获得。它们分为两组:视频组和音频组,每组又分为不同的类别。

- 要切换浏览器的打开或关闭,请单击时间线右上角的图标(右上角红色箭头),或按 Command+5 键。
- 要显示针对 4K 图像优化的效果,请单击 4K 复选框(上角箭头)。
- 要隐藏侧边栏,请单击左下方的图标(左下箭头)。
- 要按名称搜索效果,请在搜索框中输入名称(右下角箭头)。
- 要缩小搜索范围,请先选择一个类别。

> **深度思考**
> 与在"视频检查器"中为单个参数创建关键帧不同,在"查看器"中单击"设置关键帧"按钮会为"变换"菜单中的每个参数或激活的屏幕控件创建关键帧。这有可能造成一些麻烦,因为关键帧可能是为你不想更改的参数设置的。与往常一样,要移除关键帧,请使用左/右箭头导航到该关键帧,然后单击要重置的参数的金色菱形。

> **注**:你也可以使用"范围"工具设置关键帧范围。

> **深度思考**
> 只有在时间线中打开 4K 或更大的项目时,才会出现 4K 复选框。

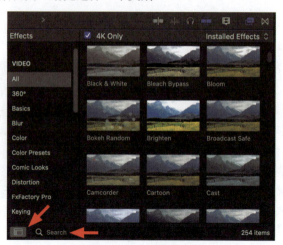

图 8.41 效果浏览器

- 要应用效果,可将其拖到时间线片段的顶部。
- 要同时在多个片段上应用效果,请选择时间线片段,然后双击效果。
- 要关闭效果浏览器,请单击右上方的图标(屏幕截图中为蓝色),或按 Command+5 键。

439 在"视频检查器"中调整效果

每种效果都各不相同,但它们都有共同的界面元素。

将效果应用到片段后,选择时间线片段来调整效果。所有应用到所选片段的效果都会按照应用顺序出现在"视频检查器"中(见图 8.42)。金色方框表示已选择效果。

- 要显示效果内部的设置,请单击"显示/隐藏"。

> 使用"视频检查器"可单独启用、修改或禁用剪辑效果。

- 要禁用应用于片段的所有效果，请取消选择效果复选框，这不会影响"变换"、"裁剪"或"扭曲"设置。
- 要禁用特定效果而不更改任何设置，请取消选择效果名称旁边的复选框。
- 要重置参数以及添加或修改关键帧，请单击楔形菜单。
- 要改变效果的外观，请调整设置。
- 要从片段中删除效果，请单击"视频检查器"中的效果名称以显示金色方框，然后选择"删除"（Delete）。

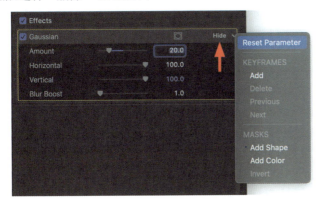

图 8.42　所有效果都使用类似的界面进行调整

440　效果预览

在将效果应用到片段前查看效果。

预览效果，查看效果在调整时的变化。

（1）将时间线播放头置于你打算用于效果的片段中。

（2）打开效果浏览器（快捷键：Command+5）。

（3）将鼠标光标悬停在要预览的效果上（稍等片刻让 Final cut Pro 加载效果）。这将显示应用于该素材的默认设置效果。

（4）按 Option 键，然后慢慢拖动鼠标光标。这将显示更改其主要参数（例如模糊量）后的效果。

（5）双击效果将其应用到所选片段，然后在"视频检查器"中进行调整。

虽然并非所有效果都支持使用选项拖动进行动态预览，但所有效果都支持将鼠标光标悬停在效果上进行预览。模糊效果适合用于练习。

> 在"效果浏览器"中将鼠标光标悬停在效果上，即可预览效果。

441　更快地应用效果

这些方法全都比将效果拖曳至片段更快。

这些方案可以更快地应用效果并且将相同的效果应用到多个片段时可以更好完成任务。

- 方案 1：

（1）选择一个或多个时间线片段。

（2）在"效果浏览器"中找到想要的效果。

（3）双击该效果，将添加该效果，但需要在应用效果后单独修改每个片段。
- 方案2：
（1）选择一个时间线片段。
（2）应用并修改该片段的所有效果。
（3）选择"编辑">"复制"（快捷键：Command+C）。
（4）选择要应用相同效果的所有其他片段，然后选择"编辑">"粘贴效果"。首先修改效果需要较长的时间，但复制效果时要快得多。

这可以将完全修改过的效果复制到多个片段中。首先修改效果需要较长的时间，但复制效果时要快得多。

- 方案3：
（1）选择一个时间线片段。
（2）应用并修改该片段的所有效果。
（3）选择"编辑">"复制"（快捷键：Command+C）。
（4）选择要应用相同效果的所有其他片段，然后选择"编辑">"粘贴效果"。首先修改效果需要较长的时间，但复制效果时要快得多。

> 选择多个片段，然后一次性对所有片段应用效果，这样可以更快地应用效果。

442 时间线索引查找片段

使用时间线索引为你选择片段。

时间线索引（请参阅技巧233，时间线索引）可以查找和选择互不相邻的片段。如果所需的片段名称相似，但距离不近，搜索功能就尤为有用。

（1）将片段编辑到时间线中。
（2）打开时间线索引（快捷键：Shift+Command+2），见图8.43。
（3）单击"片段文本"按钮（顶部红色箭头）。
（4）单击"视频文本"按钮（底部红色箭头）。
（5）要选择单个片段，请单击片段名称。
（6）要选择一系列片段，请单击第一个片段，然后按住Shift键单击最后一个片段。
（7）要选择分散在时间线上的片段，请单击第一个片段，然后按住Command键单击其余片段。
（8）搜索名称相似的片段，选择所有片段。在时间线索引中选择的所有片段也会在时间线中被选择。
（9）要对所有选中的片段应用效果，双击效果浏览器中的效果。

图8.43 时间线索引的强大之处在于它能搜索和选择互不相邻的片段

> **深度思考**
> 将效果拖到片段上的一个限制是，它只适用于被拖到的片段。双击则会将效果应用到所有选定的片段，即使这些片段并不相邻。

443 移除效果与移除属性

从一个或多个片段中快速移除效果。

你可以移除应用于片段的所有效果，也可以只移除少数效果，同时保留你想要的效果。

- 要从一个片段中移除一个效果，请选择时间线片段，然后在"视频检查器"中删除该效果。
- 要从一个或多个片段中删除所有效果，请选择时间线片段，然后选择"编辑">"删除效果"。这将一次性删除所有选定片段中的所有效果。
- 要从一个或多个片段中删除部分效果，请选择时间线片段，然后选择"编辑">"删除属性"。

444 效果叠加改变结果

在"视频检查器"中从上到下处理效果。

要更改堆叠顺序，请在"视频检查器"中向上或向下拖动效果的中心点。例如，使用图 8.44 中显示的顺序，首先将图像转换为黑白，然后添加彩色边框，最后模糊整个图像，包括边框。

如果将片段以相反的顺序堆叠（在视频检查器中拖动片段），结果就会不同，首先会模糊片段，然后应用保留锐利边缘的彩色边框，最后去除图像和边框上的所有颜色。

你可以亲自测试一下，因为所有这些效果都随 Final Cut Pro 一同提供。

图 8.44　效果的堆叠顺序会产生不同效果。在"视频检查器"中，效果的处理顺序是从上至下

445 创建默认视频效果

颜色板是默认的视频效果。

如果你发现自己经常使用相同的视频效果，可将其设置为默认效果。然后，只需使用一个键盘快捷键，就能将其应用到任何选定的片段或片段组。

使用 Option+E 键应用默认视频效果。

右击效果，选择制作默认视频效果，见图 8.45
- 要应用默认视频效果，请按 Option+E 键。
- 要移除默认效果，就像移除任何效果一样，在"视频检查器"中将其删除。

图 8.45　右击视频效果，将其设置为默认效果

446 某些效果需要复合片段

有些效果仅靠"视频检查器"是无法创建的。

这有个挑战：创建一个模糊的视频片段，缩放至 50%，边缘模糊。这是不可能完成的。为什么？因为效果浏览器的效果处理是在变换效果之前进行的。由于模糊是在缩放之前应用的，因此无法在缩放后模糊片段的边缘，也就是说，除非你使用复合片段。

（1）选择一个时间线素材，使用变换设置将其缩至 50%。
（2）将片段转换为复合片段（快捷键：Option+G）。
（3）对复合素材应用高斯模糊！一个模糊的小片段，见图 8.46。

图 8.46　制作边缘柔和的模糊素材的唯一方法是使用复合素材

447 如何从 Final Cut 中移除自定义插件

自定义插件可以删除，苹果插件则不能。

你可以移除应用于片段的所有效果，也可以只移除少数效果，同时保留你想要的效果。

插件是开发人员为我们的编辑系统定制的有用工具，可以满足我们的工作需要。但是，如果你不再需要某个插件，因为它总是让你的系统崩溃或者因为它已经过时而需要删除它，该怎么办呢？删除插件一般有两种选择。

- 如果插件安装在应用程序文件夹下的独立文件夹中，请查看是否有卸载选项。许多单机版程序都提供这个选项。
- FXFactory 和其他插件集成程序通常都提供卸载选项。例如，要从 NLE 中删除 FXFactory 插件，但不从硬盘中删除，请打开 FXFactory，单击顶部的"已安装"按钮，选择插件，然后从左侧菜单中选择"在此系统上加载"。你会在里面找到不同类别效果的文件夹，见图8.47。每个文件夹内都有一个文件夹，其中包含你在Motion中创建的任何自定义效果，以及来自其他Final cut Pro供应商的文件夹。

- 要删除效果，请确保Final Cut不在运行，然后将效果文件夹从模板文件夹中拖出。这样就能卸载它，而不会删除它。我经常将很少使用的模板保存在系统中的一个单独文件夹中，需要时再拖回动态模板文件夹。
- 要永久删除插件，可将其拖入垃圾箱。

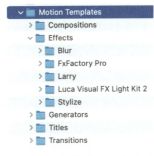

图8.47 大多数第三方动态效果模板都存储在[用户主目录]>"动态效果">"动态效果模板" Motion Templates中。要删除效果，请删除包含该效果的文件夹

苹果插件存储在不同的位置，无法删除。

效果创建手册

技巧448～技巧456将举例说明如何创建各种常见效果。

448 高斯模糊效果
让我具体解释这个问题。

虽然Final Cut Pro有七种不同的模糊效果，但最好的通用模糊是高斯模糊，它提供了平滑、一致的效果。

应用效果，步骤如下。

（1）转到"效果浏览器">"模糊"，然后将"高斯"拖到时间线片段的顶部，或双击"高斯"将其应用到所有选定的片段。

（2）当时间线片段仍被选中时，转到"视频检查器"并调整"数量"。我一般喜欢设置为25左右。

（3）要移除效果，请选择时间线素材，然后在"视频检查器"中删除效果。

注：为简便起见，今后我不再写"效果浏览器">"效果名称"，而是简称为"效果">"效果名称"。

深度思考

最近的研究显示了揭示被模糊隐藏的脸部的有效方法。如果你需要隐藏某人的身份，可以使用像素化（见技巧449，使用像素化技术隐藏身份），或者使用剪影照明，效果会更好。

449 使用像素化技术隐藏身份
使用软件很容易去除模糊效果。

如果需要隐藏某人的身份，模糊技术不再是首选工具。最近的软件发展创造了几种工具，可以使用模糊技术重建隐藏的人脸。两种更有效的技术是剪影照明（在制作过程中创建）或使用大块像素化（见图8.48）（像素块应该很大，因为随着图像尺寸的减小，被小块隐藏的人脸会变得更容易识别）。

图8.48 被像素隐藏的人脸

使用大图块隐藏人脸。否则，如果缩小图片大小，人脸又会变得清晰可辨。

第8章 视觉效果 283

（1）对要屏蔽的素材应用效果 > 风格化 > 像素化。

（2）添加形状蒙版（请参阅技巧 457，使用形状蒙版）来遮盖要隐藏的脸部或物体。该蒙版应大于你要隐藏的对象。

（3）在"视频检查器"中，将"数量"至少增加到 40，使像素大到足以遮住脸部，这样减小图像大小就不会再次显示脸部。图 8.49 显示了我在这里使用的设置。块状效果更好！

图 8.49　这些是我用来创建图 8.48 的设置

450　颜色外观效果

使用它们可以快速改变片段的外观。

> 预览效果在应用外观时尤其实用（请参阅技巧 440，预览效果）。

外观是一种快速为片段应用颜色分级的方法，而无须了解有关颜色的任何知识。更重要的是，需要调整的内容很少。如果你不喜欢这个效果，可以删除它并尝试其他不同的效果。

（1）选择要应用效果的时间线片段。

（2）转到"效果">"外观"，然后双击你喜欢的外观。

（3）选择时间线片段并转到"视频检查器"。使用数量滑块来改变效果的强度，见图 8.50。

图 8.50　使用"数量"（Amount）滑块改变任何外观效果的强度

（4）要删除该效果，请在"视频检查器"中选择其名称，在效果周围添加一个金色方框，然后将其删除。

451　选择合适的黑白外观

仔细点，总有最好看的那个。

从图像中去除颜色称为"去饱和"，这是一种常见的效果。不过，虽然看起来两种不同的效果做的是同一件事，但其中一种效果肯定更胜一筹。让我来举例说明。

选择一个时间线片段，然后应用"效果">"外观">"50 年代电视"。图像将变为黑白。但是，如果你在视频示波器上查看（参见图 8.51 的左侧），会看到高光部分被严重压缩（顶部明亮的直线）并减少。此外，阴影和中间色调水平都有所提高，这种效果严重扭曲了图像。这可能是你想要的，但并不是一幅好的图像。

取而代之的是"应用效果">"颜色">"黑白"。注意范围的不同。没有压缩，素材的灰度值也没有失真。

使用自己的图像很容易进行测试。我之所以提到这个效果，是因为"50 年代电视"效果位于效果浏览器的顶部，很容易被误选。

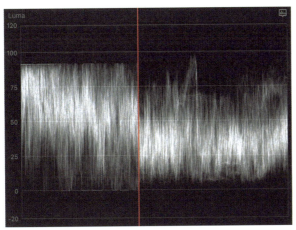

图 8.51 （左）"50 年代电视"效果。顶部的白色被压缩，底部的阴影和中间部分被提升。（右）黑白电视。灰度级别没有被压缩，所有灰度值都能正常显示

452 创建更佳的深褐色效果

深褐色不会将素材变成棕色，而是将阴影变成棕色。

棕褐色效果用于创建一种陈旧或"旧时代"的效果，既有效又流行。不过，不要把棕褐色效果拖到素材上就算完成了。这看起来并不正确，原因是素材中的底色并没有被去除，只是"褐化"了而已，见图 8.52。

这里有一个更好的——也是最快的——制作棕褐色效果的方法。

（1）选择时间线素材，然后应用"效果">"颜色">"黑白"。先应用此效果。

（2）然后应用"效果">"颜色">"怀旧"。

图 8.52 （a）这张照片只是应用了"颜色">"深褐色"。背景颜色仍在渗入

图 8.52 （b）在这张照片中，首先使用黑白删除了颜色，然后使用了深褐色效果。效果更加赏心悦目

453 降低视频噪点

视频噪点在弱光图像中很常见。

视频噪点或舞尘是在弱光条件下或使用小型传感器设备（如移动设备或动作相机）的摄像机拍摄视频时常见的问题。它表现为细小、暗淡、抖动的斑点，见图 8.53。幸运的是，Final Cut 的降噪滤镜可以去除这种现象。

（1）选择时间线片段。

图 8.53 视频噪点表现为图像中的颗粒或舞动的暗尘

第 8 章 视觉效果

> **深度思考**
> 在回放过程中评估降噪效果的最佳方法是在查看器中启用"查看">"更佳质量",以 100% 的速度查看片段。

(2)选择"效果">"基本">"降噪"。Final Cut 会分析片段以确定应去除哪些噪点。

(3)调整"数量"设置来改变降噪量。调整"清晰度"设置以增加或减少边缘细节。在很多情况下,默认的效果设置就可以了。

(4)切换关闭和打开的效果,比较两者的区别。

454 减少灯光闪烁

这是一种免费而简单的 DIY 技术。

灯光闪烁的原因可能是灯的电压下降,或者家用电流与相机快门速度不匹配。以下是帮助减少闪烁的方法。

(1)复制片段,并将复制片段放在原始片段的顶部。

(2)将整个复制片段向前移动一格,并将其不透明度降至 50%。这样就能轻松实现惊人的效果。

> Digital Anarchy 公司的 Flicker Free 插件可以提供更强大的帮助。

455 添加投影

为视频、生成器或文本添加投影。

投影是落在一个物体前面或后面的阴影,有着物体自身的扭曲形状。

投射阴影需要两个图层:主故事情节中的背景和上方图层中投射阴影的物体。在本例中,我使用了"生成器">"元素">"圆形",然后将类型更改为心形。

(1)选择包含要创建阴影对象的时间线片段。

(2)选择"效果">"风格化">"阴影"。

(3)将预设更改为透视正面,见图 8.54。

(4)调整屏幕上的控制按钮,创建你想要的阴影形状,然后调整"视频检查器"中的设置,以创建所需的颜色、密度和柔和度,见图 8.55。

图 8.54 爱心的透视正面投影

图 8.55 创建图 8.54 中心形阴影的阴影设置

456 创建调整图层

与 Photoshop 类似,调整图层会应用于其下方的所有片段。

Final Cut 中缺失的一个功能就是调整图层,其概念类似于 Photoshop 中的调整图层。调整图层是一种特殊的片段,你可以在其上应用效果,这些效果会应用于其下方的所有片段。调整图层可以具有任何帧大小、帧速率或持续时间。

它可以假设任何帧大小、帧速率或持续时间。FCP 中没有这项功能,但你可以在 Apple Motion 中创建一个(Apple Motion 由苹果公司单独出售)。

> 注:没有 Motion 的用户可在 Alex4D 下载调整图层:blog.alex4d.com/2012/03/19/

（1）打开 Motion，在"项目浏览器"中选择"Final Cut 字幕"。这会自动保存效果，以便在 Final Cut 中使用（见图 8.56）。

图 8.56　选择 Final Cut Title，然后设置典型的项目参数

（2）设置右上角的动态预设，使其符合典型视频项目的帧大小、帧速率和持续时间（你可以稍后在 Final Cut 中更改这些预设，而不会降低质量）。

（3）单击打开（Open）打开模板。Motion 会打开，显示标准字幕制作模板。

（4）如果"图层面板"是隐藏的，则打开它（快捷键：Command+4），选择"在此输入文字"（Type Text Here）图层并将其删除。这是你唯一需要做的更改，见图 8.57。

（5）选择"文件">"另存为"，然后给效果命名。在图 8.58 中，我将其命名为"调整图层"（Adjustment Layer），并存储在名为"拉里"（Larry）的自定义类别中。你可以为该效果命名任何名称，并将其存储在你喜欢的任何类别中。你也可以在类别菜单中创建一个新类别。

图 8.57　在"图层"面板中，删除"键入文本"图层

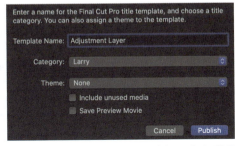

图 8.58　给该效果命名，并选择一个字幕类别将其存储

（6）打开 Final Cut，然后进入"字幕浏览器"，选择要存储此效果的类别。调整图层效果在右侧图标中可见，一般靠近顶部。

（7）要使用它，可将调整图层拖到一些时间线片段的上方。

（8）选择"效果">"颜色">"黑白"，看看会发生什么。

（9）选择要调整的图层并按 V 键，即可打开或关闭该图层。

蒙版和键控

蒙版是一种可定制的方式，用于选择和修改画面的一部分。抠像用于在背景上叠加一个图像（例如，绿幕前的演员）。

> **深度思考**
> 我经常在整个项目中添加一个调整图层来应用广播安全滤镜（请参阅技巧 480，应用"广播安全"效果）。或者编辑彩色项目，然后应用调整图层将所有图像转换为黑白。

457 使用形状蒙版

形状蒙版常用于模糊背景或徽标。

蒙版会选择画面中的某些内容，以便你对其进行处理。Final Cut 中的每种效果都包含形状蒙版和颜色蒙版（请参阅技巧 459，颜色蒙版）。形状蒙版选择画面中的几何区域，使用起来最简单。在"效果">"蒙版"中也有一个独立的形状蒙版。

如果想让画面的一部分不可见，可使用独立的"形状蒙版"效果。如果要将某一种效果限制在画面的一部分，可使用该效果内置的形状蒙版。所有形状蒙版的作用都是一样的。一旦应用了蒙版，你可以对蒙版内部或外部的元素应用不同的设置。

> 不要使用模糊来隐藏人脸，而应使用像素化（见技巧449，使用像素化技术隐藏身份）。

例如，让我们对片段的一部分应用模糊效果。

（1）选择包含要模糊的内容的时间线片段。

（2）应用"效果">"模糊">"高斯模糊"。

（3）单击"视频检查器"中效果顶部的图标（图 8.59 中的红色箭头），然后添加形状蒙版。

形状蒙版会出现在查看器中，见图 8.60。

拖动顶部的白点可在圆形和方形之间切换。

拖动线条末端的点可旋转蒙版。

拖动绿色圆点可改变蒙版的大小。

拖动红色外圈可改变羽化量。

要模糊蒙版以外的区域，请从图 8.59 的菜单中选择"反转遮罩"（Invert Masks）。

图 8.59　单击所有效果顶部的蒙版图标（红色箭头），选择要应用的蒙版

图 8.60　带有羽化和模糊蒙版外部的形状蒙版控件（红线）

> **深度思考**
> 你可以为图像添加任意数量的"形状"蒙版。不过，每个素材只能添加一个颜色蒙版。这种技术也常用于模糊徽标。

（4）蒙版就位后在"视频检查器"中调整模糊设置。

大多数情况下，我只需更改数量。

要跟踪蒙版，请参阅技巧 461，使用对象跟踪功能跟踪效果。

要删除蒙版，请单击雪佛龙菜单，然后选择删除蒙版，见图 8.61。

图 8.61　要删除蒙版，请单击要删除的蒙版旁边的倒三角形菜单，并选择"删除蒙版"（Delete Mack）

458 绘制蒙版

绘制蒙版可以创建更复杂的形状蒙版。

比"形状"蒙版更灵活的蒙版是"绘图"蒙版，因为你可以绘制任何需要的形状，见图 8.62。

（1）选择时间线素材，然后选择"效果">"蒙版">"绘制蒙版"。

（2）在查看器中单击，开始绘制蒙版形状。

（3）再次单击以设置角点。或拖动以创建曲线。或右击任何控制点，将角点转换为曲线。

（4）蒙版绘制完成后，选择时间线片段，并转到视频检查器。

（5）添加羽化效果以柔化蒙版边缘。

（6）单击"反转"选择蒙版外的所有内容。

尝试使用其他选项，看看它们有什么作用，不过我自己很少调整其他东西。

> 形状蒙版最容易使用。绘制蒙版更加灵活。

图 8.62　绘图蒙版可创建任何形状的蒙版，包括边角或曲线，并可羽化以柔化边缘。右击控制点可显示该菜单

> **深度思考**
> 　　尽管"绘制"蒙版可以创建更复杂的选区，但它不够精确，无法支持详细的转描（Rotoscoping）。

459 颜色蒙版

颜色蒙版根据颜色选择画面中的对象。

每种效果都有添加颜色或形状蒙版的选项，具体请参阅技巧 457 获悉如何使用形状蒙版。在实际应用中，我们可以使用颜色蒙版来改变衬衫的颜色，或者在本例中改变一些花朵的颜色。

让我们使用色轮来改变图像中的特定颜色（请参阅技巧473色轮）。图8.63展示了源图像。

图8.63 这是源图。我想增强前景花朵的效果

> 每个效果只能指定一个颜色掩码。

选择要调整的图像并应用色轮效果。"颜色检查器"底部是颜色蒙版控件，见图8.64。

（1）单击"查看蒙版"按钮，然后调整色调（H）、饱和度（S）和亮度（L）的滑块，分离出你想要的颜色。大多数情况下，我都会关闭其中的一个或多个。

（2）选择"蒙版">"内部"，然后调整色轮以改变蒙版内部的选定图像，即淡蓝色的花朵。

（3）选择"蒙版">"外侧"，然后调整色轮以更改蒙版外的所有内容。

图8.65显示了蒙版内部的色轮设置。在蒙版外，降低了饱和度和亮度。

图8.66显示了最终结果。

> **深度思考**
>
> 请参阅技巧471，颜色检查器，了解如何使用颜色检查器。
>
> 请参阅技巧473，色轮，了解如何使用色轮进行颜色校正。

图8.64 遮色板控件（上图）

图8.66 增强后的图像可立即将视线吸引到前景花朵的饱和颜色上

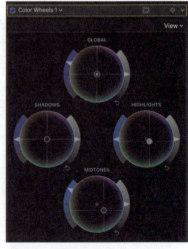

图8.65 蒙版内部的色轮设置。高光和中光偏向蓝色，同时增加了中间调和全局的饱和度（右侧）

460 快速跟踪目标

跟踪使一个单独的对象与背景元素同步移动。

Final Cut 有两种对象跟踪方式：一种用于移动对象，如文本或图形；另一种基于背景片段中对象的移动来移动效果（技巧 461，使用对象跟踪功能跟踪效果中将讨论如何跟踪效果）。

（1）将播放头放在要跟踪对象的时间线片段的起点，这也会在查看器中显示片段。

（2）将要添加到时间线的对象（如文本片段）拖到查看器上，并拖到要跟踪的元素上方，见图 8.67。

Final Cut 会在查看器中突出显示它可以跟踪的不同元素。跟踪形状会根据你选择的背景元素而有所不同。

注：你可以跟踪背景素材中的对象，使前景素材与之同步移动。前景片段在时间线上堆叠在背景片段的上方。

苹果在物体追踪的速度和准确性方面不断取得重大改进。

图 8.67　将对象拖入查看器时，Final Cut 会在所选元素上创建跟踪形状蒙版

（3）拖动橙色圆点调整形状。不需要完全贴合，见图 8.68。

（4）按分析（红色箭头）旁边的向右箭头。请耐心等待，因为分析可能需要一些时间。

（5）播放时间线，查看轨道与背景元素移动的匹配程度。你应该看到前景对象与背景元素同步移动。如果播放效果不错，那就太好了。如果不是，请阅读"技巧 462，调整对象轨迹"，了解调整轨迹的建议。

注：设置轨道后，就可以更改前景文本片段的内容、格式和位置。

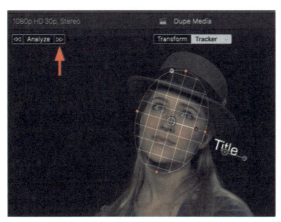

图 8.68　调整跟踪蒙版的橙色点，使其更加贴合。单击右箭头（红色箭头）创建轨迹。我们正在跟踪一个文本片段（字幕），使其随着演员的移动而移动

第 8 章　视觉效果　291

461 使用对象跟踪功能跟踪效果

这会使效果跟随画面中移动的对象。

跟踪效果的用法有聚焦画面中移动的人、模糊徽标、改变元素的颜色等。

（1）从效果的顶部添加形状或颜色蒙版，见图 8.69。

图 8.69　单击此图标可为所选时间线片段的效果添加形状蒙版

（2）在查看器中，单击顶部中央的"跟踪器"（Tracker）按钮，见图 8.70。

对象跟踪网格会出现在查看器中，见图 8.71（我将背景调暗，以便更容易看到橙色控件）。

图 8.70　单击"跟踪器"启用屏幕跟踪控制

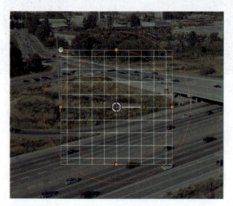

图 8.71　跟踪控制。橙色内圈决定焦点。外圈控制羽化。将其设置为比要跟踪的物体稍大一些

（3）将播放头放在要跟踪元素的片段中间。我从镜头中间开始追踪，效果往往比从一开始追踪要好。

（4）拖动橙色圆点（有时也会变为蓝色）来调整内圈大小，使其刚好包含要跟踪的对象（本例中是一辆红色汽车）。

- 拖动时按 Shift 键来限制圆。
- 拖动时按 Option 键，只移动一个点。
- 拖动圆心重新定位。

（5）蒙版的大小和位置确定后，单击分析旁边的向右箭头，见图 8.70。Final Cut 会分析片段内容，并随着跟踪元素的移动而移动蒙版。完成后，FCP 会将播放头重新定位到片段中间开始的位置。

（6）单击向左箭头，从片段中间跟踪回开头。

（7）轨道制作完成后，播放片段以确保没有问题。如果有问题，请参阅

BorisFX Mocha Pro 是 Mac 上最先进的运动跟踪软件。

深度思考

为跟踪器设置合适的尺寸非常重要，不要太小或太大。寻找边缘清晰可辨的物体，良好的对比度可以改善轨迹。创建轨迹后，你可以调整形状大小，以创建所需的效果。羽化影响的是效果，而不是轨迹。

"技巧 462，调整对象轨道"。如果没有问题，请调整效果的大小和位置，以创建你想要的效果。

462 调整对象轨迹

跟踪器控件位于"视频检查器"的底部

创建对象轨迹后，可以在"视频检查器"中对其进行调整。最大的潜在问题是找到跟踪器的最佳尺寸，以及找到边缘清晰的对象。清晰的边缘非常重要，因为这正是 Final Cut Pro 用来创建对象轨迹的。不过，有时跟踪效果并不理想。

以下是一些可以尝试的方法。

（1）显示"视频检查器"底部的跟踪器控件，见图 8.72。

（2）单击图标（顶部红色箭头），在查看器中显示跟踪控件。我发现虽然自动功能有效，但机器学习（尤其是在苹果硅 Mac 上）效果更好。

（3）Apple 为时间线添加了一个"跟踪编辑器"，类似于视频动画栏，见图 8.73。当你为片段应用轨迹时，该栏就会自动出现。

- 要重做部分音轨，请使用"范围"工具在"跟踪编辑器"中选中它，然后单击"分析"。

注：设置轨道后，就可以更改前景文本片段的内容、格式和位置。

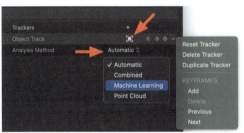 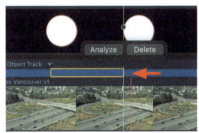

图 8.72 在"视频检查器"中调整对象跟踪　　图 8.73 使用"范围"工具在"跟踪编辑器"中选择一个范围，以重新分析或删除轨迹

- 要重新分析整个轨道，请单击"跟踪编辑器"选择全部轨道，然后单击"分析"。
- 要删除整个音轨，请单击"跟踪编辑器"并选择删除。

463 使用一条轨道跟踪两个物体

将两个或多个物体连接起来，就能产生锁定运动。

创建对象轨道后，你可以将两个或多个对象附加到同一轨道上。这意味着它们可以完美地同步移动。在使用对象而非效果时，还有一种更简单的方法来创建轨道。

（1）将包含要跟踪元素的背景素材编辑到时间线中，将播放头放置在要开始跟踪的位置。

（2）在查看器中拖动要移动的对象到要跟踪的元素上方，见图 8.74。在本例中，我使用了"生成器">"元素">"形状中的一个圆"，并将其与一辆红

深度思考

也可通过选择"片段">"显示跟踪编辑器"或在"视频检查器"中重置个别关键帧来调整跟踪。苹果公司在其在线帮助文件中提供了有关对象跟踪的更多详细信息。

色汽车进行跟踪（不用担心圆的位置、大小或外观，我们很快就会解决这些问题）。

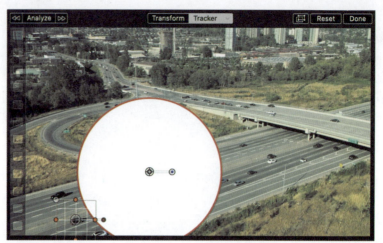

图 8.74　在查看器中将对象拖到要跟踪的时间线元素顶部。Final Cut 会自动调整跟踪蒙版的大小（就是白色圆圈左下方的小网格）

（3）调整跟踪网格的形状，使其尽可能小，但仍能与整个物体（红色汽车）重叠。

（4）单击"分析"。

（5）分析完成后，如果你不喜欢跟踪效果，请选择背景片段。然后在视频检查器中，将分析方法更改为机器学习。最后再次单击"分析"。

（6）完成跟踪后，调整前景对象的大小和位置，见图 8.75。在本示例中，我用一个浅青色的圆圈围绕着汽车。

注：如果跟踪器菜单中列出了多个跟踪器，请使用"视频检查器"底部的"跟踪器设置"删除你不需要的跟踪器。

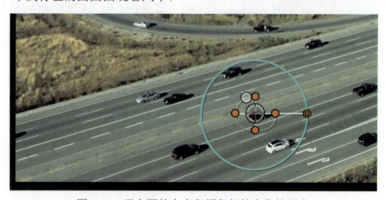

图 8.75　现在圆的大小和颜色都符合你的要求

现在，让我们添加一个文本标签。

（7）将字幕素材拖入时间线，而不是查看器。

（8）在时间线上选择字幕素材。

（9）单击"查看器"中"跟踪器"旁边的楔形菜单，然后选择"对象跟踪"，见图 8.76。这样字幕文字就会锁定在圆的移动上。

（10）像往常一样设置文本格式和位置。

图 8.76　选择第二个时间线对象，然后单击跟踪器旁边的雪佛龙菜单，选择要应用到第二个时间线元素的轨迹

（11）播放时间线，观察文字和圆圈的运动是否锁定在一起，并与行驶中的汽车保持一致，见图 8.77。

图 8.77　已完成的轨道，小车、圆圈和文字一起移动（中心的黄色圆圈是跟踪网格）

464 亮度键

亮度键根据灰度值移除背景。

亮度键是一种基于灰度值去除背景的老式键。一般来说，它可以去除黑色背景。由于模拟视频中不存在阿尔法通道，因此许多老式图形都不包含 Alaphe 通道。这意味着我们需要找到另一种去除背景的方法。虽然色度键更为灵活，但我仍然发现自己在处理旧图形时经常使用亮度键。

与所有键一样，这种效果至少需要两层：主故事情节中的背景和背景上方的关键主体（前景）。图 8.78 显示了源图像——纯黑色背景中一颗冉冉升起的星星。

（1）选择前景片段，并应用"效果"＞"键控"＞"亮度键"。大多数情况下，如果背景是纯黑色的，默认

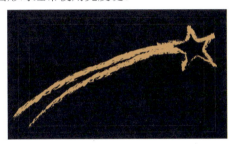

图 8.78　源图像是一个纯黑色背景的图形

第 8 章　视觉效果　295

深度思考

如果背景是白色而不是黑色，请选择反转复选框。

设置将移除背景并将前景键控到下面轨道的图像上，见图 8.79。

（2）如果背景有撕裂或没有完全移除，请转到"视频检查器"，并轻轻调整亮度梯度顶部和底部的滑块。这将调整保留什么和将什么设为透明的选择；请参见图 8.80。

图 8.79　已完成的键

图 8.80　你可能需要调整的两个设置是渐变上方和下方的白色和黑色滑块

465 色度键效果（又名绿屏键）

色度键使一种颜色（通常是绿色）透明。

为获得最佳效果，请使用 ProRes 422 或 ProRes4444 等高质量编解码器进行录制。避免使用高度压缩的编解码器。

色度键可以移除单一颜色背景，是当今视觉效果中的主力军。实际上，任何颜色的背景都可以使用。使用绿色的主要原因是它离肤色最远。然而，我最近看了一部科幻短片，讲述的是军事太空蜥蜴（真实的、活生生的蜥蜴穿着金属服装），该短片使用红色作为色度键背景，因为蜥蜴是绿色的。

与所有键控一样，这至少需要两层：主要故事线中的背景和上面的绿幕片段（键控源）。图 8.81 显示了键控源图像。由于在监视器上拍摄视频很少看起来很好，因此在监视器上显示绿色，然后在编辑过程中替换屏幕会更容易且更好。

成功完成绿屏抠像的关键在于绿色背景的光照要均匀，并与演员分开。虽然绿色背景的光线必须均匀，但你也可以根据故事情节，以最合适的方式照亮前景。大多数情况下，默认值都能完美工作，见图 8.82。

图 8.81　你可能需要调整的两个设置是渐变上方和下方的白色和黑色滑块

图 8.82　你可能需要调整的两个设置是渐变上方和下方的白色和黑色滑块

如果这个抠像看起来不错——Final Cut 的抠像器好得惊人——你就大功告成了。不过，你还可以通过以下方法进行调整。

（1）进入"视频检查器"，查看抠像设置，如图 8.83 所示。视图显示三个图标，从左到右依次为：源图像、蒙版和合成（最终）。

（2）单击中间的"蒙版"按钮查看蒙版，见图 8.84。白色是不透明的，黑色是透明的，灰色是半透明的。你必须调整关键字，使所有内容都是黑色或白色，没有灰色阴影，因为灰色阴影会导致边缘模糊。

（3）要完善颜色选择，请单击"颜色样本"，然后在人才的脸部附近绘制一个矩形选区，但不要太靠近，以免包括任何头发或皮肤，见图 8.85。

图 8.83　键入器设置。最重要的是"细化抠像"和"查看"

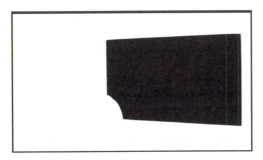

图 8.84　关键蒙版。黑色是透明的，白色是不透明的。注：所有边缘都很锐利，没有灰色阴影

图 8.85　样色用于选择更准确的颜色。在脸部附近绘制，但不要有任何头发或皮肤

> **深度思考**
> Final Cut 帮助文件中详细介绍了其他关键调整。

466 高级色度键设置

这两种设置有助于使音调看起来更自然。

在获得边缘清晰、没有灰阶的干净抠像后，还有两个设置可以帮助进一步改善抠像：溢出抑制和光包。

- "溢出抑制"位于抠像设置的底部附近，可解决前景特技演员周围出现绿色边缘的问题（建议的最小距离为 10 英尺）。溢出抑制的工作原理是利用颜色校正规则："要去除一种颜色，请添加相反的颜色。"与绿色相反的颜色是品红色。因此，溢出抑制可以在图像中添加品红色来抵消绿色，见图 8.86。不需要添加很多。

图 8.86　添加一点溢出抑制可以消除抠像图像的绿色边缘

第 8 章　视觉效果　　297

- 在"视频检查器"的"抠像器"设置底部的"光线包边",可将背景图像的颜色混合到抠像图像的边缘。这让前景看起来更像是背景的有机组成部分。你也可以更改模式设置,看看哪种效果最好。我倾向于使用叠加,见图8.87。

图 8.87 添加一点光晕包边,使前景边缘与背景融合

颜色检查器

颜色检查器拥有颜色控制功能,我们用它来对素材进行颜色校正和调色,对片段进行分级。尽管对视频颜色的研究可以写满多本书籍,但我们仍需要对颜色进行深入研究,这些就是重点。

467 颜色介绍

颜色介绍应该从哪里开始呢?

"调色的规则并非黑白分明"。——汤姆-切里

颜色是一个庞大的课题。[亚历克西斯·范·赫克曼(Alexis van Hurkman)是我非常尊敬的一位调色师,他写了两本500页的关于视频颜色校正/调色的书]。本书中的提示只涵盖了基础知识。

第1章"视频基础知识"涵盖了颜色的基础知识。第5章"高级编辑"介绍了视频中的颜色和视频范围。本节将把这些概念付诸实践。有两种类型的颜色校正/调色:初级和中级。

- 初级。调整整个画面的颜色。
- 中级。调整画面中某些部分的颜色。

以下是颜色校正的三条规则,可以帮助你决定该怎么做。

- 等量的红色、绿色、蓝色等于灰色。但更重要的是反义词:如果某样东西应该是灰色(或白色或黑色),那么它必须包含等量的红色、绿色、蓝色。这就是相机白平衡的全部理论。
- 要去除一种颜色,就要添加相反的颜色。这就是抑制色键溢出的理论,因为添加相反的颜色等于灰色。
- 对于 SDR 媒体(见图5.31),白音量级别不得超过 100 IRE,黑音量级别不得低于 0 IRE。(发布到网络上的媒体除外)这些称为合法视频音量级别。

三种设置决定了颜色的修改方式,图 8.88 展示了一个色轮,其中饱和度和亮度是滑块;向上拖动会增加,向下拖动会减少。要更改颜色的色调,拖动中间的小圆点。要重置颜色设置,请单击色轮下方的"钩"形小箭头。在更

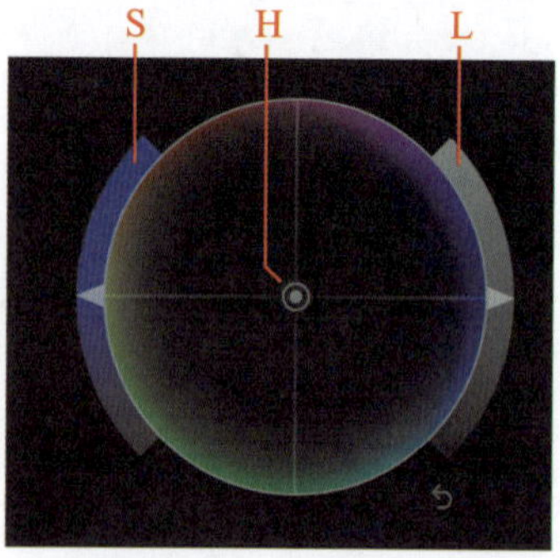

图 8.88 此色轮可通过三种方式调整颜色:饱和度滑块 (S)、色调点 (H) 和亮度滑块 (L)

改颜色时，请始终使用视频范围（快捷键：Command+7）来检查你的工作并保持其合法性。在浏览器中对片段进行分级可以节省时间，因为在将片段编辑到时间线时，颜色校正会随片段一起进行。不过，在时间线中调色更容易在片段之间匹配颜色。我两种方法都用，具体取决于项目。

> **深度思考**
> 提升阴影几乎总是会增加视频噪点（请参阅技巧453，降低视频噪点）。

468 一键实现颜色校正

这一个技巧就可以挽救一个镜头。

"魔棒"按钮中的一个隐藏设置可以保存照片：平衡颜色（Balance Color，快捷键：Option+Command+B），见图8.89。

（1）选择要颜色校正的时间线片段。

（2）从"魔棒"菜单中选择平衡颜色（好吧，苹果称其为"增强"菜单，真无聊）。

（3）在"视频检查器"中，将"自动"更改为"白平衡"（White Balance），见图8.90。

（4）在查看器中单击应该是白色或中灰色（深灰色效果不佳）的东西上的"滴管"工具。

哒哒！即时白平衡。

> 校正颜色的最快方法是选择"平衡颜色">"白平衡"，然后单击白色。

图8.89 从"魔棒"菜单中选择平衡颜色（Balance Color）

图8.90 将"方法"（Method）更改为"白平衡"（White Balance），然后选择"滴管"工具，单击查看器中应该是白色或中灰色的东西

469 可匹配片段之间的颜色

与"平衡颜色"不同，"匹配颜色"可以使用，但效果不是很好。

这可以在片段之间匹配颜色，或在片段之间共享调色板。它可以工作，但一旦你了解了如何使用颜色校正工具，就不会经常使用它了，除非你没有时间进行颜色校正。

（1）选择要修正的时间线片段。

（2）从"魔棒"菜单中选择匹配颜色。

（3）浏览时间线，找到具有你要应用到所选片段的调色板的片段。

（4）在"查看器"中单击"应用"。选中的片段将继承你单击的片段的调色板。Apple还有其他关于分析片段以及如何改善效果的建议，但坦率地说，这些建议并不值得一试，只要你了解了颜色工具就可以了。

尽管如此，这仍能帮助改善拍摄效果，尤其是在你没有时间的情况下。

> **深度思考**
> 有"白色"，就有"白色"。在进行颜色调整时，要寻找"白色"，由于光线的原因，"白色"可能是一种中间灰色。即使灰度值为100%，也不要单击曝光过度的区域。如果图像中没有细节（纹理），就不能用于颜色校正。

> 修复偏色的最快方法是选择"平衡颜色">"白平衡"，然后点击白色。

470 为片段添加 LUT

LUT 是一种快速调整素材颜色的方法。

注：本书的技术编辑 Adam Wilt 推荐使用 LUTCalc，这是一款免费的桌面应用程序，用于生成、分析和预览一维和三维 LUT。请参阅：cameramanben.github.io/LUTCalc/。

查找表（LUT）是一个包含数据表的独立文件，用于转换视频图像中的颜色（尽管 Rec. 709 视频素材不需要 LUT，但 RAW 和 Log 媒体一直在使用 LUT）。Final Cut 支持 CUBE 和 MGA LUT 格式，这意味着如果你将库移动到另一台计算机，需要单独移动 LUT。请将 LUT 保存在一个能让你再次找到它们的地方。Final Cut Pro 支持两种 LUTS。

- 相机 LUT。它们将相机日志格式转换为当前库的工作颜色空间。相机 LUT 由相机制造商创建，随相机一起提供。
- 自定义 LUT。用于创建、导入或共享视频片段或项目的自定义外观。自定义 LUT 可在 Photoshop 或其他第三方软件中创建。

应用 LUT，步骤如下。

（1）打开"信息检查器"。

（2）在底部将"基本"切换为"常规"（General），见图 8.91。

（3）向下滚动约三分之一的距离，选择"相机 LUT"。然后从菜单中选择与你的相机或外观相匹配的 LUT。

使用 LUT 时，要么喜欢，要么不喜欢，没有什么可调整的。

深度思考
购买和/或下载自定义 LUT 后，在 "Camera LUT" 菜单中选择 Add Custom Camera LUT 选项，即可将其导入 FCP。

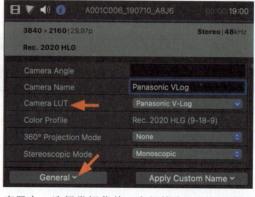

图 8.91　在信息检查器中，选择常规菜单（底部箭头），然后滚动找到"相机 LUT"菜单。所有 LUT 均通过此菜单应用

471 颜色检查器

颜色检查器是我们更改图像颜色的地方。

颜色检查器（见图 8.92）包含四个手动颜色工具。

- 颜色板（Color Board）。创建原色效果，并可添加蒙版。
- 色轮（Color Wheels）。创建三原色效果，可添加蒙版。
- 颜色曲线（Color Curves）。创建三原色效果，并可添加蒙版。

图 8.92　在"颜色检查器"顶部，打开"颜色"工具菜单供选择

- 色相/饱和度曲线（Hue/Saturation Curves）。创建二级颜色效果。

要访问"颜色检查器"，请进行以下操作。

（1）单击其图标（顶部红色箭头），或按 Command+6 键。

（2）要选择颜色工具，请单击"无修正"旁边的楔形标记（左下角箭头），然后从列表中选择。你可以对同一素材应用多个颜色工具。

（3）要重置"颜色检查器"，请单击右侧的带钩形箭头（右红箭头）。

图 8.93 中的蓝色复选框可以在不更改设置的情况下启用/禁用颜色工具。所有颜色工具和效果在顶部都有相同的选项，在图 8.93 中分别为 1～3。

（1）蒙版菜单：为同一图像添加多个"形状"蒙版（或一个"颜色"蒙版）。

（2）关键帧工具：设置、删除和浏览关键帧。

（3）三角形菜单：重置参数和其他工具。

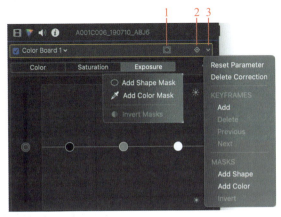

图 8.93 显示颜色工具顶部和关键菜单的合成图像

> **深度思考**
>
> 要删除应用于片段的颜色工具，请选择时间线片段，然后在"视频检查器"中选择该颜色工具的名称并按 Delete 键删除，即可删除该颜色工具。

472 颜色板

关于颜色板的意见分歧很大，但效果还是不错的。

颜色板（见图 8.94）是 Final Cut 的默认颜色工具，但你可以在首选项中进行更改（请参阅技巧 68，优化通用偏好设置）。

颜色板有三个选项卡：颜色、饱和度和曝光，每个选项卡包含四个"圆形滑块"（pucks），移动滑块可以调整颜色设置。

- 通用（在左侧）；
- 阴影；
- 中间调；
- 高光（在右边）。

双击任何圆形滑块都可以将其恢复到默认位置。关于颜色的每一条规则都

图 8.94 默认设置下的 Color Board。四个圆圈称为小球

第 8 章 视觉效果　　301

有可能被打破，但作为学习的辅助工具，以下是我的建议（表 8.2）。我使用颜色板进行快速曝光（灰度）调整，或在需要全面调整饱和度时使用。在这些情况下，它都能正常工作。不过，当要更精确地调整颜色时，我更喜欢使用另一种工具——色轮。

> 颜色板适用于快速调整曝光或饱和度。

表 8.2 色板圆形滑块和它们的作用

圆形滑块	曝光	饱和度	颜色
通用	不是很有用	提升整体的饱和度，非常有用	调整全局颜色，不是很有用
阴影	调整阴影亮度，非常有用	调整阴影饱和度，不是很有用	调整阴影颜色，不是很有用
中间调	调整中间调亮度，非常有用	调整中间调饱和度，非常有用	调整中间调颜色，非常有用
高光	调整高光亮度，非常有用	调整高光饱和度，非常有用	调整高光颜色，不是很有用

> **深度思考**
>
> 如果需要精确匹配颜色设置，也可以在此面板底部输入数值。

473 色轮

色轮是我常用的颜色工具。

对我来说，色轮（见图 8.95）是 Final Cut 中最强大、最灵活的颜色工具。这些色轮将图像分为三个部分：高光、中间调和阴影，以及整体全局设置。每个色轮的操作都是一样的。

- 右三角形（灰色背景）。调整其区域的灰度级（例如中间调）。
- 左三角形（蓝色背景）。调整其区域的饱和度。
- 中心点。调整其区域的颜色（色调）。

双击任何三角形或圆点可重置为默认值。

每次使用"视频示波器"分析 SDR 片段时，我几乎总是按照以下顺序进行操作。

（1）调整阴影，使黑阶不低于 0 IRE。

（2）降低高光部分，使白色音量级别不超过 100 IRE（几乎总是如此）。

（3）必要时调整颜色，使图像达到最佳效果。

就目前的相机而言，为解决问题而调整颜色只是例外情况，而不是常规做法。

对于简单的白平衡调整，我使用白

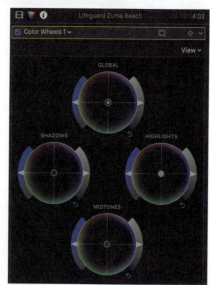

图 8.95 色轮，四轮模式。单击"视图"菜单（右上角）更改视图。双击"检查器"可将"检查器"打开到全高

平衡模式下的"平衡颜色"工具（具体请参阅技巧 468，一键实现颜色校正）。

- 对于简单的曝光调整，我使用颜色板和视频瞄准镜。
- 对于其他操作，我使用色轮。

474 高级色轮技巧

可进行非常精确的数值调整。

色轮窗口底部有一系列数字调整，见图 8.96。

- 温度。从黄色到蓝色进行线性调整，以纠正相机白平衡不正确的情况。
- 色调。从绿色到洋红色的线性调整，可用于纠正绿屏问题。
- 色相。在不改变饱和度的情况下，围绕色轮旋转进行色相调整。这有利于修正不相称的颜色。
- 混合。在源图像（0）和完全校正后的图像（1.0）之间进行混合。
- 全色、阴影、中间调和高光显示来自上述色轮的数值。

在这些高级色轮设置中，我用得最多的是色调。

图 8.96　顶部三个滑块是专门的颜色校正。较低的类别显示来自上述色轮的数值

475 如何快速调整肤色

当你需要某人看起来"正常"时，就可以使用这种技巧。

我们每个人看起来都不一样。但就肤色而言，我们的相似之处多于不同之处。皮肤的颜色来自表面下的红色血液，它的灰度来自皮肤本身，这意味着我们的肤色相同，但饱和度或灰度却不一样。

因此，结合使用视频瞄准镜和色轮，可以很容易地纠正错误的肤色。具体方法如下。

（1）选择要调整的时间线片段。

（2）显示视频范围（快捷键：Command+7）和色轮（快捷键：Command+6）。

（3）选择"变换">"裁剪">"修剪"，只隔离皮肤。由于脸部通常会化妆，我更喜欢选择喉咙、裸露的手臂或裸露的腿部，见图 8.97。

图 8.97　修剪人员在矢量图中分离出一小段裸腿进行分析。是的，它是绿色的

注：你可以亲自证明这一点。下一次，当你被清洗干净或晒伤脱皮时，看看死皮的颜色。它是灰色的，也许浅，也许深，但都是灰色的。皮肤的颜色来自血液。

第 8 章　视觉效果　303

所有人的颜色都一样，但饱和度或灰度却不一样。

（4）在"矢量图"中，单击右上角的小图标并启用"显示肤色指示器"（请参阅技巧 282，矢量示波器）。向左上方延伸的那条线（下部红色箭头）代表皮肤下红色血液的颜色。图 8.98 显示了隔离皮肤呈黄绿色。

（5）要解决这个问题，拖动顶部色轮中全局中心的点，直到皮肤颜色直接停在肤色线上，见图 8.99。

（6）使用向量镜测量结果，现在显示的皮肤色调是正确的，见图 8.100。

（7）在"查看器"中单击"重置"，移除修剪，查看整个图像。看起来效果好多了！

图 8.98　从顶部图标（红色箭头）启用肤色线。肤色线向左上方延伸（下箭头）。图 8.97 中的隔离肤色为黄绿色

深度思考

还有其他两种方法可以获得这种结果。请随意尝试这两种方法。
• 调整中间色调。这种方法更微妙，效果也很好。
• 调整底部的色相轮。这种方法可行，但往往会使非皮肤颜色偏移太多。

图 8.99　拖动中间色点直到肤色与肤色线对齐。颜色与肤色线对齐

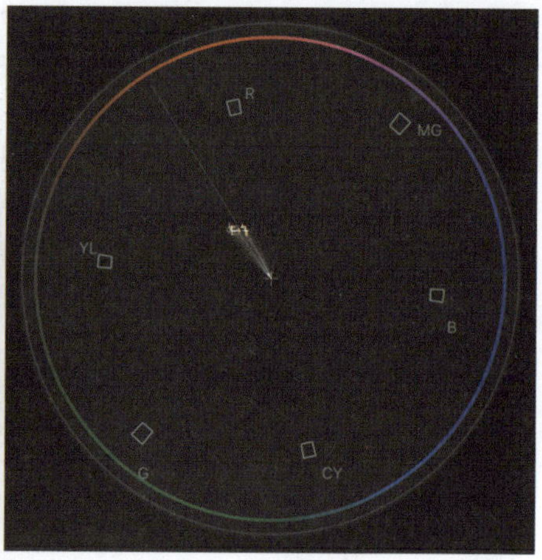

图 8.100　肤色线上的皮肤。人体皮肤在此线上 ±2°。变化的是饱和度和灰度

476　颜色曲线

我不使用颜色曲线，但你可以使用。

颜色曲线（见图 8.101）类似于 Photoshop 中的颜色曲线。出于某种原因，我一直不喜欢使用它们。

- 要在曲线上设置点，请单击线条。
- 要在"查看器"中对颜色进行取样，请使用"滴管"工具对要测量的颜色通道进行取样。
- 要在"所有曲线"或"单条曲线"之间切换，请使用"视图"菜单。
- 要重置曲线，请单击每条曲线右上方的带钩形箭头。

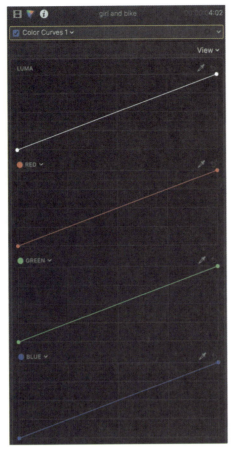

图 8.101 颜色曲线

477 色调/饱和度曲线

这些都会产生非常具体的二次颜色修正。

辅助颜色校正是在不调整整个画面的情况下调整画面中的某些元素，例如，改变衬衫的颜色或降低背景中某些元素的亮度。色相/饱和度曲线（Hue/Saturation Curves）对图像中的不同元素提供了六种非常具体的控制，见图 8.102。

- 色调对比。选择一种颜色并将其转换为另一种颜色。
- 色相与饱和度。选择一种颜色并改变其饱和度。
- 色相与亮度。选择颜色并改变其亮度。
- LUMA 与 SAT。选择特定亮度并改变其饱和度。
- SAT 与 SAT。选择特定的饱和度

图 8.102 色相/饱和度曲线六条中的前两条

并改变其饱和度。

- ORANGE 与 SAT。此功能可优化选择肤色并调整饱和度。不过，单击橙色 SAT 旁边的楔形标记可显示一个小色轮。用它来选择你需要的色调。
- 混合。这决定了要应用多少效果。"技巧 478，'欢乐谷'效果"中说明了如何使用这些曲线创建效果。

478 "欢乐谷"效果

使用"颜色检查器"中的色相/饱和度曲线的示例。

"欢乐谷"效果的名字来源于电影《欢乐谷》，在这部电影中，除了画面中的一个物体外，其他一切都是黑白的。颜色的不断渗入是影片的一个主要情节点。这种效果在前景有明确饱和色且不同于画面中其他元素的情况下效果最佳，见图 8.103。

图 8.103 "欢乐谷"效果隔离了黄色气球

（1）选择时间线片段。

（2）从"颜色检查器"中，应用色相/饱和度曲线。

（3）单击色相与饱和度的"滴管"（红色箭头），然后在"查看器"中单击要隔离的颜色，见图 8.104。此时会出现三个点，中间是所选颜色，两侧的两个边界点定义了颜色范围。

注：要进行全局调整，请向下或向上拖动左侧的白色圆圈。

（4）要去除选定颜色以外的所有颜色，向下拖动每个边界点，见图 8.104。

图 8.105 展示了最终效果。黄色气球是全彩的，图像的其他部分是黑白的。

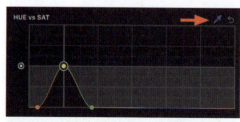

图 8.104 选择"滴管"对要分离的颜色进行取样。黄色圆点代表气球，向下拖动两边的圆点可去除所有其他颜色（饱和度）

图 8.105 哒哒！"欢乐谷"效果。除了我们使用色相/饱和度曲线分离出来的颜色外，一切都是黑白的

479 颜色曲线

"范围检查器"提供警告

要上传到网络上的视频无须纠正过高的视频音量级别。

不过，对于所有其他发布格式，你需要确保视频音量级别（包括色度和亮度）"合法"，即符合规范。这就是范围检查的作用，见图 8.106。

（1）从"查看器">"查看菜单"启用范围检查。

（2）选择"亮度"标记亮度过高，或选择"饱和度"标记色阶过高，见图 8.107。有两种方法可以纠正过高的色阶：

- 使用颜色板或色轮进行调整。

- 应用广播安全滤镜。

使用色板或色轮调整灰度值可保留图像的细节（纹理），"广播安全"效果可处理任何非法音量级别。

图 8.106　从"查看器">"查看菜单"启用范围检查。Luma 测量亮度

图 8.107　这些"行军蚁"（又名斑马线）表示过高的 Luma 信号图层

480 应用"广播安全"效果

广播安全功能可以解决范围检查器显示的 bug。

"范围检查器"会警告我们项目中的视频音量级别是否过高（请记住，网络接受所有视频音量级别）。"广播安全"效果通过锁定音量级别来修复它们，使其不会超过 100 IRE 或低于 0 IRE。

尽管网络视频不需要"广播安全"，但较旧的发布格式在它们可以传输或发布的内容上有限制。例如，在图 8.108 中，白色音量级别超过了 100 IRE，而黑色音量级别低于 0 IRE，这两种音量级别都是广播的非法音量级别。

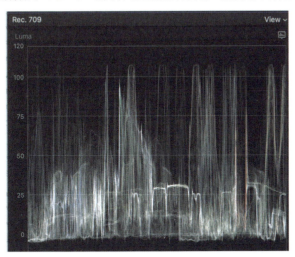

图 8.108　这些图像是用数码相机拍摄的，白图层高于 100 IRE，黑图层低于 0 IRE。这两个值都是非法的

有两个选项可以纠正这种情况：

- 色板 / 色轮设置。
- 广播安全效果。

使用色轮滑块调整亮度水平可保留高光和阴影细节。但调整这些设置也需要逐个检查每个片段，以确保其可安全播出。

一个更快的方法是选择"效果">"颜色">"广播安全"。这会将白色音量级别正好锁定在 100%，将黑色音量级别正好锁定在 0%。"广播安全"效果非常快，但有一个限制，即所有高光/阴影细节在锁定区域中都会丢失，见图 8.109。

对于某些镜头，如夜晚远处的街灯，丢失高光细节不成问题。而对于其他镜头，例如阳光下的新娘礼服，箝位会使新娘礼服最亮的部分模糊起来。

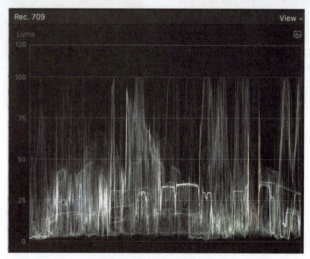

图 8.109 "广播安全"效果将白色音量级别锁定（看到顶部平坦的部分了吗？），使其不会超过 100%。这可以保护白色音量级别，但意味着被锁定的高光部分的纹理细节会丢失

没有完美的答案。当你在意高光部分的质感时，请调整高光设置。如果不需要，则使用"广播安全"。

> **深度思考**
>
> 对于 Rec.709 镜头，广播安全效果的默认设置应该没问题，见图 8.110。 
>
>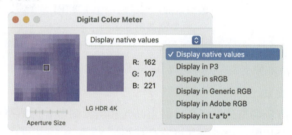
>
> 图 8.110 广播安全效果的默认设置

481 数码测色计

一款已安装在 Mac 上的免费实用工具。

数码测色计是"应用程序">"实用工具"中的一个程序，它可以显示光标下任何颜色的精确 RGB 颜色值，见图 8.111。将其图标拖到 Dock 中，在需要验证颜色时随时使用。

图 8.111 "数码测色计"位于"实用工具"文件夹中

视觉效果的快捷键

类别	快捷键	功能
操作	Command+4 Command+5 Command+6 Shift+T Shift+C V	打开或关闭检查器 打开或关闭效果浏览器 打开或关闭颜色检查器 在屏幕上显示变换控件 在屏幕上显示裁剪控件 切换剪辑可见性
时间线	Control+V Command+C Option+Command+V Shift+Command+V Option+Command+X Shift+Command+X Option+G Option+E	显示视频动画栏 从选定片段复制效果 粘贴效果 粘贴属性 移除效果 移除属性 创建复合剪辑 应用默认效果
未指定按键的快捷键 （搜索"颜色"）		应用色轮 应用前一次编辑的颜色校正 应用两次编辑前的颜色校正 应用三次编辑前的颜色校正 颜色板：切换校正开/关
效果浏览器	Command+5	打开或关闭效果浏览器
颜色校正	Option+Command+B Option+Command+M Command+7 Control+Command+W Control+Command+V Control+Command+H	平衡颜色 匹配颜色 显示视频示波器 显示波形监视器 显示矢量图 显示直方图

章节概括

　　视觉效果的目的是让我们发出"哇！太酷了"的赞叹。但你必须小心，不要让效果影响你正在讲述的故事。制作可信的效果需要花费大量的时间。观众观看视频并不是因为效果，而是因为内容。

第 9 章

共享与输出

引言

呼！项目已编辑完成并通过审批，剩下的就是导出成品文件了。我的工作流程通常是导出高质量的完成文件，对其进行审核，然后使用其他软件对其进行必要的压缩。这样就能为压缩和存档提供高质量的文件，而无须占用 Final Cut 来完成压缩任务。虽然这是我的正常工作流程，但 Final Cut 提供了多种导出你的杰作并与世界分享的方式。

- 本章定义
- 共享和导出基础知识
- 剪辑完成后
- 快捷方式

本章定义

- 导出（Export）。传输存储在 Final Cut Pro 中的媒体或信息，以创建一个或多个单独的媒体文件，供其他应用程序使用。
- 共享（Share）。导出文件，然后在导出后对其进行操作。
- 发送（Send）。将文件导出到特定目的地，例如 Apple Motion 或 Apple Compressor。
- 前端（Foreground）。在计算机处理方面，指在用户控制下运行并带有用户界面的计算机软件。Final Cut 中的剪辑属于前端活动。
- 后台（Background）。在计算机处理方面，指在用户控制之外无形运行、无用户界面的计算机软件。渲染、输出和压缩都属于后台活动。在 Final Cut 中可使用"后台任务"窗口监控后台活动。
- 嵌入（Embed）。存储在视频文件中的字幕数据。
- 字幕（Sidecar）。字幕数据存储在媒体文件之外的单独文件中。
- 刻录（Burn）。在视频片段的可视部分永久显示时间码或文本。字幕可以打开或关闭，但不会在最终视频中显示。
- H.264。一种压缩视频以创建较小文件的流行格式，主要用于分发。
- HEVC（又名 H.265）。一种较新的视频压缩格式，在图像质量相同的情况下比 H.264 小 30%~40%。
- 完成文件（也称主文件）(Finished file)。包含 Final Cut Pro 项目中所有已编辑和渲染的媒体、元素和效果的高质量媒体文件。
- 压缩文件（Compressed file）。高质量完成文件的一个版本，压缩成较小的文件大小，通常会损失一些图像质量，使文件更容易在网络上传输。
- XML。一种文本文件，包含剪辑、编辑、元数据、效果和库的详细说明，但不包含媒体。用于在应用程序之间传输有关媒体或项目的数据。

导出可将文件从 Final Cut Pro 导出。分享文件。

共享和导出基础知识

编辑过程的最后一步是创建一个高质量的成品文件，在单个媒体文件中包含所有元素和效果，以便与全世界分享。技巧 482～技巧 496 将介绍如何完成这一步骤。

482 导出选项

导出项目有多种方法。

单击共享图标（见图 9.1）和"文件">"共享菜单"都会显示当前的导出目的地。可以在"首选项">"目的地"中进行更改（请参阅技巧 75，优化目的地位置偏好设置）。

- 导出文件。这将提供最高质量的项目输出。该文件以 QuickTime 格式存储，通常只能在 Mac 或 PC 上播放。

图 9.1 Final Cut 界面右上角的共享图标和菜单

- 保存当前帧。这将导出播放头下的帧（请参阅技巧 486，导出静止画面）。
- DVD。将单部电影刻录到 DVD 或蓝光光盘中，该功能多年来一直存在问题。
- 苹果设备。此功能可创建与大多数 Apple 设备兼容的 MP4 格式电影。
- YouTube 和 Facebook。创建适用于社交媒体的压缩文件（请参阅技巧 488，为社交媒体导出项目）。

在任何情况下，我都会首先导出高质量的成品文件，然后在单独的步骤中对其进行压缩。这样，我就可以根据需要压缩多种不同格式的文件，而无须重新打开 Final Cut。

> Final Cut 在后台导出，因此你可以在前台进行剪辑，甚至可以剪辑当前正在导出的项目。

483 "共享"图标

该界面"共享"按钮是共享项目的快捷方式。

界面右上角是"共享"图标，见图 9.1。单击该图标可显示所有可用目的地的列表。

> **注**：单击"共享"按钮往往比访问"文件">"共享"菜单更快。

484 "文件">"共享菜单"

导出项目时有很多选择。

导出完成文件时，需要遵循一些规则。

- 任何禁用的时间线片段（你选中后按 V 键的片段）都不会导出。
- 时间线索引中任何禁用的角色都不会导出。
- 时间线索引中任何禁用的字幕将不会导出。
- 所有音频音量级别都将按照你的设置输出。
- 如果当前正在使用代理进行编辑，Final Cut 会在导出前发出警告，确认你是要导出代理还是高质量文件。你可以选择导出代理或高质量的摄像机源文件。

选择"文件">"共享">"导出文件"时，会出现导出菜单，见图 9.2。这些设置导出的媒体文件与项目设置的帧大小、帧速率、颜色空间和未压缩音频相匹配。

- 信息。更改随该文件导出的元数据 [请参阅技巧 487，更改信息（元数据）标签]。
- 设置。确定导出文件的技术规格。
- 角色。确定随该文件导出的角色。
- 格式。选择导出音频、视频还是两者。
- 视频编解码器。设置导出编解码器。不必与项目编解码器一致（请参阅技巧 485，导出高质量的成品文件）。
- 操作。确定导出文件后的操作。

要查看项目，请将鼠标光标略过图像。

底部是文件技术设置的摘要，包括成品文件大小的估计值。

> **深度思考**
> 使用"后台任务"窗口来实时监控所有后台活动（参见技巧62，背景面板窗口）。

> **注**：文件">"共享"菜单中的目的地列表通过"首选项">"目的地"确定：请参阅技巧 75，优化目的位置偏好设置"。

第 9 章 共享与输出　　313

图 9.2 "导出文件">"设置菜单"

> **深度思考**
> 单击"下一步"后，Final Cut 会询问输出文件的名称和存储位置，这与其他应用程序的"保存"对话框相同。

485 导出高质量的成品文件

如果你的目标是高质量的文件，请选择这些导出选项。

以下是我根据源媒体（见图 9.3）推荐的获得最高质量视频和音频的方法。

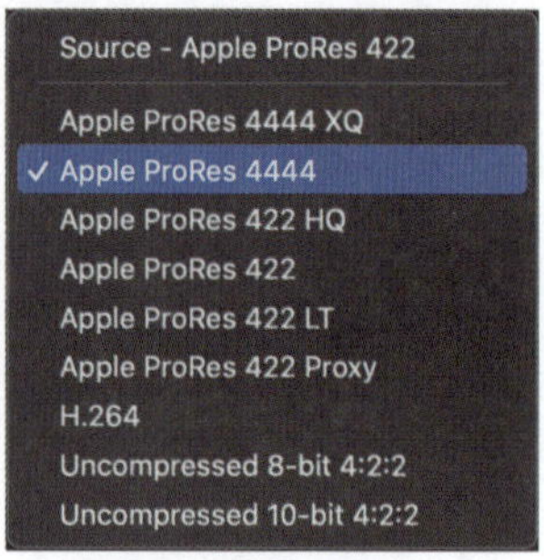

> **注**：当你需要小文件时，H.264 是最佳选择，但它不能提供最高的图像质量。H.264 使用 AAC 编解码器压缩音频。

- 非 ProRes。如果你编辑了非 ProRes 摄像机源格式，默认设置"源"将使用你创建项目时选择的项目渲染编解码器导出文件。默认编解码器为 ProRes 422。
- ProRes 422。如果你的素材是用摄像机拍摄的，并且你对其进行了编辑优化，则使用 ProRes 422 导出。
- ProRes 4444。如果你的素材是由电脑创作的，使用 ProRes 444 导出。

图 9.3 Final Cut 输出支持整个 ProRes 编解码器系列以及其他一些编解码器

当然，你也可以使用其他编解码器进行导出，但这样做很可能不会提高图像质量。

> **深度思考**
> 默认情况下，导出任何 ProRes 格式都是将未压缩（最高质量）的音频导出为一对立体声。

486 导出静止画面

这就为市场营销或网络提供了高质量的静态图像。

要从 Final Cut 导出独立的静态图像，请选择"文件">"共享">"保存当前帧"。图 9.4 展示了可从 Final Cut 导出的不同静态图像格式。在所有情况下，FCP 都会在浏览器或时间线中导出活动播放头下的帧。

- PNG 和 TIF。提供最高质量文件，广泛支持各种应用。
- JPEG。这种格式提供的文件最小，但没有质量滑块来平衡文件大小和图像质量。

> Final Cut 在后台导出，因此你可以在前台进行剪辑，甚至可以剪辑当前正在导出的项目。

我的首选格式是 PNG。文件大小较大，但颜色与 Final Cut 项目的颜色完全一致。

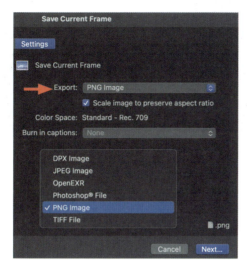

图 9.4　显示导出剧照的"设置"菜单和"导出"菜单内容的合成图像

487 更改信息（元数据）标签

信息窗口中显示的标签可以更改。

单击"导出文件"（Export File）窗口顶部的"信息"（Info）按钮可显示信息标记，见图 9.5，这些标记会在导出过程中嵌入影片。在 QuickTime Player 中查看影片时，可以使用 Spotlight 对其进行搜索，并显示在信息面板中。

你可以通过修改、删除或添加自己的标记来更改这些标记，请确保标签之间使用逗号。

图 9.5　信息标签面板是导出文件窗口的一部分

但是，在"导出文件"窗口中更改它们时，只能对该次导出进行更改，要进行永久更改可以通过以下步骤：

（1）在浏览器中选择项目。

（2）单击三叉戟图标打开元数据检查器，见图 9.6。

（3）根据需要更改标签。要显示更多标记，请单击"检查器"右上角的小旗形标志，以显示可随项目导出的全部元数据列表，见图 9.7。

> **深度思考**
>
> 由于这将导出播放头下方的帧，因此生成多个时间线剧照的快速方法如下。
>
> （1）在要导出的帧上打上标记。
>
> （2）将"保存当前帧"设置为默认导出选项（请参阅技巧 75，优化目的位置偏好设置）。
>
> （3）跳转到一个标记，按 Command+E 键，然后跳转到下一个标记。导出剧照的速度与输入速度相当。

> **深度思考**
>
> 并非所有应用程序都能读取这些元数据。请进行测试，以确定你用来存储导出项目的媒体管理系统是否能读取这些标记。

图 9.6 要更改项目元数据，请选择项目，然后单击检查器中的图标

图 9.7 可附加到导出电影文件的全部元数据列表

如果可以选择，一定要选择快速编码。

深度思考

曾审阅过本书早期版本的编辑 Jerry Thompson 补充道："我发现将 ProRes 422 LT 上传到 Vimeo 和 YouTube 等网站比使用高比特率的 H.264 文件效果要好得多。当我使用这种编解码器时，每个平台应用的额外压缩似乎损失较小。"不过，如果你想创建 ProRes 422 LT，必须使用"文件">"共享">"导出文件"，因为"YouTube 和 Facebook"设置只能导出 H.264。

488 为社交媒体导出项目

发布到任何社交媒体上的文件都会被重新压缩。

Final Cut 有一个特殊设置，可导出针对社交媒体优化的文件。此设置始终使用 H.264 编解码器。

（1）选择"文件">"共享">"YouTube & Facebook"，见图 9.8。

（2）使用下拉列表选择以下各项。

- 分辨率。设置压缩文件的帧大小。通常情况下，应与项目帧大小相匹配。确保不大于项目帧大小，以保持图像质量。
- 压缩。如果可选，请选择"更快编码"（参见技巧 489，选择"更快"还是"更好"）。
- 导出字幕。选择要导出的字幕语言（如果有）。
- 刻录字幕。将永久字幕"刻录"到视频中。

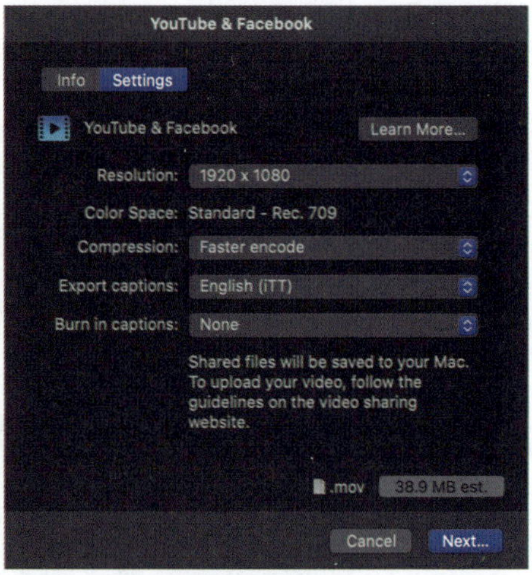

图 9.8 "YouTube 和 Facebook"设置面板

（3）输出后，使用网络浏览器将文件上传到社交媒体。

489 "更快"还是"更好"？

这些术语都是误称。更快优于更好。

大多数压缩程序都会显示图 9.9 中的二选一菜单。你应该选择哪个？答案并不明显。

- 质量更好（Better quality）。这需要使用双通道软件编码。在遥远的过去，这是获得优质图像的最佳选择。例如，对于较长的项目，HEVC 编码以小时甚至以天

图 9.9 就速度和图像质量而言，更快的编码通常优于更好的质量

计算。

- 更快的编码（Faster encode）。使用硬件加速进行压缩。不仅速度更快，而且在大多数情况下，图像质量等于或优于使用更好质量压缩的图像。

所有现代计算机都支持 H.264 硬件加速。大多数最新计算机还支持 8 位和 10 位 HEVC 硬件加速。苹果芯片系统支持硬件加速 H.264、HEVC 和 ProRes 编解码器。

490 选择 H.264 还是 HEVC？

两者都有好处。

以下是一些指导原则。

- 如果要压缩 SDR 资料，请使用 H.264。
- 如果要压缩 HDR 资料，请使用 HEVC 10 位。
- 如果你的文件将被重新压缩（例如，用于社交媒体），请使用高比特率的 H.264，例如 10 Mbps 或更高。
- 如果你需要尽可能小的文件，请使用 HEVC 8 位。
- 如果你使用的计算机机龄超过三年，请使用 H.264，因为老式计算机无法为 HEVC 媒体提供硬件加速。使用软件压缩 HEVC 的速度非常慢。

对于 SDR 媒体，使用 H.264 压缩。对于 HDR 媒体，使用 HEVC 10 位。

491 导出代理文件

代理文件较小，但图像质量较低。

正如"技巧 492，为什么代理服务器的图像质量较低"所述，代理文件的大小只是 ProRes 422 的一小部分。但由于图像分辨率较低，它们的图像质量也不尽相同。不过，输出包含代理媒体的文件还是有很多理由的，例如与客户或其他编辑共享，或通过网络发送给他人。

发送小型代理文件也比发送 ProRes 422 更快：

（1）将"查看器">"查看"菜单设置为"首选代理"（请参阅技巧 106，如何启用代理文件）。

（2）选择"文件">"共享">"导出文件"。

（3）出现警告时（见图 9.10），单击"继续"（Continue）。此时，导出过程与高质量文件相同。

图 9.10 导出代理媒体时，Final Cut 会发出警告

注：所有 ProRes 文件（包括 ProRes 代理）都包含未压缩（最高质量）的音频。

492 为什么代理服务器的图像质量较低

代理图像的像素数与源图像不同。

我在本书中写到，代理文件的图像质量与源媒体不一样，但从未解释过原因（见图 9.11）。

创建代理文件时，它的缩放比例为源图像的 50%、25% 或 12.5%。文件尺寸越小，图像中的像素就越少。这样文件会小很多，但图像质量会受到影响。编辑速度更快，但图像质量较低。

注：创建 ProRes 代理文件时，音频保持未压缩状态。创建 H.264 代理文件时，音频使用 AAC 压缩。

第 9 章 共享与输出　　317

240 × 135 – 12.5%　　420 × 270 – 25%　　960 × 540 – 50%　　1920 × 1080 – 100%
32400 PX　　　　　 129600 PX　　　　　518400 PX　　　　　2073600 PX

图 9.11　展示了从 100% 到 12.5% 的不同代理帧大小。百分比的降低会减小帧的大小，
从而减少每个帧中的像素数

493　导出 XML 文件

XML 用于将数据（而非媒体）从 Final Cut 中移出。

> 导出 XML 文件，将项目从 Final Cut Pro 移至另一个 NLE。

XML 是一种行业标准的交换格式，Final Cut 使用它来与其他应用软件共享元数据、编辑列表、音频混音设置等除媒体之外的一切内容。我几乎在所有项目中都使用 XML 文件，将剪辑好的音频文件从 Final Cut 发送到 Adobe Audition 进行混音。

使用 XML 文件有以下四个主要原因。
- 将项目存档。
- 将项目从 Final cut Pro 移到另一个 NLE，例如 DaVinci Resolve。
- 向媒体资产管理系统发送或从该系统发送项目数据。
- 在编辑器之间在线传输项目。只要两个编辑器拥有相同的媒体，XML 文件与库文件相比就非常小，传输速度也非常快。

> 注：早期版本的 XML 是为了向后兼容而提供的，它可能不支持 Final Cut 的所有最新功能。

XML 是一种开放式标准，类似于网络上的 HTML，用于描述媒体文件、元数据、事件、项目或资料库的规格。它是在不同软件或系统之间移动媒体文件的理想选择。Final Cut Pro 文件格式是专有的，如果系统中没有安装 FCP，就无法打开它。XML 为将来归档和/或共享项目提供了最佳方式，因为包括 Final Cut 在内的许多应用软件都能打开 XML 文件。

导出 XML 文件，步骤如下。

（1）在浏览器中选择项目或在时间线中打开项目。

（2）选择"文件">"导出 XML"。

（3）在"XML 导出"对话框中（见图 9.12），确保选择最新版本的 XML。版本号随 Final Cut Pro 的每次重大更新而变化。

图 9.12 "XML 导出"对话框。始终使用当前版本

> 深度思考
> 大多数应用软件都能直接读取 Final Cut XML 文件。不过，Adobe 应用程序需要进行转换（请参阅小窍门 494，使用 XML 将项目发送到 Adobe 应用程序）。

494 使用 XML 将项目发送到 Adobe 应用程序

在导出 XML 进程中，文件需要转换。

使用技巧 493 导出 XML 文件中的步骤导出 XML 文件。然后使用 Intelligent Assistance 发布并在 Mac App Store 中提供的名为 XtoCC 的转换工具，将 XML 格式转换为 Premiere 可以读取的格式。

转换完成后（只需几秒钟），打开 Premiere 并选择"文件">"打开"。Premiere 或 Audition 将读取 XML 文件，找到存储在系统中的媒体，并将其显示在时间线上，以便进行编辑或音频混合。

> 你可以在 Final cut Pro 和 Premiere 之间轻松移动粗剪。但不要在应用效果后移动项目。

> 深度思考
> 虽然媒体和编辑列表几乎可以在 NLE 之间完美传输，但大多数效果、擦除转场和调色却不能。如果你需要转移项目，请在添加调色或效果之前进行转移。

495 使用 XML 将 Premiere 项目发送到软件中

文件传输是双向的。

正如可以将项目从 Final Cut 发送到 Premiere 一样，也可以使用 XML 将序列从 Premiere 发送到 Final Cut。同样，这些 XML 文件需要进行转换。

（1）在 Adobe Premiere Pro 中，选择要发送到 Final Cut 的序列。

（2）选择"文件">"导出">"Final Cut Pro XML"。

（3）在出现的浮动窗口中，为文件命名并指定存储位置。媒体、剪辑和大多数转场都可以。效果、调色和擦除不会转移（见图 9.13）。

图 9.13 从 Premiere Pro 导出 XML 文件后出现此警告。阅读报告，查看哪些内容未能通过转换

（4）导出文件后，使用 SendToX 转换文件——SendToX 是 Intelligent Assistance 发布的一款实用工具，可在 Mac App Store 中下载。转换过程非常快。转换完成后，

深度思考

从 Premiere 发送序列的最佳时机是粗剪阶段。一旦开始制作效果或调色，将序列传输到 Final Cut 或 DaVinci Resolve 时，所有效果都将丢失。

XML 文件是文本文件。它们相对较小，易于存储或压缩。

注： XML 文件不包括媒体；只包括媒体链接。始终单独存档媒体。

深度思考

技术行业的发展离不开不断的变化。这一点在归档媒体项目中表现得最为明显。仅仅归档媒体和项目的 XML 导出是不够的。对于长期项目，你还需要归档用于编辑的软件的具体版本、软件运行的操作系统、运行操作系统的计算机硬件以及所有第三方插件和支持软件。着眼整个行业，我们过去创建的数字文件大多数在未来都将无法读取，但这是下一本书要讲的内容。然而，如果没有 XML 导出，将来想要恢复旧文件将是不可能的。

SendToX 会自动启动 Final Cut Pro 并显示一个对话框，询问应将传输的序列发送到哪个库。

选择媒体库后，序列将与传输的媒体一起出现在所选媒体库的事件中。

496 使用 XML 归档项目

XML 是为未来保护项目的最佳方式。

基于计算机的编辑工作面临的挑战之一是软件的日新月异。几年前制作的项目，现在的软件已经无法打开。为了保护自己，在创建最终导出的同时，一定要导出完成项目的 XML 版本。

导出资料库的全部内容——一般用于存档。

（1）选择资料库，然后选择"文件">"导出 XML"。在"导出 XML"对话框中，请注源显示的是整个资料库，见图 9.14。

图 9.14　请注意，该库被列为 XML 文件的源文件

（2）给这个 XML 文件命名并指定位置，然后选择该对话框支持的最高版本的 XML。

（3）单击"保存"。这样就创建了一个可移植的 XML 文件，FCP 或其他软件都可以读取，以备将来需要访问该库时使用。

编辑完成后

尽管编辑工作已经完成，项目已经交付，客户也很满意，但还有更多的工作要做。

497 项目完成后该做些什么

下面介绍如何为未来保存你的作品。

我的一位时事通讯读者最近问："你能解释一下完成 Final cut Pro 编辑项目后的步骤吗？"

Final Cut 项目由多个潜在元素组成。

- 库文件；

- 音频和视频媒体；
- 动态图形文件和创建这些文件的模板；
- 静态图像和 Photoshop 文件；
- 音频剪辑，包括音效和音乐；
- 资料库备份；
- 用于制作项目效果的第三方工具；
- 客户和编辑说明。

默认情况下，库中包含以下元素。

- 事件；
- 项目；
- 关键词和其他元数据；
- 时间线以及所有编辑和效果设置；
- 字幕；
- 过渡效果。

在我看来，对于任何 Final cut Pro 项目，我们可以做以下四件事。

- 什么都不做。对于小项目来说，这是首选。等一等再决定长期的做法也无妨。
- 从系统中删除项目。我的大多数项目都被删除了，我创建这些项目是为了支持一篇文章或一本书，然后就把它们删除了。我删除库，但保留媒体和自定义 Motion 模板。
- 将项目退还给客户，然后从系统中删除。

让他们去操心吧。不过，为了节省空间，请先删除所有生成的文件。（请参阅技巧 167，删除生成的媒体）。

- 为未来项目存档。这包括：
  - 库文件。
  - 所有媒体，包括在 Final cut Pro 以外创建的剧照和图片。
  - 所有编辑笔记，包括讨论客户创意限制的地方。
  - 完成文件。
  - 整个资料库的导出 XML 文件。
  - 来自外部资源的所有工作文件。
  - 无须保存任何 Final cut Pro 备份、渲染、代理或缓存文件。

操作系统和软件的不断发展使归档工作变得棘手，而且也没有好的答案。

Adobe 在支持旧格式方面比苹果做得更好。Photoshop 就是支持旧文件的一个很好的例子。

第三方插件也是一个问题；开发人员失去开发对项目至关重要的插件的兴趣并不罕见。

- 操作系统；
- Final Cut Pro；
- 所有第三方插件、模板或文件；
- 使用的任何特殊动态图形项目或模板；

当所有工作都完成后，要仔细考虑应该保留多少，以及保留多长时间。

> **深度思考**
>
> 虽然媒体可以存储在资料库中，但最好不要存储在资料库中。此外，归档项目或将文件发送给客户也是我不将图片存储在照片中，或将音乐或音效存储在音乐文件夹中的主要原因。照片或音乐中的元素很难导出归档。我总是将所有媒体文件（音频、视频、照片和动态图形）存储在库外各自的文件夹中。

- 媒体格式、帧大小、帧率、比特深度和编解码器。

我认为一个安全的假设是，十年后你可以打开 XML 文件和媒体。但你很可能无法打开任何程序或插件。请在计划中考虑到这一点。

不过，在你决定怎么做的时候，请为整个资料库做一个 XML 备份（请参阅技巧 496，使用 XML 归档项目）。这样做既简单又不占空间，还能在发生不测时保护你的安全。

共享与输出的快捷键

类别	快捷键	功能
共享 / 导出	Command+[comma] Command+	打开首选项窗口 导出到默认目的地

章节概括

将项目导出为成品文件是所有项目的最后一步。虽然有很多选项,但有两个最为实用:导出高质量的成品文件用于压缩和存档,以及导出 XML 文件用于长期保存编辑内容。

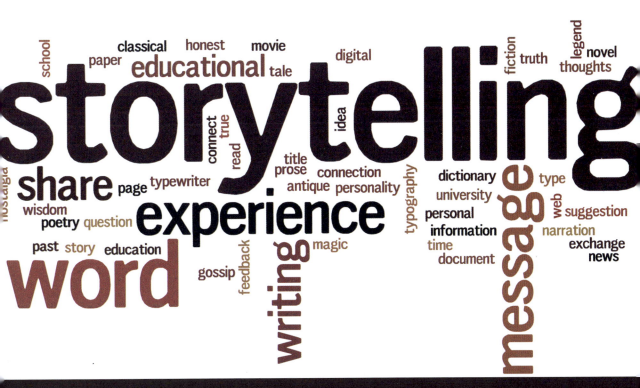

总结

这是一个礼物

  所有实用的技巧都能提高工作效率：帮助我们做得更多、更快，并更轻松地完成更高质量的工作是工具存在的意义。不过，归根结底，起决定作用的不是我们的工具，而是我们自己。

  我们每个人都是讲故事的人，对世界有着独特的视角。Final Cut Pro 是一款了不起的工具，它让我们能够用自己的方式讲述自己的故事；展示、传授、告知或娱乐；与世界分享我们心中的愿景。

  拥有一款出色的工具还不够。剪辑技术是一门越练越好的手艺。要释放 Final Cut 的威力，就必须深入了解该软件的工作原理。提供这些知识正是本书的目的所在。

  讲述你的故事，享受这个历程，就能剪辑得出色。

拉里·乔丹最有用的快捷键

这些是我每次编辑时使用的快捷键:

类别	快捷键	功能
界面	Shift+Z	缩放时间线或查看器以适应
	Command+[plus] / [minus]	放大或缩小时间线或查看器
	Control+Command+1	显示 / 隐藏浏览器面板
	Command+4	显示 / 隐藏检查器
	Shift+Command+2	显示 / 隐藏时间线索引
	Command+7	显示 / 隐藏视频范围
剪辑	Command+N	创建新项目
	Option+N	创建新事件
	A	选择箭头工具
	E	编辑浏览器片段到时间线
	W	将选定的浏览器片段插入时间线
	Q	将选定的浏览器片段编辑为连接片段
	S	切换略读功能开 / 关
	N	切换剪辑开 / 关
	Command+B	在播放头剪切所选片段
	Control+D	更改所选项目的持续时间
	Option+Command-click	重置连接片段的连接点
	Command+T	应用默认过渡
	Control+T	将默认字幕添加为连接片段
	Shift+Control+T	添加默认下三分之一作为连接片段
	Command+E	导出选定项目